Claus Kiefer

Der Quantenkosmos

S. Fischer

2. Auflage März 2009

Satz: H & G Herstellung, Hamburg
Druck und Bindung: CPI – Clausen & Bosse, Leck
Printed in Germany
ISBN 978-3-10-039506-1

Für Claudia

Inhalt

Jede Wissenschaft wächst wie ein Baum;
nicht nur die Zweige greifen weiter aus,
sondern auch die Wurzeln dringen tiefer.

David Hilbert

Vorwort

Läßt sich das Universum begreifen? Lassen sich seine Entstehung und Entwicklung erklären? Können wir verläßliche Aussagen über seine Zukunft treffen? Das sind Fragen, die so alt sind wie die menschliche Kultur selbst. In diesem Buch soll es um die Antworten gehen, welche die moderne Naturwissenschaft bereithält. Deren Stärke ruht auf zwei Pfeilern: der theoretischen Beschreibung und dem Experiment. Erst das Zusammenspiel der beiden sorgt dafür, daß wir ein stimmiges Bild von der Natur entwerfen können. Wir stellen fest, daß die Welt von Naturgesetzen beherrscht und dadurch begreifbar wird.

Die moderne Physik wird wesentlich von zwei Theorien geprägt: Relativitätstheorie und Quantentheorie. Die Relativitätstheorie hat unser Bild von Raum und Zeit verändert; Gravitation ist nichts anderes als die Geometrie der vierdimensionalen Raumzeit. Die Quantentheorie hat uns gelehrt, daß die klassischen Bilder von Teilchen und Bahnen im mikroskopischen Bereich ihre Gültigkeit verlieren. Beide Theorien sind empirisch äußerst erfolgreich, können aber nicht zugleich exakt gültig sein. Das erkennt man zum Beispiel daran, daß die Zeit in ihnen eine völlig unterschiedliche Rolle spielt. Eine der wichtigsten Aufgaben der Physik besteht deshalb in der Suche nach einer Theorie, die Relativitäts- und Quantentheorie konsistent vereinigt. Eine solche Theorie heißt Quantengravitation.

Die Quantengravitation sollte Dinge beschreiben können, die sich einer Darstellung noch entziehen. Dazu gehören zum Beispiel der Anfang der Welt und das Schicksal der Schwarzen Löcher. Sie sollte uns auch zu neuen Erkenntnissen über die mikroskopische Natur von Raum und Zeit führen. Vielleicht hält sie sogar die Weltformel bereit, aus der sich alle anderen Naturgesetze zumindest im Prinzip ableiten lassen.

In meinem Buch soll es vornehmlich um diese Suche nach der Quantengravitation gehen und um deren Anwendung auf das Universum als Ganzes – um den Quantenkosmos. Natürlich beginnt die Reise dorthin mit einer ausführlichen Beschreibung von Relativitätstheorie und Quantentheorie und deren wichtigsten Erfolgen. Dabei wird auch die Debatte um die Interpretation der Quantentheorie nicht verschwiegen, wie sie zum Beispiel in Schrödingers berühmt-berüchtigtem Katzenbeispiel zum Ausdruck kommt. Kapitel drei widmet sich einem zentralen Begriff der Physik: der Entropie. Ihre Zunahme drückt den für uns so bedeutsamen Unterschied von Vergangenheit und Zukunft aus. Relativitätstheorie und Quantentheorie gestatten auch eine Beschreibung des Weltganzen, was uns im vierten Kapitel zu dem Thema Kosmologie führt – eines der spannendsten Teilgebiete der Physik, in dem heute theoretische Ergebnisse durch eine Vielzahl von Experimenten und Beobachtungen gestützt werden. Im fünften Kapitel soll es um die eigentliche Suche nach der Quantengravitation gehen. Dort werde ich zunächst begründen, warum eine solche Theorie unbedingt gebraucht wird, und dann die wichtigsten Versuche vorstellen: die quantisierte Relativitätstheorie, wozu unter anderem Geometrodynamik und Schleifengravitation gehören, und die Stringtheorie. Kapitel sechs und sieben bieten dann die Anwendung der Quantengravitation auf das Universum und die faszinierenden Folgerungen, die sich daraus für unser Bild von der Welt und letztendlich für die Stellung des Menschen in der Welt ergeben.

Die dargestellten Themen sind natürlich alles andere als einfach. Jeder Autor sieht sich deshalb mit dem Problem konfrontiert, auf welcher Ebene er sie behandeln soll. Ich habe versucht, einen Rat Albert Einsteins zu beherzigen, wonach man die Diskussion so einfach wie möglich gestalten solle, aber nicht einfacher. Auf Formeln habe ich deshalb weitgehend verzichtet, bei der Darstellung der Themen aber nur so weit vereinfacht, wie es mir ohne Verfälschung des Inhalts möglich war. Dabei habe ich stillschweigend vorausgesetzt, daß dem Leser einige Grundbegriffe der Physik, wie zum Beispiel Masse, Energie, Impuls oder Kraft, aus dem Schulunterricht vertraut sind.

Physik läßt sich heute nicht mehr in völliger Abgeschiedenheit betreiben. Ich bin deshalb all jenen Kollegen und Studenten zu Dank verpflichtet, mit denen ich in den letzten 25 Jahren über diese Themen diskutiert oder zusammen geforscht habe. Deren Namen sind freilich zu zahlreich, um hier genannt werden zu können. Besonders bedanken will ich mich allerdings bei Herrn Professor H.-Dieter Zeh, der mich ursprünglich in dieses Gebiet eingeführt hat und von dessen physikalischem Verständnis ich sehr viel profitiert habe. Namentlich bedanken will ich mich auch bei meinem Kollegen Herrn Professor Klaus Volkert, der die Mühe auf sich genommen hat, das gesamte Buchmanuskript sorgfältig zu lesen und hilfreich zu kommentieren. Schließlich will ich mich bei Herrn Dipl.-Phys. Gerhard Kolland bedanken, der mit großer Sorgfalt einige der Abbildungen angefertigt hat.

Köln,
im Juli 2008

Claus Kiefer

1
Raum, Zeit, Relativitätstheorie

Um zu begreifen, daß der Himmel überall blau ist,
braucht man nicht um die Welt zu reisen.
Johann Wolfgang von Goethe

Vom alten Kosmos zu Raum und Zeit

In Thomas Manns *Bekenntnissen des Hochstaplers Felix Krull* klärt Professor Kuckuck auf der Zugfahrt von Paris nach Lissabon den vermeintlichen Marquis de Venosta über Geschichte und Zukunft des Universums auf: »Es habe das Sein nicht immer gegeben und werde es nicht immer geben. Es habe einen Anfang gehabt und werde ein Ende haben, mit ihm aber Raum und Zeit, denn die seien nur durch das Sein und durch dieses aneinander gebunden.« Bei der anregenden Unterhaltung der beiden im Speisewagen geht es um nichts Geringeres als um die Frage nach dem Universum als Ganzem und dessen zeitlicher Entwicklung. Diese Frage hat die Menschheit seit Jahrtausenden beschäftigt, und die Antworten darauf fielen sehr unterschiedlich aus. In dem vorliegenden Buch soll es um unser modernes, naturwissenschaftlich geprägtes Verständnis des Universums gehen, um das, was wir zu wissen glauben, und um die Richtung, in die sich unser Wissen voraussichtlich weiterentwickelt. Die Zeit, die wir uns dafür gönnen wollen, dauert etwa so lange wie eine altmodische Zugfahrt von Paris nach Lissabon. Die Erklärungen von Professor Kuckuck kommen dabei der heutigen Ansicht durchaus nahe, sie lassen aber noch einen wichtigen Aspekt unberücksichtigt: die Rolle der

Quantentheorie. Das wird erst am Ende der Reise völlig klar sein.

Die Lehre von der Entstehung und Entwicklung des Universums heißt Kosmologie. Das griechische Wort *Kosmos* besaß ursprünglich die Bedeutung von Ordnung oder Schmuck; letztere klingt noch in der Kosmetik, der Kunst des Schmückens, an. Die alte Bedeutung kennzeichnet treffend das antike Bild von einer geordneten Welt voller Schönheit und Harmonie. Dieses hat sich bis ins 17. Jahrhundert erhalten, als mit dem Beginn der modernen Naturwissenschaft unweigerlich eine Zerstörung des alten Kosmos einherging. Der Wissenschaftshistoriker Alexandre Koyré spricht von dieser Zerstörung der alten Welt als einem tiefgreifenden und fundamentalen Prozeß, in dessen Folge der Mensch »eben diese Welt, in der er lebte und über die er nachdachte, verlor und nicht nur seine fundamentalen Begriffe und Attribute, sondern sogar das gesamte Gefüge seines Denkens ändern und neu gestalten mußte«. Historisch noch relativ jung, hat dieser Umwandlungsprozeß zu der Idee eines expandierenden Universums von riesiger Größe geführt, das ein endliches Alter aufweist und die der Erde samt dem Menschen nicht einmal die Rolle eines Staubkorns zuschreibt. Dieser Umwandlungsprozeß ist vermutlich noch nicht abgeschlossen, und wir werden später sehen, warum dem so ist.

Als erstes sei jedoch ein Blick auf das alte Weltbild geworfen, das mehr als zwei Jahrtausende Bestand hatte. Prägend hierfür war der Kosmos des Aristoteles (384 bis 322 vor Christus), in dem es eine scharfe Trennung von himmlischer und irdischer Welt gibt. In der irdischen Welt folgt jede Veränderung aus der Mischung und Entmischung von vier Urelementen, die schon Empedokles (um 485 bis 425 vor Christus) eingeführt hatte: Feuer, Erde, Luft und Wasser. Gemäß Platon (427 bis 347 vor Christus) wurden diesen vier Elementen vier der fünf möglichen regulären Polyeder zugeordnet, das sind Körper, deren Begrenzungsflächen deckungsgleiche regelmäßige Vielecke sind: das aus vier gleichseitigen Dreiecken bestehende Tetraeder entspricht dem Feuer, der aus sechs Quadraten bestehende Würfel der Erde, das aus acht gleichseitigen Dreiecken aufgebaute Oktaeder der Luft und das aus zwanzig gleichseitigen Dreiecken aufgebaute Ikosaeder dem Wasser. Aristoteles unterscheidet natürliche Bewegungen von erzwungenen. Die natürliche Bewegung ist senkrecht von der Erde weg oder zu ihr hin gerichtet, je nachdem ob der Körper schwer (wie das Wasser) oder leicht (wie das Feuer) ist. Hier erscheint zum erstenmal die Gravitation (Schwere), wenn auch nur im irdischen Bereich.

Ganz anders die himmlische Welt: Dort gibt es nur natürliche Bewegungen, und diese sind entweder Kreisbewegungen oder aus solchen zusammengesetzt. Die ruhende, kugelförmige Erde ist wie bei einer Zwiebel von mehr als fünfzig Kugelschalen (Sphären) umgeben, die sich kreisförmig bewegen, wovon aber nur sieben der Schalen Himmelskörper tragen: den Mond, die Sonne und die fünf in der Antike bekannten Planeten Merkur, Venus, Mars, Jupiter und Saturn. Die anderen Sphären werden benötigt, um die unregelmäßigen Bewegungen dieser Himmelskörper zu erklären. An der äußersten Sphäre sind die Fixsterne angeheftet. Den Stoff, aus dem sich die himmlische Welt zusammensetzt, nannte man Äther oder *Quintessenz*, die fünfte Wesenheit; in der platonischen Zuordnung entspricht ihm der aus zwölf regelmäßigen Fünfecken zusammengesetzte Dodekaeder, der noch verbleibende der fünf regulären Polyeder. Weitere Möglichkeiten gab es nicht, da man bereits in der Antike mathematisch beweisen konnte, daß nur fünf Körper dieser Art existieren. Wie wir im vierten Kapitel sehen werden, feiert die Quintessenz in der modernen Kosmologie als Dunkle Energie fröhliche Urständ.

Die aristotelische Welt ist ewig und unvergänglich. Sie ist auch endlich: Außerhalb der Fixsternsphäre gibt es buchstäblich nichts, nicht einmal leeren Raum. Aus diesem Grund war auch die Vorstellung eines Vakuums undenkbar, hätte sie doch zumindest eine potentielle Unendlichkeit der Welt nahelegen können.

Eine unendlich große Geschwindigkeit würde sich nach Aristoteles auch für einen fallenden Körper ergeben, wenn man den bremsenden Luftwiderstand vollständig zum Verschwinden bringen könnte; da dies unvorstellbar war, sprach man vom *horror vacui* der Natur – der Abscheu vor der Leere. Unendlichkeiten kannte man im Prinzip aus der Geometrie, die der in Alexandria wirkende Mathematiker Euklid (um 365 bis um 300 vor Christus) in seinen berühmten *Elementen* zusammengefaßt hat und die man heute ihm zu Ehren *Euklidische Geometrie* nennt. Geraden sind dort unendlich lange Linien, und parallele Geraden schneiden sich niemals. Doch war die Welt der Mathematik eine andere Welt, die mit dem aristotelischen Kosmos nichts zu tun hatte.

Das Weltbild des Aristoteles blieb bis ins 17. Jahrhundert beherrschend. Natürlich gab es auch Mischvorstellungen, da etwa die von der christlichen Religion geforderte Schöpfung der Welt berücksichtigt werden mußte; in der Praxis waren diese aber kaum von Bedeutung. Warum hielt sich dieses Weltbild so lange? Der Hauptgrund war vielleicht der tief verwurzelte Glaube an die Endlichkeit der Welt und der Erkenntnis. Hans Blumenberg hat es so formuliert: »Daß es in der Welt für den Menschen nicht nur zeitweise und vorläufig, sondern seiner natürlichen Ausstattung definitiv Entzogenes und Unsichtbares geben könnte, war eine der Antike wie dem Mittelalter unbekannte, unter bestimmten metaphysischen Voraussetzungen auch unvollziehbare Unterstellung.« In gewissem Sinne war bereits alles in der Welt »erforscht«, und es genügte, sich auf einen Weisen wie Aristoteles zu berufen, der dies sorgfältig durchgeführt und niedergeschrieben hatte. Eine weitere Rolle spielte sicher auch die Trennung der himmlischen von der irdischen, sogenannten sublunaren Welt. Es gab keine physikalische Realität hinter den himmlischen Erscheinungen; man war an der Beschaffenheit der Gestirne nicht interessiert. Astronomie war eher eine Kunst als eine Wissenschaft. Es ging nur darum, die Bewegungen der Himmelskörper zu beschreiben und vorherzusagen. So hieß das diesbezügliche Hauptwerk des in Alexandria wirkenden berühmten Astronomen Claudius Ptolemäus (um 90 bis um 160) auch nur *Mathematische Zusammenstellung* (besser bekannt allerdings unter dem arabischen Titel *Almagest*). Da Ptolemäus nur an der formalen Beschreibung interessiert war, brauchte er auch nicht mehr von der ätherischen Substanz der himmlischen Sphären zu reden.

Üblicherweise verknüpft man die Zerstörung des alten Kosmos mit Nikolaus Kopernikus (1473 bis 1543), wie es die oft benutzte Metapher von der Kopernikanischen Wende zum Ausdruck bringt. Allerdings war das Weltbild des Kopernikus nur ein erster, wenn auch wichtiger Schritt. Zwar hat er die Sonne in den Mittelpunkt des Alls gerückt und alle Planeten einschließlich der Erde zu deren Trabanten degradiert, doch behielt er die antiken Kreisbewegungen der Gestirne bei; sein heliozentrisches Weltsystem soll sogar doppelt so viele Kreise benötigt haben wie das geozentrische System des Ptolemäus. Solange man aber nicht nach der physikalischen Realität der Himmelskörper fragt, ist dieser Schritt weniger revolutionär, als es den Anschein hat, da es zunächst nur einem Wechsel der Perspektive entspricht. Wie wir aus der Überlieferung des Archimedes wissen, hat bereits in der Antike Aristarch von Samos (um 310 bis um 230 vor Christus) ein solches heliozentrisches Weltbild verkündet. Das Kopernikanische Weltbild erwies sich erst mit der Zeit als praxisrelevant (zum Beispiel für die Orientierung auf hoher See), da man genauere Vorhersagen für die Bewegungen der Gestirne treffen konnte. Es hätte sich jedoch nie vollständig durchsetzen können, wenn mit ihm nicht der Anspruch auf Wahrheit verknüpft worden wäre. Dazu mußte aber die Physik auf die Himmelskörper angewandt werden.

Der Anstoß hierzu wurde im Jahre 1609 gegeben, als Galileo Galilei (1564 bis 1642) sein Fernrohr auf die Himmelskörper richtete und in seinem *Sidereus Nuncius* (der »Nachricht von neuen Sternen«) von dem Gesehenen berichtete. Galilei und der kurz darauf informierte Johannes Kepler (1571 bis 1630) erkannten, daß es hinter der mit bloßem Auge sichtbaren Welt eine andere Welt mit bisher ungesehenen Himmelskörpern wie den Jupitermonden gibt. Das bedeutete aber nichts anderes, als daß die Welt unendlich und damit das Wissen über die Welt unerschöpflich sein konnte. Die Konstruktion von immer besseren Fernrohren würde die Entdeckung von neuen Gestirnen und Erscheinungen nach sich ziehen. Erkenntnis konnte nie mehr als endgültig angesehen werden; der Zeitfaktor hatte seinen Eingang in die Forschung gefunden.

Galileis Leistung bestand aber nur zu einem Teil aus dem Gebrauch des Fernrohrs und seinem Einsatz für das Kopernikanische Weltbild. Der andere, für die Entwicklung der Wissenschaft nicht minder wichtige Teil, ist die Einführung der Abstraktion. Die *Discorsi*, sein 1638 veröffentlichtes Hauptwerk zur Mechanik (der ausführliche Titel lautet in deutscher Übersetzung »Unterredungen und mathematische Demonstrationen über zwei neue Wissenszweige, die Mechanik und die Fallgesetze betreffend«), sind geprägt von der »Macht der Vernunft gegen die Anschauung« (Blumenberg). Anders als bei Aristoteles kommt es jetzt nicht mehr auf eine möglichst genaue Beschreibung der im Alltag sichtbaren Welt an, sondern auf gezielte Experimente unter wohldefinierten Bedingungen. Das brauchen im Einzelfall – und bei Galilei war das keine Seltenheit – keine wirklich durchgeführten Experimente zu sein, sondern einfach *Gedankenexperimente.* Wichtig wurde jetzt nämlich die *idealisierte* Situation. So konnte Galilei seine Fallgesetze nur aufstellen, indem er vom äußeren Luftwiderstand absah, was für Aristoteles undenkbar war. Und diese idealisierte Situation mußte in der Sprache der Mathematik beschrieben werden. Ohne diese beiden Neuerungen – Experimente und Mathematik – wäre die weitere Entwicklung der Wissenschaft undenkbar gewesen.

Galilei konnte sich aber nicht vollständig vom aristotelischen Gedankengut befreien. So hielt er nach wie vor an den himmlischen Kreisbahnen fest. Damit gebrochen hat erst Kepler: Durch mühsame Kleinarbeit konnte er aus der noch in vorteleskopischer Zeit gewonnenen Datenflut des dänischen Astronomen Tycho Brahe (1546 bis 1601) seine Keplerschen Gesetze für die Planetenbewegung herauslesen. Das erste dieser Gesetze besagt, daß sich die Planeten nicht auf Kreis-, sondern auf Ellipsenbahnen um die Sonne bewegen. Mit größter Selbstsicherheit hat Kepler diese Erkenntnis aus der beobachteten Bahnbewegung des Planeten Mars gewonnen, bei der es eine winzige Abweichung von nur etwa acht Bogenminuten (das entspricht etwa einem Viertel des Vollmonddurchmessers) im Vergleich zu einer Kreisbewegung gab. Mit der Einführung der Ellipsen hat Kepler weitaus radikaler mit dem alten Weltbild aufgeräumt, als dies bei Kopernikus der Fall gewesen war. Die Sonne, deren Position dadurch ausgezeichnet ist, daß sie in einem Brennpunkt aller Ellipsen steht, spielte jetzt nicht nur die Rolle des Zentralgestirns, sondern entpuppte sich als Kandidat für die Ursache der Planetenbewegungen. So wichtig Keplers Erkenntnis war, so wenig Aufmerksamkeit wurde ihr zunächst beschieden.

Es war Isaac Newton (1643 bis 1727) vorbehalten, die Ellipsenbewegung aus einem geschlossenen System von Naturgesetzen zu begründen. Gleichzeitig stellte sich heraus, daß auch die anderen Kegelschnitte (Parabeln und Hyperbeln) Lösungen der Grundgleichungen sind. Beispielsweise bewegen sich viele Kometen auf solchen Bahnen, etwa der im Januar 2007 am Südhimmel glänzende Komet McNaught. Parabeln und Hyperbeln sind aber unendliche ausgedehnte Kurven, wodurch das Unendliche unweigerlich Einzug in die Naturbeschreibung hielt. Newton hat als erster eine einheitliche Beschreibung der Natur vorgestellt, die aus universellen Gesetzen besteht, welche der irdischen *und* der himmlischen Welt gleichermaßen zugrunde liegen. Es ist die gleiche Schwerkraft, die sowohl das Fallen des Apfels vom Baum bewirkt als auch den Mond auf seiner Bahn um die Erde hält. Einstein drückte es so aus: »Besonders wunderbar mußte auch die Erkenntnis wirken, daß die Ursache der Bewegungen der Himmelskörper identisch ist mit der uns aus der alltäglichen Erfahrung so geläufigen Schwere.«

Newton hat seine grundlegenden Bewegungsgesetze in den 1687 erschienenen *Philosophiae naturalis principia mathematica* (den »Mathematischen Grundlagen der Naturlehre«) veröffentlicht, kurz *Principia* genannt. Der entscheidende Gedanke bei diesen Gesetzen ist, daß nicht die geradlinig-gleichförmige Bewegung einer Erklärung bedarf, sondern nur die Abweichung davon. Verantwortlich für diese Abweichung sind *Kräfte*, die es unabhängig von den Gesetzen zu postulieren gilt. Das prominenteste Beispiel ist eben jene Gravitationskraft, die für das Fallen des Steines und die Bewegung der Himmelskörper verantwortlich ist. Newtons erstes Gesetz (seine *Lex Prima*) besagt, daß ein Körper in Ruhe oder geradlinig-gleichförmiger, also mit konstanter Geschwindigkeit verlaufender Bewegung verharrt, wenn keine Kräfte auf ihn wirken. Auch in dieses *Trägheitsgesetz* scheint wieder die Unendlichkeit hinein, da jetzt nicht mehr die Kreisbewegungen die natürlichen sind, sondern die geradlinig und gleichförmigen, quasi ins Unendliche fortlaufenden Bewegungen. Hier handelt es sich eindeutig und ganz zentral um eine idealisierte Situation, da man von den anderen Körpern im Universum und deren Gravitationskräften abstrahieren muß.

Das Trägheitsgesetz gilt natürlich nur in bestimmten Bezugssystemen, wobei sich »Bezugssystem« hier auf den Bewegungszustand eines Beobachters beziehen soll. Beschleunigt sich der Beobachter in bezug auf ein System, in dem das Trägheitsgesetz gilt, so bewegt sich der beobachtete Körper von dem beschleunigten Beobachter aus betrachtet natürlich nicht mehr gleichförmig. Es ist ein nichttrivialer Zug der Natur, daß es solche ausgezeichneten Bezugssysteme überhaupt gibt, in denen sich *alle* kräftefreien Körper geradlinig und gleichförmig bewegen; diese besonderen Systeme heißen *Inertialsysteme*, vom lateinischen Wort *inertia* für Trägheit.

Newtons zweites Gesetz (seine *Lex Secunda*) zeigt dann auf, *wie* die Abweichung von der inertialen Bewegung zu beschreiben ist. Hier kommt der ganz zentrale Begriff der *Kraft* ins Spiel: Der gesamte Einfluß der Außenwelt auf einen Körper wird durch eine einzige Größe beschrieben, die man Kraft nennt; sie ist für die Abweichung von der inertialen Bewegung verantwortlich, die von dem Einfluß der Außenwelt herrührt. Für die Reaktion des Körpers auf die Kraft ist eine für den Körper charakteristische Größe zuständig, die man als *träge Masse* bezeichnet. Sie ist ein Maß für die Materiemenge, aus der sich der Körper zusammensetzt. Bewegt sich der Körper nicht mehr geradlinig-gleichförmig, so kommt ihm eine Beschleunigung zu; Newtons berühmtes Gesetz besagt dann, daß Masse mal Beschleunigung gleich der wirkenden Kraft ist. Die Kraft kann durch Zusammenstöße entstehen oder als Fernkraft instantan über beliebige Entfernungen hinweg agieren. Das Paradebeispiel für die Fernkraft ist die Gravitationskraft: Nach Newtons Gesetz der universellen Gravitation ziehen sich je zwei Körper im Universum mit einer Kraft an, die umgekehrt proportional zum Quadrat des Abstandes ist, also mit wachsendem Abstand deutlich abnimmt. Ihre Stärke wird durch die (mit dem Buchstaben *G* bezeichnete) Gravitationskonstante bestimmt, die erst 1798 von Henry Cavendish ermittelt werden konnte. Cavendish hat dazu in Cambridge ein Experiment durchgeführt, bei dem im Labor zwei an einem frei drehbaren Faden hängende Probemassen von schweren Massen angezogen wurden. Mit dem gewonnenen Ergebnis konnte man zum erstenmal eine Abschätzung für die Größenordnung von Erd- und Sonnenmasse durchführen.

Handelt es sich bei dieser Kraft um eine solche von einem anderen Körper herrührende Gravitationskraft, so ist diese proportional zu einer Größe des Körpers, die man *schwere Masse* nennt. Das Erstaunliche ist nun, daß beide Massen, träge und schwere, gleich groß sind, obwohl nichts im Formalismus der Newtonschen Mechanik darauf hinweist. Die Gleichheit stellt man durch Beobachtung fest; sie war schon Galilei bekannt. Es sollte Einstein vorbehalten bleiben, die Äquivalenz von träger und schwerer Masse zu einem fundamentalen Prinzip, dem Äquivalenzprinzip, zu erheben und auf diesem Pfeiler seine Allgemeine Relativitätstheorie, die erste Erweiterung der Newtonschen Mechanik, zu erbauen.

Newton benötigte für die Formulierung seiner Gesetze die Begriffe des absoluten Raumes und der absoluten Zeit. Mit Einsteins Worten: »Er hatte erkannt, daß die beobachtbaren geometrischen Größen (Abstände der materiellen Punkte voneinander) und deren zeitlicher Ablauf die Bewegungen in physikalischer Beziehung nicht vollständig charakterisieren.« Besonders klar kam dies in Newtons berühmtem Eimerversuch zum Ausdruck: Ein mit Wasser gefüllter Eimer wird zum Rotieren gebracht. Man beobachtet, daß das Wasser zunächst (bei maximaler Relativbewegung zwischen Eimerwand und Wasseroberfläche) in Ruhe bleibt, sich dann aber (bei Mitrotation des Wassers mit der Eimerwand) nach oben wölbt. Was aber bewirkt diese Wölbung? Da keine Relativbewegung mehr vorlag, konnte Newton sich Rotation nur absolut vorstellen, das heißt in bezug auf einen absoluten Raum. Ganz analog gilt seine *Lex Secunda* nur, wenn der darin auftauchende Zeitparameter, in bezug auf den die Beschleunigung definiert ist, eine ausgezeichnete Form annimmt; dies, so Newton, spiegele nur die Existenz der absoluten Zeit wider. In Abbildung 1.1 ist die Newtonsche Vorstellung von Raum und Zeit skizziert: Eine gleichförmige Abfolge von Kopien des dreidimensionalen absoluten Raumes in der absoluten Zeit. Der Raum ist flach; es gelten die Gesetze der Euklidischen Geometrie. Diese Abfolge ist objektiv, denn für je zwei Ereignisse ist objektiv entscheidbar, ob sie gleichzeitig stattfinden oder nicht. Die äußere Welt entwickelt sich *in* der Zeit; Gleichzeitigkeit ist ein absoluter Begriff.

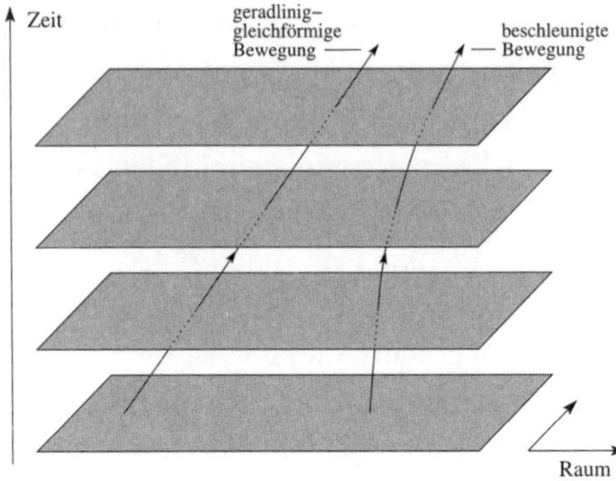

1.1 Newtonsche Vorstellung von Raum und Zeit. Die Raumzeit läßt sich auffassen als die Entwicklung des absoluten Raumes (in der Zeichnung ist eine Dimension unterdrückt) in der absoluten Zeit.

In der Abbildung sind auch einige *Weltlinien* eingezeichnet; das sind Kurven, die sich ergeben, wenn man räumlichen Punkten in der Zeit folgt. Die Geraden entsprechen dabei der inertialen Bewegung; sie sind durch die *Lex Prima* ausgezeichnet. Die gekrümmte Weltlinie entspricht hingegen einer beschleunigten Bewegung. Man stellt sich dabei vor, daß die Ausdehnung der Körper im allgemeinen vernachlässigbar sei, weshalb man auch gerne von »Massenpunkten« oder »Punktteilchen« spricht. Dann kann man dem Körper einen scharfen Ort und damit eine wohldefinierte Bahn zuweisen. Einen ausgedehnten Körper denkt man sich aus vielen Massenpunkten zusammengesetzt.

Inertialsysteme sind also die ausgezeichneten Systeme. Wie aber findet man in der Praxis ein Inertialsystem? Diese Frage hat Ludwig Gustav Lange (1863 bis 1936), laut Max von Laue »ein zu Unrecht Vergessener«, im Jahre 1885 beantwortet. Lange, von dem auch der Begriff Inertialsystem stammt, betrachtete drei von einem Raumpunkt aus gleichzeitig in drei Richtungen fortgeschleuderte Körper. Dabei sollen die drei Richtungen nicht in einer Ebene liegen. Unter der Voraussetzung der Kräftefreiheit (also der impliziten Annahme, daß alle vorhandenen Kräfte schnell genug mit der Entfernung abfallen) konnte Lange zeigen, daß hierdurch ein Inertialsystem definiert wird. Alle weiteren kräftefreien Körper bewegen sich dann in bezug auf dieses so festgelegte System geradlinig und gleichförmig. Lange konnte auf diese Weise Naturgesetze sorgfältig von getroffenen Konventionen trennen. Eine alternative Lösung stammt von dem britischen Physiker und Mathematiker Peter Guthrie Tait (1831 bis 1901). Er konnte zeigen, daß man mindestens vier Schnappschüsse von mindestens drei kräftefrei bewegten Massenpunkten benötigt, um das Inertialsystem zu rekonstruieren. Mit diesem Verfahren gelingt auch die Rekonstruktion der zugehörigen inertialen Zeitskala, Newtons absoluter Zeit. Dazu muß angenommen werden, daß die Newtonschen Bewegungsgleichungen in bezug auf *diese* Zeitskala gelten. Die Rekonstruktion der absoluten Zeit war jahrhundertelang die Aufgabe der Astronomie: Man berechnete aus den Gleichungen die Örter von Himmelskörpern, welche diese zu verschiedenen Zeiten in der Zukunft annehmen sollten. Aus der tatsächlichen Beobachtung dieser Örter konnte man dann buchstäblich die Zeit ablesen. Die so bestimmte Zeit nennt man auch *Ephemeridenzeit*, benannt nach den als Ephemeriden bezeichneten Tabellen, welche die Positionen von Himmelskörpern auflisten. In gewissem Sinne kann man somit behaupten, daß die Zeit im Augenblick steckt. Wir werden auf diese Aussage im Zusammenhang mit der Quantengravitation zurückkommen (Kapitel 5).

Newtons Gleichungen beschrieben auf eindrucksvolle Weise sämtliche Erscheinungen der Mechanik einschließlich der Himmelsmechanik, die in den zwei Jahrhunderten nach Erscheinen der *Principia* zugänglich waren. Die erfolgreiche Wiederauffindung des nach seiner Entdeckung 1801 wieder aus den Augen verlorenen Kleinplaneten Ceres aufgrund von Rechnungen, die Gauß durchgeführt hat, und die Entdeckung des Planeten Neptun bilden nur zwei glänzende Höhepunkte inmitten unzähliger Erfolge. All dies wäre nicht möglich gewesen ohne die mathematische Zugänglichkeit der Newtonschen Gesetze; Newton hat (gleichzeitig mit und unabhängig von Leibniz) die dafür benötigte Mathematik selbst erfunden. Bei den Gleichungen handelt es sich in der Fachsprache der Mathematik um »Differentialgleichungen«: Sie geben die Änderung von Größen von einem Zeitpunkt zu einem unmittelbar benachbarten Zeitpunkt an. Allerdings – und auch dies gehörte zu den besonderen Eigenschaften des neuen Weltbilds – bestimmen sie den Ablauf einer Bewegung erst, nachdem frei setzbare Anfangsbedingungen gewählt worden sind. Diese Anfangsbedingungen betreffen die Orte und die Geschwindigkeiten der betrachteten Körper zu einem ausgewählten Zeitpunkt. Der Nobelpreisträger Eugene Paul Wigner (1902 bis 1995) hat diese Trennung der Naturbeschreibung in die eigentlichen Naturgesetze und frei wählbare Anfangsbedingungen als Newtons größte Entdeckung bezeichnet, da sie zeigt, daß die Gesetze allein das Naturgeschehen nicht festlegen; es gibt immer noch die frei wählbaren Anfangsbedingungen.

Newton selbst war sich der Grenzen der von ihm geschaffenen Begriffe wie dem des absoluten Raumes oder der Fernkraft wohlbewußt. So schrieb er an den Altphilologen Richard Bentley: »Die Behauptung, die Materie besitze eine eingeborene, inhärente und wesentliche Schwerkraft, so daß der eine Körper eine Fernwirkung auf den anderen ausüben kann, und zwar durch ein Vakuum, ohne die Vermittlung von irgend etwas, durch welches ihre Wirkung und Kraft vom einen zum anderen fortgepflanzt werden könnten, ist für mich eine derartige Absurdität, daß sie meines Erachtens einem fähigen Philosophen niemals in den Sinn kommen kann.« Es war Newton aber auch klar, daß er ohne diese Begriffe seine Mechanik nicht hätte entwickeln können. So zielte auch die – durchaus berechtigte – Kritik von Zeitgenossen an diesen Begriffen ins Leere. Gottfried Wilhelm Leibniz (1646 bis 1716) beispielsweise betrachtete Raum und Zeit nur als Ordnungsvorschriften, nicht als absolute Größen. Er konnte aber keine überzeugende Alternative zur Newtonschen Mechanik anbieten. So hat erst die im übernächsten Abschnitt diskutierte Allgemeine Relativitätstheorie Einsteins mit Newtons absolutem Raum endgültig gebrochen.

Von Raum und Zeit zur Raumzeit: Einsteins Spezielle Relativitätstheorie

In seinem *Dialog über die beiden hauptsächlichsten Weltsysteme* von 1632 beschreibt Galilei ein interessantes Gedankenexperiment. Einige Personen sollen sich in einem geschlossenen Raum unter dem Deck eines Schiffes versammeln und – zunächst bei ruhendem Schiff – einige Beobachtungen und mechanische Experimente (zum Beispiel Wurfexperimente) durchführen. Dann, so Galilei durch den Mund seines Alter ego Salviati: »... laßt das Schiff mit jeder beliebigen Geschwindigkeit sich bewegen: Ihr werdet – wenn nur die Bewegung gleichförmig ist und nicht hier- und dorthin schwankend – bei allen genannten Erscheinungen nicht die geringste Veränderung eintreten sehen. Aus keiner derselben werdet Ihr entnehmen können, ob das Schiff fährt oder stille steht.« Galilei beschreibt hier das *Relativitätsprinzip* der Mechanik. Allgemein postuliert dieses Prinzip die Gleichwertigkeit aller Inertialsysteme, das heißt, die Unmöglichkeit, durch mechanische Messungen ein bestimmtes Inertialsystem auszuzeichnen.

Die Frage, ob dieses Relativitätsprinzip auch für nichtmechanische Erscheinungen gilt, führte Albert Einstein (1879 bis 1955) im Jahre 1905 auf seine *Spezielle Relativitätstheorie.* Den Schlüssel hierfür boten die elektromagnetischen Wellen. Hierzu gehört insbesondere die Lichtausbreitung, wozu man seit Anfang des 19. Jahrhunderts ein Wellenbild heranzog, wenngleich man zu jener Zeit Licht noch als eine von elektrischen und magnetischen Erscheinungen getrennte Wesenheit betrachtete. Die Ausbreitung von Wellen konnte man sich aber nur so vorstellen, daß sie durch die Vermittlung eines Trägermediums erfolgte – irgend etwas mußte ja schließlich schwingen. Bei Wasserwellen schwingen die einzelnen Wasserteilchen, bei Schallwellen in der Luft die Luftteilchen. Was aber schwingt bei der Lichtausbreitung? Da man kein offensichtliches Medium beobachtete, postulierte man – in der Wortwahl in Anlehnung an Aristoteles – einen hypothetischen *Äther*, der überall im Universum gleichermaßen vorhanden ist und der alle normale Materie durchdringt. Man wußte bereits seit den Beobachtungen des dänischen Astronomen Ole Rømer (1644 bis 1710) aus den Jahren 1672 bis 1676, daß das Licht eine endliche, jedoch sehr hohe Geschwindigkeit aufweist. Er hatte nämlich erkannt, daß sich der 1672 ermittelte Abstand von der Erde zur Sonne (heute als Astronomische Einheit bezeichnet) als ausreichend großer Maßstab zur Bestimmung einer möglicherweise endlichen Lichtgeschwindigkeit benutzen ließ. Rømer berechnete die Lichtgeschwindigkeit aus den zeitlichen Verzögerungen, die er bei den Verfinsterungen der Jupitermonde beobachtete. Diese Verzögerungen ergeben sich durch die unterschiedlichen Lichtlaufzeiten vom Jupiter zur Erde, wenn sich die Erde auf verschiedenen Punkten auf ihrer Bahn um die Sonne befindet. Der heutige Wert für die Lichtgeschwindigkeit im Vakuum liegt bei knapp 300 000 Kilometer pro Sekunde; allgemein kürzt man diesen Wert mit dem Buchstaben c ab. Der Äther mußte wegen dieser hohen Geschwindigkeit eine enorme Festigkeit aufweisen – und sollte trotzdem unsichtbar sein?

Wenn sich jemand mit einer bestimmten Geschwindigkeit relativ zu diesem Äther bewegt, sollte er demnach eine veränderte Lichtgeschwindigkeit registrieren, vermindert oder vergrößert um seine eigene Geschwindigkeit. Da die Erde auf ihrer jährlichen Bahn um die Sonne insbesondere die Richtung ihrer Geschwindigkeit ändert, sollte sich dies in einer jährlichen Schwankung der gemessenen Lichtgeschwindigkeit äußern. Natürlich wäre es auch denkbar gewesen, daß die Erde einschließlich ihrer

Atmosphäre den Äther mit sich zöge und man deshalb keine Variation der Lichtgeschwindigkeit messen könnte. Dagegen sprach allerdings ein Phänomen, das bereits seit 1728 bekannt war: die Aberration des Lichtes. Darunter versteht man die Verschiebung der Sternpositionen aufgrund der jährlichen Geschwindigkeitsänderungen (nicht Ortsveränderungen) der Erde. Wenn also die Lichtbewegung im Äther erfolgte, konnte die Erde den Äther zumindest nicht vollständig mit sich führen. Alle Versuche, eine Relativbewegung zum Äther festzustellen, blieben aber erfolglos.

Das Problem wurde dringlicher, nachdem es gelungen war, eine einheitliche Theorie aller elektrischen und magnetischen Erscheinungen aufzustellen, die Elektrodynamik. Ihre Grundgleichungen wurden von James Clerk Maxwell (1831 bis 1879) 1873 in seinem berühmten *Treatise on Electricity and Magnetism* (der »Abhandlung über Elektrizität und Magnetismus«) veröffentlicht. Eine der wichtigsten Voraussagen der Maxwellschen Gleichungen war die Existenz elektromagnetischer Wellen, die sich alle mit der Lichtgeschwindigkeit c ausbreiten; insbesondere entpuppte sich Licht als Spezialfall einer elektromagnetischen Welle. Die epochemachenden Experimente von Heinrich Hertz (1857 bis 1894) im Jahre 1887 brachten den direkten Nachweis der elektromagnetischen Wellen und verhalfen der Maxwellschen Theorie zum Durchbruch. Sie waren auch der Anfang der drahtlosen Informationsübermittlung; schon 1901 konnten Radiowellen über den Atlantik gesendet werden.

Die Maxwellschen Gleichungen schienen jedoch nur in einem bestimmten Bezugssystem zu gelten, eben dem »Äthersystem«, in dem sich das Licht mit der Geschwindigkeit c ausbreitet. Gilt also das Galileische Relativitätsprinzip nicht mehr für elektrodynamische Phänomene? Schon der sechzehnjährige Einstein stellte sich, wenn auch unbewußt, diese Frage während seiner Schulzeit an der Kantonsschule in Aarau. Später schreibt Einstein hierüber: »Während dieses Jahres in Aarau kam mir die Frage:

Wenn man einer Lichtwelle mit Lichtgeschwindigkeit nachläuft, so würde man ein zeitunabhängiges Wellenfeld vor sich haben. So etwas scheint es aber doch nicht zu geben! Dies war das erste kindliche Gedanken-Experiment, das mit der speziellen Relativitätstheorie zu tun hat. Das Erfinden ist kein Werk des logischen Denkens, wenn auch das Endprodukt an die logische Gestalt gebunden ist.« Ein solches zeitunabhängiges Wellenfeld ist keine Lösung der Maxwellschen Gleichungen; das Relativitätsprinzip schien verletzt zu sein.

Einsteins Spezielle Relativitätstheorie von 1905 entstand aus dem Versuch, das Relativitätsprinzip mit der Elektrodynamik in Einklang zu bringen. Einstein postulierte, daß alle physikalischen Gesetze, nicht nur die mechanischen, in allen Inertialsystemen die gleiche Form haben sollten. Ein Inertialsystem verschafft man sich mittels der oben beschriebenen Langeschen Methode oder durch Bezug auf ein System von extragalaktischen Radioquellen, das man das *International Celestial Reference System* nennt.

Wie aber verträgt sich das Relativitätsprinzip mit der Auszeichnung der Lichtgeschwindigkeit c in Maxwells Gleichungen? Wird nicht gerade beim Übergang zu einem anderen Inertialsystem die Lichtgeschwindigkeit verändert? Da alle Versuche, die Bewegung relativ zu einem Äther nachzuweisen, vergeblich gewesen waren, postulierte Einstein einfach, daß die Lichtgeschwindigkeit in *allen* Inertialsystemen gleich c sei. Der Äther selbst erweist sich als überflüssige Größe, die man getrost aus der Physik eliminieren kann. Daß dann die Forderung nach der Konstanz der Lichtgeschwindigkeit mit dem Relativitätsprinzip verträglich ist, konnte Einstein durch eine sorgfältige Analyse des Zeitbegriffs aufzeigen: Man kann bei zwei Ereignissen an verschiedenen Orten im allgemeinen nicht mehr sagen, ob sie gleichzeitig stattfinden oder nicht. Warum dem so ist, kann man sich schon an einem einfachen Beispiel veranschaulichen (Abbildung 1.2).

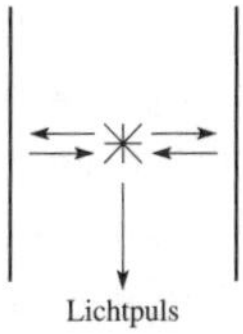

1.2 a) Ruhende parallele Spiegel

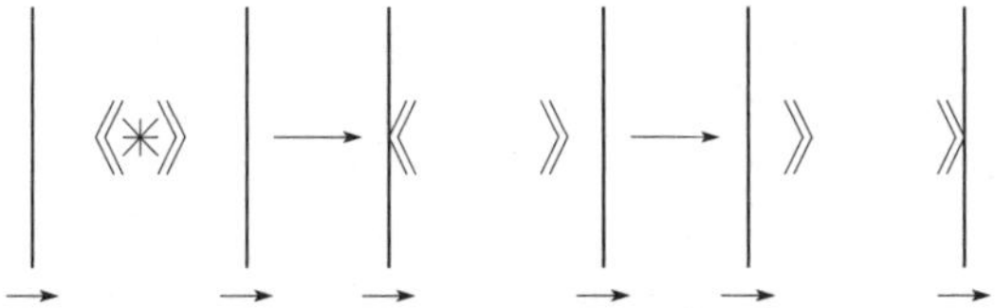

1.2 b) Parallele Spiegel, die sich mit konstanter Geschwindigkeit nach rechts bewegen

Wir betrachten zwei parallele Spiegel, die sich mit konstanter Geschwindigkeit in senkrechter Richtung nach rechts bewegen. In der Mitte zwischen den Spiegeln befinde sich eine Lichtquelle, von der gleichzeitig zwei Lichtpulse in entgegengesetzter Richtung auf die Spiegel zulaufen. Betrachten wir zunächst einen Beobachter, der in bezug auf die Spiegel ruht. Dieser Beobachter registriert ein gleichzeitiges Eintreffen der Lichtpulse auf den Spiegeln (Abb. 1.2 a). Von außen betrachtet bewegt sich hingegen ein Puls auf den näherkommenden Spiegel zu und erreicht diesen, da die Lichtgeschwindigkeit ja immer gleich c beträgt, *bevor* der andere Puls den anderen Spiegel erreicht (Abb. 1.2 b). Der äußere Beobachter wird das Auftreffen der Lichtpulse auf den Spiegeln also nicht als gleichzeitig wahrnehmen. Nach der Umkehr kommen beide Pulse wieder gleichzeitig in der Mitte zusammen, und zwar gleichzeitig in bezug auf beide Beobachter – die Gleichzeitigkeit am gleichen Raumpunkt ist nach wie vor absolut.

Im Unterschied zur Newtonschen Mechanik gibt es also keine absolute Gleichzeitigkeit mehr! Mit dieser Erkenntnis verschwanden auch die Newtonschen Fernkräfte sang- und klanglos von der Bildfläche. Für die elektromagnetische Wechselwirkung war dies offensichtlich: Störungen breiten sich in der Form von elektromagnetischen Wellen mit der Lichtgeschwindigkeit c aus. Was mit der Newtonschen Vorstellung der instantan wirkenden Schwerkraft passiert, werden wir unten diskutieren. Damit einhergehend betrat ein neuer Begriff die physikalische Bühne, der sich für die weitere Entwicklung als unverzichtbar erweisen sollte: der Begriff des *Feldes*. Ursprünglich hatte man nur von Kräften geredet, der Kraft zwischen zwei Massen etwa oder zwischen zwei elektrischen Ladungen. Michael Faraday (1791 bis 1867) hatte zur Beschreibung seiner Experimente »Kraftfeldlinien« eingeführt und ihnen damit eine eigene Existenz unabhängig von den auf Ladungen wirkenden Kräften zugewiesen. Das elektrische und magnetische Feld besitzen eine eigene Realität. Maxwell und Faraday konnten sich diese Felder nur in bezug auf eine materielle Trägersubstanz, einen Äther eben, vorstellen. In der modernen Vorstellung sind die fundamentalen Felder direkt in Raum und Zeit definiert, ohne Zuhilfenahme eines Mediums. Die Abstraktion von einem solchen Medium war sicher eine der größten und schwierigsten Leistungen in der Entwicklung der Physik.

Die Aufgabe der absoluten Gleichzeitigkeit hat grundlegende Auswirkungen auf das Verhältnis von Raum und Zeit. So ändern sich beim Übergang von einem Inertialsystem zum anderen die Raumkoordinaten *und* die Zeitkoordinate; in der Klassischen Mechanik bleibt die Zeit unverändert. Eine Konsequenz dieser Mischung von Raum und Zeit ist die *Zeitdilatation*: Eine Uhr, die sich relativ zu einer anderen Uhr bewegt, geht relativ zu dieser langsamer. Am klarsten läßt sich dieser Sachverhalt vielleicht mit einem einfachen Modell veranschaulichen, das uns in abgewandelter Form schon oben begegnet ist: der Lichtuhr (siehe Abbildung 1.3).

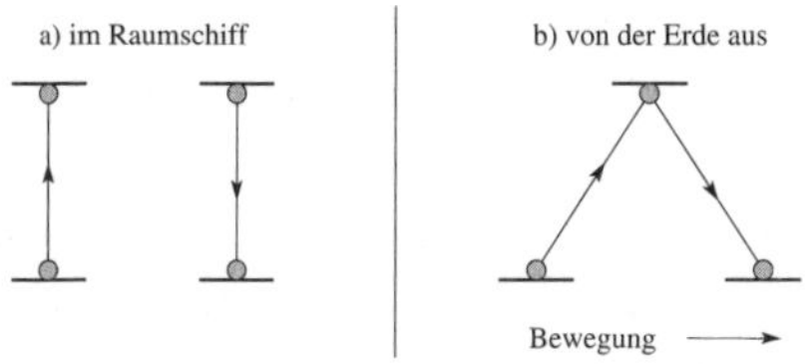

1.3 Lichtuhr

Jede Uhr beruht auf einem periodischen Vorgang. Bei der Lichtuhr wird ein Lichtstrahl zwischen zwei Spiegeln hin- und herreflektiert. Dieses Hin- und Herlaufen entspricht quasi dem »Ticken« einer Uhr. Wir stellen uns vor, daß sich die Lichtuhr in einem Raumschiff befinde, das sich mit einer konstanten Geschwindigkeit von der Erde entfernt. Die Bewegung soll – im Unterschied zu Abbildung 1.2 – parallel zu den Spiegeln erfolgen. Im Ruhesystem des Raumschiffs bewegt sich der Lichtstrahl senkrecht zu den Spiegeln, wofür er eine gewisse Zeit benötigt (links). Von der Erde aus betrachtet läuft der Lichtstrahl schräg und muß deshalb einen längeren Weg zurücklegen (rechts). Da die Lichtgeschwindigkeit aber immer gleich groß ist, benötigt der Lichtstrahl für den längeren Weg eine längere Zeit – die »Uhr« geht langsamer. Umgekehrt trifft dies natürlich auch auf eine Lichtuhr zu, die auf der Erde ruht und vom Raumschiff aus betrachtet wird; der Effekt betrifft eben nur die *relative* Bewegung.

Wegen des Relativitätsprinzips muß jede bewegte Uhr um den gleichen Faktor nachgehen. Wäre dies nämlich nicht der Fall, könnte man innerhalb eines Inertialsystems durch Vergleich verschiedener Uhren feststellen, mit welcher absoluten Geschwindigkeit sich das Inertialsystem bewegt; das widerspräche aber dem Relativitätsprinzip. Die Zeitdilatation ist eine Eigenschaft der Relativbewegung in Raum und Zeit und hängt nicht von speziellen Uhren ab. Ein analoger Effekt betrifft auch den Raum; so stellt sich heraus, daß ein bewegter Maßstab relativ zu einem intrinsisch gleichlangen ruhenden Maßstab verkürzt wird. Diese und andere Effekte der Speziellen Relativitätstheorie wurden seit 1905 in zahlreichen Experimenten auf das Genaueste bestätigt. Für Geschwindigkeiten, die im Vergleich zur Lichtgeschwindigkeit klein sind, unterscheiden sich die Aussagen der Relativitätstheorie nicht von denen der Klassischen Mechanik. Da es sich bei den historischen Experimenten und den Beobachtungen im Alltag nur um kleine Geschwindigkeiten dreht, wird verständlich, warum dort solche Effekte keine Rolle spielen.

Eine »lustige und bestechende« (so Einstein) Anwendung des Relativitätsprinzips führte ihn auch auf die wohl berühmteste Formel der Physik, wonach Energie und Masse äquivalent sind: $E = mc^2$. Der Umrechnungsfaktor ist gerade das Quadrat der Lichtgeschwindigkeit – ein immenser Faktor, weshalb bereits winzige Massen riesigen Energiemengen entsprechen. Die lustige und bestechende Anwendung des Relativitätsprinzips ging wie folgt. Einstein betrachtete einen Körper, der in seinem Ruhesystem zwei Lichtwellen gleicher Frequenz in entgegengesetzter Richtung aussendet. Beurteilt man diese Situation von einem dazu relativ bewegten Inertialsystem aus und wendet mit Geschick die Gleichungen der Relativitätstheorie an, so stellt man fest, daß träge Masse und Energie identifiziert werden müssen. Bei dem bekannten Beispiel der Kernspaltung sind die Spaltprodukte ein wenig leichter als das Ausgangsmaterial, was für die Energieerzeugung in einem Kernkraftwerk ausreicht. Das so harmlos erscheinende Relativitätsprinzip führt also zu handgreiflichen Konsequenzen. In Experimenten, die 2005 unter anderem am Massachusetts Institute of Technology in den USA und am Institut Laue-Langevin in Grenoble, Frankreich, durchgeführt wurden, konnte die Gültigkeit von Einsteins berühmter Formel bis auf eine verbleibende Unsicherheit von 0,00004 Prozent bestätigt werden. Man hat dazu den Massenverlust gemessen, der bei Kernen der Elemente Silizium und Schwefel entsteht, wenn diese energiereiche Gammastrahlung aussenden.

Ohne Einsteins berühmte Formel gäbe es auch kein Leben auf der Erde: Die dafür benötigte Sonnenenergie entsteht durch Kernverschmelzung, bei der Masse in Energie verwandelt wird. Die von der Sonne pro Sekunde abgestrahlte Energiemenge entspricht einer Masse von etwa 4,4 Millionen Tonnen, um welche die Sonne leichter wird.

Eine elegante mathematische Formulierung der Speziellen Relativitätstheorie präsentierte Hermann Minkowski (1864 bis 1909), einer von Einsteins ehemaligen Lehrern am Zürcher Polytechnikum, 1908 in einem berühmten Vortrag, den er in Köln hielt. Er faßte den dreidimensionalen Raum und die eindimensionale Zeit zu einem vierdimensionalen geometrischen Gebilde zusammen – der *Raumzeit*. Ihm zu Ehren bezeichnet man dieses Gebilde als »Minkowski-Raum« (genauer: »Minkowski-Raumzeit«). Punkte in diesem Raum nennt man auch *Ereignisse*. Statt der Abfolge von dreidimensionalen Räumen in der absoluten Zeit bei Newton (Abbildung 1.1) gibt es jetzt eine andere absolute Struktur – den *Lichtkegel* (Abbildung 1.4).

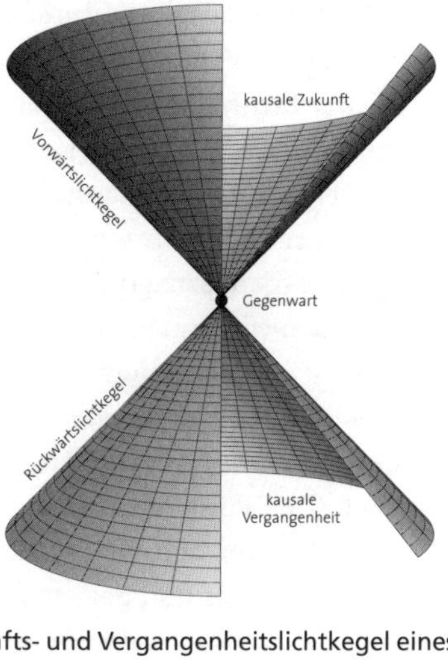

1.4 Zukunfts- und Vergangenheitslichtkegel eines Ereignisses

Der Lichtkegel (genauer: Doppelkegel) ist in bezug auf jedes Ereignis definiert; er charakterisiert alle Punkte in der Raumzeit, die von diesem Ereignis entweder durch Lichtstrahlen erreicht werden können (»Vorwärtslichtkegel«) oder von diesen zu diesem Ereignis gelangen können (»Rückwärtslichtkegel«). Aus der Relativitätstheorie folgt, daß sich materielle Körper immer mit Unterlichtgeschwindigkeit bewegen, da sie eine unendlich große Energiemenge benötigen würden, um die Lichtgeschwindigkeit zu erreichen. Die Weltlinien von materiellen Körpern verlaufen also immer vollständig innerhalb des Lichtkegels. Das Licht selbst läuft auf dem Kegelmantel. Die kausale Struktur der Minkowski-Raumzeit ist also nach wie vor absolut; nur Raum und Zeit jeweils für sich genommen sind es nicht mehr. Den gesamten Bereich außerhalb des Lichtkegels bezeichnet man als Gegenwart, da sich für jedes Ereignis in diesem Bereich ein Inertialsystem finden läßt, bezüglich dessen es gleichzeitig zu dem Ereignis am Ursprung des Lichtkegels stattfindet. Das ist der Ausdruck für den Verlust der absoluten Gleichzeitigkeit. Die Newtonsche »Raumzeit« folgt aus Abbildung 1.4, wenn man den Doppelkegel zur Mitte hin aufklappt; das entspräche gerade der Existenz einer unendlich großen Lichtgeschwindigkeit.

Die Spezielle Relativitätstheorie beschäftigt sich zunächst mit geradlinig-gleichförmiger Bewegung, da hierfür das Relativitätsprinzip gilt und der Übergang zwischen verschiedenen Inertialsystemen einfach zu beschreiben ist. Dennoch ist diese Theorie auch in der Lage, Beschleunigungen zu beschreiben. Das bereitete zuweilen Kopfzerbrechen, wie man an dem berühmten »Zwillingsproblem« sieht (vergleiche Abbildung 1.5).

Dort verläßt ein Zwilling (in der Abbildung Zwilling B) die Erde mit einem Raumschiff, während sein Bruder (Zwilling A) auf der Erde verbleibt. Der Raumfahrer rast mit hoher Geschwindigkeit ins All, kehrt um und rast wieder zur Erde zurück. Bei seiner Rückkehr stellt er fest, daß sein Bruder im Vergleich zu ihm gealtert ist. Wie läßt sich das verstehen? Da wegen

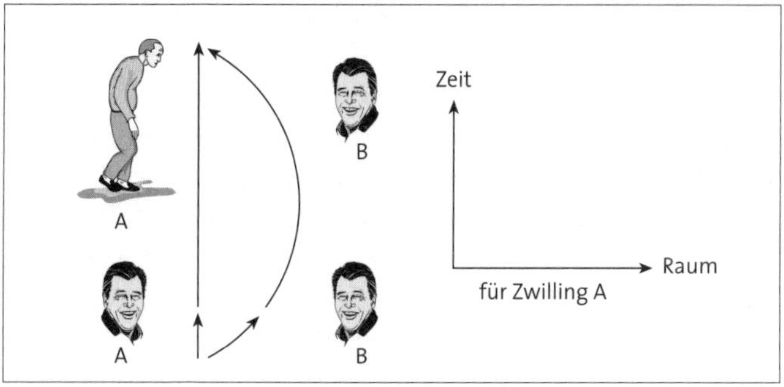

1.5 Zum Zwillingsproblem

der Zeitdilatation alle Uhren (und somit auch alle physiologischen Vorgänge) im Raumschiff in bezug auf den irdischen Zwilling verlangsamt sind, ist ja zu erwarten, daß der Raumfahrer zum Zeitpunkt seiner Rückkehr weniger gealtert ist. Doch gilt dies nicht auch umgekehrt? Ist nicht der irdische Zwilling in bezug auf seinen Bruder im Raumschiff bewegt und sollte deshalb weniger altern? Der Pferdefuß bei dieser Gedankenkette liegt darin, daß der Raumfahrer eine Beschleunigung erfährt, der irdische hingegen nicht (jedenfalls in guter Näherung). Um nämlich umkehren zu können, muß der reisende Zwilling seine Geschwindigkeit ändern. Das Relativitätsprinzip gilt jedoch nur für Inertialsysteme, nicht für beschleunigte Systeme. Von daher ist die Symmetrie zwischen beiden Zwillingen gebrochen. In Minkowskis Raumzeitformulierung läßt sich leicht erkennen, daß der irdische Zwilling bei der Rückkehr älter ist: Die verflossene Zeit, die der jeweilige Zwilling auf seiner Uhr abliest (man spricht hier von der sogenannten *Eigenzeit*), läßt sich direkt aus der Länge der jeweiligen Weltlinien im Minkowski-Raum ablesen. Umgekehrt zur rein räumlichen Geometrie gilt aber, daß die längste Zeit für einen Beobachter auf einer geraden Weltlinie vergeht. Jede Krümmung verkürzt die Eigenzeit. Da die Weltlinie des reisenden Zwillings gekrümmt ist (siehe Abbildung

1.5), entspricht ihr im Vergleich zur Weltlinie des irdischen Zwillings eine kleinere Eigenzeit.

Auch wenn Einstein auf Minkowskis mathematische Formulierung entgegnet haben soll, daß er seine eigene Theorie nicht mehr verstehe, seit sich die Mathematiker mit ihr befassen, so hat er sich die Vorstellung von der vierdimensonalen Raumzeit doch schnell zu eigen gemacht. Sie lieferte ihm den Schlüssel für seine größte Leistung – die 1915 vollendete Allgemeine Relativitätstheorie und die damit verbundene Geometrisierung der Welt.

Die Geometrisierung der Welt: Einsteins Allgemeine Relativitätstheorie

In Galileis *Discorsi* äußert sich Salviati wie folgt zur Fallbewegung: »das [daß ein Stein von 20 Pfund Gewicht 10mal schneller falle als einer von 2 Pfund], behaupte ich, ist eben falsch, und mögen beide von 50 oder 100 Ellen herabfallen, sie kommen stets in demselben Augenblicke an.« Dies stand gegen die im Dialog von Simplicio geäußerte Meinung des Aristoteles, wonach schwerere Körper schneller fallen. Die Tatsache, daß alle Körper gleich schnell fallen, war also bereits Galilei bekannt. Im ersten Abschnitt hatten wir diesen Sachverhalt als das Äquivalenzprinzip bezeichnet: Schwere Masse und träge Masse sind gleich groß. In den Bewegungsgleichungen kürzen sich deshalb beide Massen heraus, und die Bewegung ist massenunabhängig. Newton hat diese Gleichheit mit einer Genauigkeit von etwa einer Promille experimentell bestätigt. Eine tiefere Bedeutung wurde dieser Tatsache aber nicht beigemessen: Galilei, Newton und spätere Wissenschaftler haben die Gleichheit von träger und schwerer Masse zwar »registriert, aber nicht interpretiert« (Einstein). Für Einstein selbst bildete sie aber den Ausgangspunkt für seine Allgemeine Relativitätstheorie, die moderne Theorie der Gravitation.

Das Äquivalenzprinzip wies den Weg zu einer geometrischen Beschreibung der Raumzeit. Einstein postulierte dieses Prinzip in der folgenden verallgemeinerten Form: Ein frei fallendes Bezugssystem ist bezüglich aller Naturerscheinungen mit einem im schwerefreien Raum befindlichen Bezugssystem gleichwertig. Hieraus folgt natürlich die Gleichheit von träger und schwerer Masse, aber darüber hinaus folgt die völlige Äquivalenz von freiem Fall und Schwerelosigkeit in bezug auf alle möglichen Experimente. Allerdings muß noch hinzugefügt werden, daß diese Gleichwertigkeit nur lokal gilt, also nur für Bezugssysteme, die keine große Ausdehnung haben. Das Äquivalenzprinzip wurde in den letzten hundert Jahren mit großer Genauigkeit bestätigt; so hat man die Gleichheit von träger und schwerer Masse bis auf eine Unsicherheit von weniger als 10^{-12} bestätigt. In den nächsten Jahren soll diese Genauigkeit in Experimenten, die zum Teil im All durchgeführt werden, weiter vergrößert werden.

Warum führt das Äquivalenzprinzip auf die Geometrisierung der Welt? Da sich ein frei fallendes System (wofür Einstein als Beispiel gerne einen frei fallenden Aufzug betrachtete) wie ein schwereloses System verhält, stellt es nichts anderes dar als ein lokales Inertialsystem: Kräftefreie Objekte bewegen sich darin geradlinig und gleichförmig (siehe Abbildung 1.6).

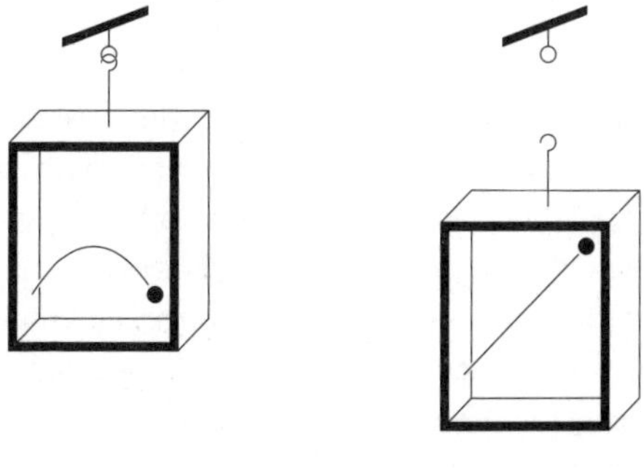

1.6 Zum Äquivalenzprinzip: Der frei fallende Aufzug (rechts) entspricht einem in der Schwerelosigkeit schwebenden Aufzug. Der im Schwerefeld aufgehängte Aufzug (links) entspricht einem beschleunigten Aufzug.

Anders als zu Einsteins Zeiten ist die Realisierung eines freien Falls mit Menschen mittlerweile Routine. Das betrifft nicht nur Raumfahrer; mit gewöhnlichen Flugzeugen läßt sich ein Parabelflug durchführen, bei dem sich das Flugzeug wie bei einem schiefen Wurf alleine unter dem Einfluß der Gravitation bewegt, also frei fällt. (Die Parabel ergibt sich durch Überlagerung mit einer zusätzlichen Anfangsgeschwindigkeit.) In Abbildung 1.7 sind die typischen Parameter für einen solchen Parabelflug, während dessen man physikalische Experimente durchführen kann, skizziert.

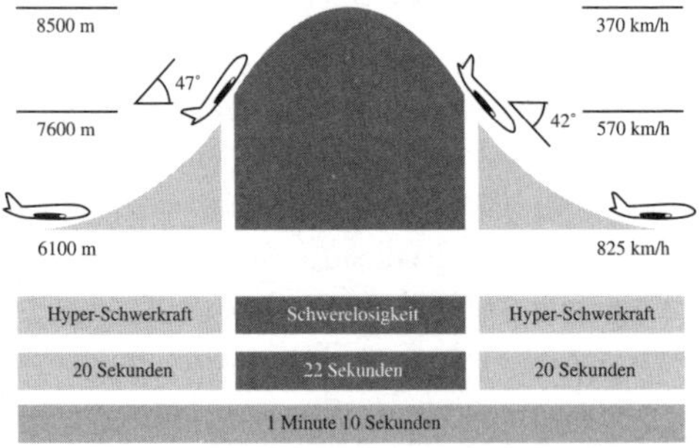

1.7 Zum Parabelflug: Für etwa 20 Sekunden bewegt sich das Flugzeug praktisch im freien Fall.

Da in einem frei fallenden System von der Gravitation nichts mehr zu spüren ist, gelten wieder die Gesetze der Speziellen Relativitätstheorie. Aber eben nur lokal! Betrachten wir oberhalb der Erde verschiedene solcher frei fallenden Aufzüge, die weit voneinander entfernt sind, so werden sie sich alle zum Erdmittelpunkt hin bewegen. Selbst wenn sie parallel starten, werden sie sich einander nähern – und sind deshalb relativ zueinander beschleunigt. Man sieht sich deshalb der Situation gegenüber, daß die vielen lokalen Inertialsysteme nicht mehr zusammenpassen und kein globales, allumfassendes Inertialsystem mehr bilden können. Ein globales Inertialsystem entspricht einer flachen

Raumzeit, da in ihm die Gesetze der Euklidischen Geometrie gelten. Passen viele kleine flache Raumzeiten nicht mehr zusammen, so bedeutet das nichts anderes, als daß die gesamte Raumzeit gekrümmt ist.

Hier hilft eine Analogie aus dem gewöhnlichen Raum. Die Oberfläche einer Kartoffel etwa ist sicher gekrümmt. Sie läßt sich aber durch viele kleine flache Flächenstücke annähern, die man sich wie kleine Briefmarken vorstellen kann, die auf die Kartoffel geklebt sind. Jede Briefmarke ist flach, doch die gesamte Fläche ist gekrümmt. Ähnlich verhält es sich mit der Raumzeit, wobei die lokalen Inertialsysteme die Rolle der kleinen Briefmarken übernehmen.

In einem frei fallenden System bewegen sich Körper geradlinig und gleichförmig, also auf Geradenstücken (siehe Abbildung 1.6). Da die lokalen frei fallenden Systeme aber nicht zusammenpassen, können sich auch die lokalen Geradenstücke nicht zu einer globalen Geraden zusammenfügen. Was sich ergibt, ist aber die geradestmögliche Kurve; nach einem Ausdruck aus der Landvermessung nennt man solche Kurven *Geodätische.* Sie sind die Verallgemeinerungen der Geraden auf gekrümmte Räume oder Raumzeiten. Im Raum sind es tatsächlich diejenigen Kurven, welche den minimalen Abstand zwischen zwei gegebenen Punkten haben. Wenn wir im Zusammenhang mit gekrümmten Räumen von Geraden sprechen, sind immer Geodätische gemeint. In der Raumzeit haben diese Kurven den größtmöglichen Abstand im Sinne der Eigenzeit zwischen zwei Ereignissen – auf der Weltlinie, die eine Geodätische bildet, vergeht die längste Eigenzeit. Letzteres ist uns bereits bei der Diskussion des Zwillingsproblems begegnet: Der auf der Erde verbleibende Zwilling bewegt sich (zumindest näherungsweise) auf einer Geodätischen in der Minkowski-Raumzeit, während der Raumfahrer beschleunigt ist und deshalb entlang einer nichtgeodätischen Kurve fliegt, auf der die Eigenzeit langsamer verstreicht.

Wie aber beschreibt man mathematisch einen gekrümmten

Raum? Diese Frage beschäftigte Einstein von 1907 an, als er erkannte, daß das Äquivalenzprinzip den Schlüssel zum Verständnis der Gravitation bot, bis zur Aufstellung der Grundgleichungen der Allgemeinen Relativitätstheorie im Jahre 1915.

Beherrschend von den Anfängen der Mathematik im antiken Griechenland bis ins 19. Jahrhundert war die Euklidische Geometrie. Sie besteht aus einer Reihe von Axiomen, das sind Forderungen, die unmittelbar einsichtig sein sollten, und daraus gezogenen Schlußfolgerungen, den eigentlichen mathematischen Sätzen. In der modernen Mathematik verzichtet man allerdings auf diese unmittelbare Einsichtigkeit; Axiome werden im Sinne eines Sprachspiels mehr oder weniger willkürlich gesetzt. Eine besondere Rolle in der Euklidischen Geometrie spielt das berühmte fünfte Axiom; es besagt, daß es in der Ebene zu jeder Geraden und zu jedem Punkt außerhalb dieser Geraden genau eine Gerade gibt, welche zu der ersten parallel ist, sie also nicht schneidet (siehe Abbildung 1.8).

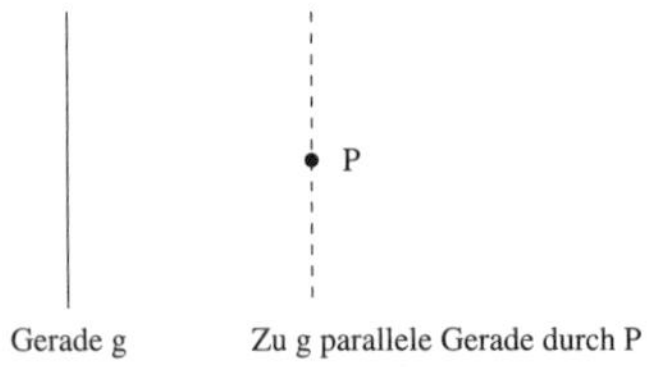

1.8 In der Euklidischen Geometrie gibt es zu jeder Geraden und einen nicht auf ihr liegenden Punkt P genau eine Gerade durch P, die zu der ersten parallel ist.

Im Verlauf der Jahrhunderte haben sich Mathematiker immer wieder gefragt, ob dieses Axiom unabhängig ist oder ob es aus den anderen Axiomen abgeleitet werden kann. Alle Versuche, es abzuleiten, waren aber vergeblich. Seine tatsächliche Unabhängigkeit konnte erst im 19. Jahrhundert bewiesen werden – durch explizite Konstruktion einer Geometrie, in der alle Euklidischen

Axiome gelten mit Ausnahme des fünften. Geometrien, für die Euklids fünftes Axiom nicht gilt, bezeichnet man allgemein als *nichteuklidisch*. Die ersten Beispiele hierfür wurden von Nikolai Lobatschevsky (1792 bis 1856), János Bolyai (1802 bis 1860) und Carl Friedrich Gauß (1777 bis 1855) behandelt. Es handelte sich zunächst um Geometrien, bei denen es zu einer gegebenen Geraden unendlich viele parallele Geraden durch einen außerhalb der gegebenen Gerade liegenden Punkt gibt. Eine solche Geometrie bezeichnet man als hyperbolisch; ein Beispiel hierfür ist eine Satteloberfläche. Sie zeichnet sich auch dadurch aus, daß die Winkelsumme im Dreieck kleiner als 180 Grad ist. Andere Geometrien sind die sphärischen, bei denen es keine Parallele zu einer gegebenen Geraden gibt und die Winkelsumme eines Dreiecks größer als 180 Grad ist. Sphärische Geometrien wurden in diesem Zusammenhang zunächst nicht untersucht, was vielleicht daran lag, daß es dort Punkte gibt, die man durch unendlich viele sphärische Geraden verbinden kann (es handelt sich um diametral gegenüberliegende Punkte); das verletzt nämlich ein weiteres der Euklidischen Axiome, wonach es durch je zwei Punkte genau eine Gerade gibt.

Natürlich waren gekrümmte Flächen wie etwa die Oberfläche einer Kugel seit der Antike bekannt. Vorstellbar waren sie aber nur in Gestalt einer Einbettung in den dreidimensionalen Raum, in dem die Gesetze der Euklidischen Geometrie gelten. Um allgemeine Geometrien zu beschreiben, mußte man sich aber von der Einbettungsidee lösen, was hohe Anforderungen an die mathematische Abstraktion stellt. Diese Leistung gelang Gauß 1827 in seinen berühmten *Disquisitiones* (der vollständige Titel lautet auf deutsch »Allgemeine Untersuchung über gekrümmte Flächen«). Er konnte die Geometrie allgemeiner zweidimensionaler Flächen mit beliebiger Krümmung rein intrinsisch beschreiben, ohne sie in einen dreidimensionalen Raum einbetten zu müssen. Für Flächen, die durch eine Einbettung beschrieben werden, führte Gauß eine von der intrinsischen Krümmung begrifflich unabhängige Größe ein, die äußere Krümmung, die mehr damit zu tun hat, wie wir die Fläche von außen wahrnehmen. Betrachten wir zur Veranschaulichung eine Ebene, symbolisiert durch ein Blatt Papier. Sie besitzt verschwindende innere und äußere Krümmung. Rollt man die Ebene zu einem Zylinder auf, so ändert sich die innere Geometrie nicht: Sie ist nach wie vor flach; die Winkelsumme im Dreieck beträgt 180 Grad. Die äußere Krümmung jedoch verschwindet nicht mehr; sie ist dafür verantwortlich, daß jetzt ein Zylinder statt einer Ebene vorliegt. Gauß konnte einen interessanten Zusammenhang zwischen innerer und äußerer Krümmung beweisen, den er *Theorema egregium*, den herausragenden Lehrsatz, nannte. Er besagt im wesentlichen, daß sich wegen des dreidimensionalen Euklidischen Einbettungsraums bestimmte Komponenten der äußeren und inneren Krümmung kompensieren müssen. Im Zusammenhang mit der Quantengravitation werden wir auf dieses Theorem zurückkommen (Kapitel 5).

Um nun die vierdimensionale Raumzeit geometrisch beschreiben zu können, benötigte Einstein die Verallgemeinerung von Gauß' Ergebnissen auf höhere Dimensionen. Den ersten und wichtigsten Schritt hierfür vollbrachte Georg Friedrich Bernhard Riemann (1826 bis 1866). In seinem berühmten Habilitationsvortrag vom 10. Juni 1854 sprach er in Anwesenheit des alten Gauß *Ueber die Hypothesen, welche der Geometrie zu Grunde liegen* (1868 veröffentlicht). Hier legte Riemann den Grundstein für die Verallgemeinerung der Gaußschen Flächentheorie auf beliebige Raumdimensionen – die später ihm zu Ehren getaufte Riemannsche Geometrie. Ganz zentral ist auch hier wieder, daß diese Räume mathematisch beschrieben werden können, ohne Bezug auf einen Einbettungsraum und die damit verbundene Anschauung nehmen zu müssen.

Riemann sprach auch eine wichtige Frage an, die im Zusammenhang mit der Relativitätstheorie eine Rolle spielen sollte: die Frage nach dem Zusammenhang von Geometrie und Erfahrung.

Riemann konnte sich nämlich durchaus vorstellen, daß zumindest im mikroskopischen Bereich geometrische Verhältnisse vorliegen, die nicht mehr einem flachen Raum entsprechen. Er beendete seinen Vortrag mit den Worten: »Die Entscheidung dieser Fragen kann nur gefunden werden, indem man von der bisherigen durch die Erfahrung bewährten Auffassung der Erscheinungen, wozu Newton den Grund gelegt, ausgeht und diese durch Thatsachen, die sich aus ihr nicht erklären lassen, getrieben allmählich umarbeitet ... Es führt dies hinüber in das Gebiet einer anderen Wissenschaft, in das Gebiet der Physik, welches wohl die Natur der heutigen Veranlassung nicht zu betreten erlaubt.« Riemann konnte freilich noch nicht ahnen, daß ein zentraler Baustein fehlte: die Einbeziehung der Zeit. Erst die Anwendung der Riemannschen Geometrie auf die vierdimensionale Raumzeit gestattete die Formulierung der Allgemeinen Relativitätstheorie.

Lassen sich geometrische Sachverhalte überhaupt in der Erfahrung überprüfen? Der berühmte Mathematiker Henri Poincaré (1854 bis 1912) nahm hier einen besonderen Standpunkt ein, den man auch als Konventionalismus bezeichnet: Ergibt sich ein Widerspruch zwischen Theorie und Erfahrung, so könne man entweder die Geometrie oder die eigentlichen physikalischen Gesetze ändern. Insbesondere lasse sich die Gültigkeit der Euklidischen Geometrie immer bewahren, wenn man nur die Gesetze anpasse; die Wahl der Geometrie sei lediglich eine Konvention. In seinem vielbeachteten Vortrag *Geometrie und Erfahrung* von 1921 unterscheidet Einstein zwischen einer rein axiomatischen Geometrie und einer praktischen Geometrie. Mit Poincaré stimmt er nur in bezug auf die axiomatische Geometrie überein. Worauf es in der Physik aber ankomme, ist die praktische Geometrie, die sich mit realen Uhren und Maßstäben ausmessen läßt. Legt man zum Beispiel fest, daß sich Lichtstrahlen auf Geraden bewegen, so ist es sinnvoll zu fragen, ob die beobachtete Welt eine Euklidische Natur habe oder nicht. Ohne diese Auffassung, so Einstein, wäre es ihm nicht möglich gewesen, die Relativitätstheorie aufzustellen. Insofern ist die so verstandene Geometrie ein Teil der Physik. Diese Sichtweise sei auch hier eingenommen.

Die Raumzeit muß also mit den Mitteln der Riemannschen Geometrie beschrieben werden. Allerdings benötigt man noch physikalische Gleichungen, welche die erlaubten Geometrien bestimmen. Nach mühevoller Arbeit konnte Einstein diese Gleichungen – die berühmten Einsteinschen Feldgleichungen der Gravitation – in der Sitzung der königlich-preußischen Akademie der Wissenschaften zu Berlin vom 25. November 1915 vorstellen. Diese Gleichungen verknüpfen das Gravitationsfeld auf komplizierte Weise mit dem Materiegehalt der Raumzeit. In einem geeigneten Grenzfall folgt wieder das Newtonsche Gesetz als Näherung. Allerdings ist Einsteins Theorie keine Fernwirkungstheorie mehr: Wirkungen breiten sich maximal mit Lichtgeschwindigkeit aus. Der Name »Allgemeine Relativitätstheorie« rührt von der Idee her, alle Bezugssysteme als gleichwertig anzusehen. Tatsächlich gibt es jetzt im Unterschied zur Speziellen Theorie keine ausgezeichneten Systeme wie die Inertialsysteme mehr. Das Gravitationsfeld ist eine Eigenschaft der Geometrie von Raum und Zeit; die Geometrie ist also dynamisch. Raum und Zeit sind nicht mehr absolut, sondern nehmen in Wechselwirkung mit der Materie im Universum am physikalischen Geschehen teil. Ein angemessenerer Name für die Theorie wäre deshalb *Geometrodynamik*, in Analogie zur Elektrodynamik.

In der Allgemeinen Relativitätstheorie sind Trägheit und Schwere »wesensgleich« (Einstein); beide werden durch die gleichen mathematischen Größen beschrieben. Trägheitskräfte sind beispielsweise die Zentrifugalkräfte, die man bei einer Karussellfahrt zu spüren bekommt. In der Newtonschen Theorie werden die Trägheitskräfte streng von den eigentlichen Kräften (wie etwa der Gravitationskraft) unterschieden. In der Einsteinschen Theorie gibt es diesen Unterschied nicht mehr; Trägheit ist dort nur ein bestimmter Aspekt der Gravitation.

Was sind die entscheidenden mathematischen Größen in der Riemannschen Geometrie? Zentral ist der Begriff des Abstandes zwischen zwei Punkten. In der Euklidischen Geometrie zieht man dazu den bekannten Satz des Pythagoras heran. Dessen Verallgemeinerung führt in der Riemannschen Geometrie auf die *Metrik*, die den Abstand zwischen zwei benachbarten Punkten angibt; hieraus läßt sich dann der Abstand zwischen beliebigen Punkten ermitteln. Aus der Metrik folgt auch die Größe, welche die eigentliche *Krümmung* der Raumzeit beschreibt. Zur Veranschaulichung sei eine zweidimensionale Fläche betrachtet – die Kugeloberfläche. Die Geraden, also Geodätischen, sind auf dieser Fläche durch die Großkreise gegeben, welche die Kugeloberfläche in zwei gleichgroße Stücke teilen. Betrachtet man nun wie in Abbildung 1.9 dargestellt ein Dreieck, das aus Geradenstücken zusammengesetzt ist, so stellt man fest, daß die Winkelsumme größer als 180 Grad ist. Die Differenz zu 180 Grad ist nun gerade ein Maß für die Krümmung. Zweidimensionale Wesen, die sich nur auf der Kugeloberfläche bewegen können, wären damit in der Lage festzustellen, daß ihre Geometrie nicht Euklidisch ist. Statt der Winkelsumme im Dreieck könnten diese Wesen natürlich auch andere geometrische Messungen anstellen.

Ein weiterer wichtiger Begriff in der Geometrie ist die Parallelverschiebung. Diese ist dadurch definiert, daß ein »Zeiger«, den man entlang einer Kurve bewegt, seine momentane Richtung immer beibehält, also keiner Drehung unterliegt. Im Euklidischen Raum ist dieser Begriff unmittelbar einsichtig. Die Erkenntnis, wie man eine Parallelverschiebung in einem gekrümmten Raum allgemein beschreiben kann, ist wesentlich einer Arbeit des italienischen Mathematikers Tullio Levi-Civita (1873 bis 1941) aus dem Jahre 1917 zu verdanken. Einstein war davon so angetan, daß er am 2. August 1917 an Levi-Civita schrieb: »Es muss hübsch sein, auf dem Gaul der eigentlichen Mathematik durch diese Gefilde zu reiten, während unsereiner sich zu Fuss durchhelfen muss.« Die zentrale Größe zur Beschreibung der Parallelverschiebung ist der sogenannte *Zusammenhang*, auch Führungsfeld oder Verschiebungsfeld genannt. Er gibt an, wie man von einem Punkt zu einem anderen durch Parallelverschiebung gelangen kann, begründet also einen »Zusammenhang« zwischen verschiedenen Punkten. In der Riemannschen Geometrie läßt sich der Zusammenhang aus der Metrik berechnen, doch kann er unabhängig von dieser definiert werden. Im zweidimensionalen Beispiel der Kugeloberfläche kann man die Parallelverschiebung eines Zeigers entlang eines Dreiecks betrachten; das ist in Abbildung 1.9 durch den Transport eines kleinen Pfeils entlang eines sphärischen Dreiecks angedeutet.

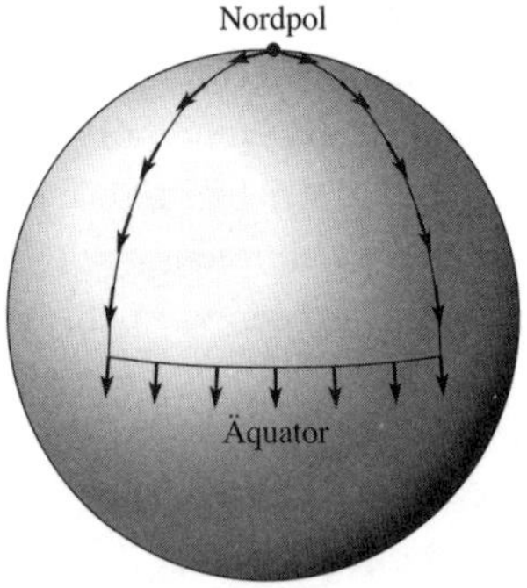

1.9 Ein entlang des eingezeichneten sphärischen Dreiecks parallel verschobener Zeiger kehrt nicht in seine Ausgangsrichtung zurück.

Obwohl der Zeiger seine momentane Richtung immer beibehält, weist er nach einem Umlauf nicht mehr in Ausgangsrichtung. Man kann zeigen, daß die Richtungsänderung wiederum ein Maß für die Krümmung der Fläche ist, die der Pfeil umläuft. In einem flachen Raum verschwindet die Krümmung, und die Richtung ändert sich nicht. Für Einstein war der Zusammenhang die zentrale Größe überhaupt, grundlegender als die Metrik.

Verweilen wir noch etwas bei dem einfachen Beispiel der Kugeloberfläche. Zwei Wesen, die am Äquator starten und so gerade wie möglich entlang eines Großkreises gen Norden marschieren, werden sich am Nordpol treffen. Sie könnten diese Tatsache so interpretieren, daß eine geheimnisvolle Kraft zwischen ihnen wirkt, die sie zueinander zieht; das wäre die Newtonsche Sichtweise. Tatsächlich ist es aber nur ein Effekt der Geometrie, nämlich die Tatsache, daß sich die Wesen auf einer gekrümmten Fläche bewegen; das ist die Einsteinsche Sichtweise. Das Analogon in der Raumzeit ist die relative Beschleunigung von lokalen Inertialsystemen. In der Allgemeinen Relativitätstheorie *ist* Gravitation gleich Geometrie.

Ein Zeiger, der auf einem gekrümmten Raum um eine geschlossene Kurve herum geführt wird, erfährt also eine Richtungsänderung. Seine Länge bleibt allerdings unverändert. Diese Situation liegt in der Allgemeinen Relativitätstheorie vor. Der Mathematiker Hermann Weyl (1885 bis 1955) empfand die unterschiedliche Behandlung von Richtung und Länge als unbefriedigend. Er formulierte deshalb 1918 eine verallgemeinerte Relativitätstheorie, die auch eine Längenänderung enthielt. Tatsächlich sollte diese Theorie beliebige Maßstabsänderungen (»Umeichungen«) zulassen, was zudem den Vorteil mit sich brachte, daß hiermit auch der Elektromagnetismus beschrieben werden konnte. Nur hält sich die Natur nicht an Weyls Theorie. Wie Einstein bemerkte, müßte nach Weyl insbesondere der Uhrengang von der gesamten Vorgeschichte der Uhr (ihrer Weltlinie) abhängen. Es gäbe dann keine chemischen Elemente mit Spektrallinien von bestimmter Frequenz, da jede Frequenz als periodischer Vorgang eine Uhr darstellt. Trotzdem war Weyls Arbeit nicht vergebens. In seiner Arbeit *Elektron und Gravitation* von 1929 konnte er seine Idee in einer abgewandelten Form auf die Quantenmechanik anwenden. Sie bildete den Ursprung der sogenannten *Eichtheorien*, die den modernen physikalischen Theorien für die Mikrowelt zugrunde liegen. Davon später mehr.

Es ist zuweilen behauptet worden, die Allgemeine Relativitätstheorie hebe den Unterschied zwischen dem heliozentrischen und dem geozentrischen System auf, da ja alle Bezugssysteme gleichwertig seien. Das ist nicht korrekt. Zwar kann man sowohl in der Newtonschen als auch in der Einsteinschen Theorie die Beschreibung auf eine ruhende Erde oder eine ruhende Sonne beziehen, die Einbeziehung der Kräfte bei Newton und der Krümmung bei Einstein sind aber bezugssystemunabhängige Größen; so dominiert die Sonne die geometrischen Verhältnisse im Sonnensystem, nach denen sich die Planeten richten müssen (siehe nächster Abschnitt). Es ist also auch in der Allgemeinen Relativitätstheorie sinnvoll zu sagen, die Erde drehe sich um ihre Achse und um die Sonne. Die bereits erwähnte Aberration sowie die Sternparallaxen, die von der Ortsveränderung der Erde um die Sonne herrühren, sprechen eine eindeutige Sprache: Und sie bewegt sich doch!

Relativitätstheorie im Sonnensystem

Einsteins Äquivalenzprinzip ist das Kernstück der Allgemeinen Relativitätstheorie. Es besagt, daß ein (wenig ausgedehntes) frei fallendes System einem System im schwerefreien Raum gleichwertig ist (vergleiche Abbildung 1.6). Entsprechend ist ein System im Gravitationsfeld lokal nicht von einem System zu unterscheiden, das im schwerefreien Raum beschleunigt wird. Hieraus folgt die Gleichsetzung der Gravitation mit der Geometrie der vierdimensionalen Raumzeit. Die Einsteinschen Feldgleichungen werden dann benötigt, um die möglichen Geometrien in Abhängigkeit von der Materie zu bestimmen.

Tatsächlich führt bereits das Äquivalenzprinzip alleine zu interessanten Folgerungen, ohne die Feldgleichungen gebrauchen zu müssen. Betrachten wir hierzu eine beschleunigte Rakete. Im Innern werde eine Lichtwelle von einer Quelle am Boden zur Decke geschickt, wo sich ein Detektor befinde. Da sich der Detektor wegen der Beschleunigung von den ankommenden Lichtwellen entfernt, ist die Zeitspanne zwischen dem Eintreffen aufeinander folgender Wellenberge und -täler größer als beim Verlassen der Quelle. Man bezeichnet dies als *Rotverschiebung*, da sich die Wellenlänge des Lichtes vergrößert und rotes Licht eine größere Wellenlänge als blaues Licht aufweist. Allgemein nennt man den Effekt der Wellenlängenänderung Doppler-Effekt; in seiner akustischen Variante ist er aus dem Alltag wohlvertraut. Bewegt sich das Licht umgekehrt von oben nach unten, eilt es der Quelle entgegen und erleidet dabei eine Blauverschiebung, also eine Verkürzung der Wellenlänge.

Da das Äquivalenzprinzip die lokale Gleichwertigkeit von Beschleunigung und Gravitationsfeld postuliert, muß es die Rotverschiebung auch geben, wenn man eine Lichtwelle etwa vom Erdboden zu einer bestimmten Höhe schickt. Diesen Effekt hat man bereits in den sechziger Jahren in einem etwa zwanzig Meter hohen Turm an der Harvard-Universität trotz seiner Kleinheit von etwa 10^{-15} für die relative Wellenlängenänderung mit einer Unsicherheit von einem Prozent bestätigt. Allein wegen dieses beobachteten Effekts der Rotverschiebung kann man also schließen, daß die Raumzeit nicht flach sein kann.

Eine Lichtwelle stellt nur einen Spezialfall für eine allgemeine periodische Bewegung dar. Da man jeden periodischen Vorgang als Uhr ansprechen kann, folgt aus dem Äquivalenzprinzip, daß der Uhrengang vom Ort im Gravitationsfeld abhängt. Damit ist nicht der intrinsische Uhrengang gemeint, der – eine ideale Uhr vorausgesetzt – für die Uhr immer gleich ist, egal wo sie sich befindet. Gemeint ist der relative Uhrengang zwischen zwei Uhren gleicher Bauart, die sich auf unterschiedlicher Höhe im Gravitationsfeld befinden: Die tiefer liegende Uhr geht relativ gesehen langsamer. Diese Sprechweise ist etwas salopp, aber allgemein gebräuchlich. Wie beim Zwillingsproblem handelt es sich einfach darum, daß die Weltlinien der Uhren in der Raumzeit unterschiedlich lang sind. Der tatsächliche Unterschied im Uhrengang oberhalb der Erde ist jedoch winzig. So geht eine

Uhr in Köln im Vergleich zu einer gleichgebauten Uhr, die sich auf der Zugspitze befindet, aufgrund der gravitativen Zeitdilatation in hundert Jahren gerade mal um eine Millisekunde nach.

Trotz seiner Winzigkeit hat dieser Effekt Einzug in den Alltag gehalten. Mittlerweile gibt es Positionierungssysteme, die es gestatten, einen Ort auf der Erde auf einen Meter genau (und genauer) zu bestimmen. Das älteste dieser Systeme ist das von den USA betriebene *Global Positioning System* (GPS). Hierzu gesellen sich das russische Pendant GLONASS und das europäische Pendant GALILEO, das voraussichtlich 2013 in Betrieb gehen soll. Die Funktionsweise dieser Systeme beruht darauf, daß eine Reihe von Satelliten, die mit Atomuhren ausgestattet sind, die Erde umkreisen. Diese Satelliten senden elektromagnetische Signale aus, welche die Information über Ort und Zeitpunkt der Aussendung enthalten. Empfängt ein Beobachter auf der Erde Signale von mindestens vier Satelliten, so kann er hieraus seinen eigenen Ort (drei Koordinaten) und seine eigene Zeit bestimmen. Wegen der extrem hohen Genauigkeit müssen bei dieser Bestimmung die Effekte der Speziellen und Allgemeinen Relativitätstheorie berücksichtigt werden: Der Uhrengang wird ja sowohl durch die Geschwindigkeit der Uhr als auch durch deren Ort im Gravitationsfeld beeinflußt. Die Geschwindigkeit der Signale ist immer gleich der Lichtgeschwindigkeit c, unabhängig von der Geschwindigkeit des Satelliten und des Empfängers. Blieben diese Effekte unberücksichtigt, so ergäben sich bereits innerhalb eines Tages Fehlweisungen von mehreren Kilometern; das Gerät wäre völlig nutzlos. Jeder GPS-Nutzer bestätigt somit indirekt, daß die Raumzeit gekrümmt ist.

Die gravitative Beeinflussung des Uhrengangs folgt also direkt aus dem Äquivalenzprinzip. Für weitergehende Effekte kommt man aber nicht umhin, nach Lösungen der Einsteinschen Feldgleichungen zu suchen. Eine der wichtigsten exakten Lösungen konnte bereits kurz nach Vollendung der Allgemeinen Relativitätstheorie gefunden werden. Der zum Kriegsdienst eingezogene deutsche

Astronom Karl Schwarzschild (1873 bis 1916) fand 1916 an der Ostfront die Raumzeit, welche den leeren Außenraum einer kugelsymmetrischen Massenverteilung beschreibt. Ihm zu Ehren spricht man von der Schwarzschild-Lösung. Der einzige relevante Parameter ist die Masse des Körpers. Diese Lösung ist besonders für die Beschreibung des Sonnensystems wichtig, dessen Geometrie im wesentlichen von der dominierenden Sonnenmasse bestimmt wird.

Eine vierdimensionale Raumzeit ist schwer zu veranschaulichen. Bei der Schwarzschild-Lösung kommen uns hierfür aber zwei Sachverhalte entgegen: Die von ihr beschriebene Geometrie ist statisch, also zeitunabhängig, und sie ist kugelsymmetrisch. Es genügt also, einen festen Zeitpunkt sowie einen festen Querschnitt durch den verbleibenden dreidimensionalen Raum zu betrachten. Das reduziert die vierdimensionale Raumzeit auf zwei Raumdimensionen. Diese Fläche kann man nun zur Veranschaulichung in einen dreidimensionalen flachen Hilfsraum einbetten. Das Ergebnis ist in Abbildung 1.10 dargestellt, wobei zu beachten ist, daß die Schwarzschild-Lösung nur außerhalb des dort angedeuteten Sterns (der Sonne) gilt. Deshalb wurde am Sonnenrand die Lösung angefügt, welche das Sonneninnere beschreibt. Insgesamt ähnelt das Bild einem Trampolin mit der von der Sonnenmasse herrührenden Delle in der Mitte. Natürlich hinkt der Vergleich, da wir die Schwarzschild-Raumzeit ja nicht von außen betrachten können. Dennoch lassen sich einige der geometrischen Effekte hiermit veranschaulichen.

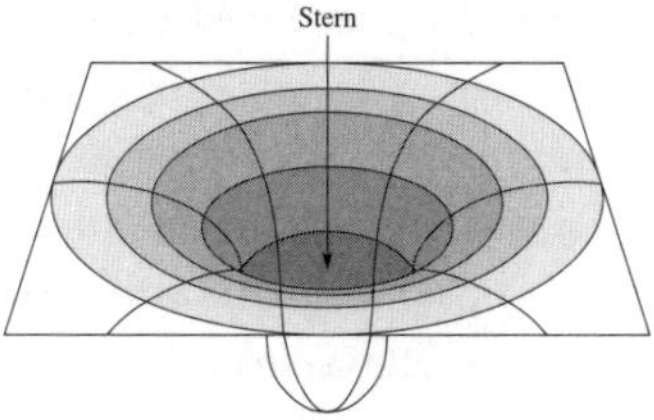

1.10 Geometrie in der Umgebung eines kugelförmigen Sterns

Da ist zunächst die Lichtablenkung am Sonnenrand, ein für die Geschichte der Relativitätstheorie bedeutsamer Effekt. Auch wenn sich der Begriff »Ablenkung« eingebürgert hat, ist er strenggenommen nicht korrekt: Das Licht läuft natürlich auch in der Schwarzschild-Raumzeit auf Geodätischen, den geradest möglichen Linien. Ablenkung bezieht sich hier auf den Vergleich zum flachen Raum. Man betrachtet einen Lichtstrahl einmal bei anwesender und einmal bei abwesender Sonne; der Unterschied ist die Lichtablenkung (vergleiche Abbildung 1.11).

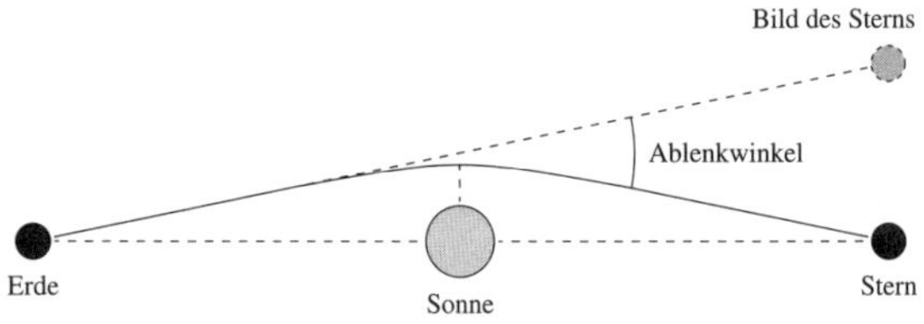

1.11 Zur Lichtablenkung an der Sonne

Entsprechend hat man diesen Effekt auch beim ersten Mal gemessen. Man verglich dazu Photoplatten von derselben Sternregion bei An- und Abwesenheit der Sonne. Natürlich war eine Messung in Sonnennähe nur während einer totalen Sonnenfinsternis möglich. Dazu wurden unter Leitung von Sir Arthur Stanley Eddington (1882 bis 1944) zwei Expeditionen zu Beobachtungen während der Finsternis vom 29. Mai 1919 ausgesandt – eine nach Sobral in Brasilien, die andere auf die Insel Principe vor der Westküste Afrikas. Die Ergebnisse bestätigten – wenn auch noch mit einiger Unsicherheit – die Vorhersagen der Relativitätstheorie und machten ihren Schöpfer weltberühmt.

Heute mißt man mittels eines Netzwerks von Radioteleskopen die Ablenkung von Radiosignalen, die von extragalaktischen Radioquellen (zum Beispiel Quasaren) herrühren. Damit hat man die vorausgesagte Ablenkung mit einer verbleibenden Unsicherheit von weniger als einem Zehntel Promille bestätigt.

Der Weg des Lichtes (oder allgemein elektromagnetischer Strahlung) durchläuft in Sonnenumgebung einen längeren Weg, da er dem gekrümmten Raum folgen muß. Entsprechend ist das Licht auch länger unterwegs (verglichen mit dem flachen Raum). Diese »Laufzeitverzögerung« gestattet einen noch etwas genaueren Test der Relativitätstheorie. So konnte man diesen Effekt im Jahre 2002 durch einen Signalaustausch mit der Cassini-Sonde überprüfen, die auf dem Weg zum Ringplaneten Saturn war. Die Unsicherheit betrug weniger als vier Hundertstel Promille.

Der Effekt der Lichtablenkung ist auch außerhalb des Sonnensystems von Bedeutung. So kann das Licht weit entfernter Galaxien oder Quasare auf seinem Weg zu uns durch eine Galaxie oder einen Galaxienhaufen, den es unterwegs passiert, abgelenkt werden. Man spricht von diesen ablenkenden Objekten dann als Gravitationslinsen. Als Resultat beobachtet man am Himmel Mehrfachbilder der weit entfernten Objekte. Da das Licht dieser gelinsten Objekte weite Entfernungen überwindet und vor vielen Millionen Jahren ausgestrahlt wurde, kann man damit das Universum gleichsam ausmessen. Die Idee der Gravitationslinsen hat Einstein bereits 1912 in seinem Notizbuch beschrieben, aber erst 1936 publiziert, da er wegen der Kleinheit des Effekts nicht an eine Beobachtung glaubte. Es sollte auch noch bis 1979 dauern, bevor man ihn tatsächlich beobachten konnte.

Heute gehören Gravitationslinsen zum astronomischen Alltag. Liegt die Quelle direkt hinter der Gravitationslinse, so bildet das abgelenkte Licht aus Symmetriegründen einen Ring um die Linse – den Einstein-Ring. Abbildung 1.12 zeigt den seltenen Fall eines doppelten Einstein-Rings, der 2007 entdeckt wurde. Hier wird tatsächlich das Licht von *zwei* entfernten Galaxien von der Gravitationslinse abgelenkt. Mit Hilfe des Gravitationslinseneffekts konnten auch bereits Planeten außerhalb unseres Sonnensystems aufgespürt werden.

1.12 Mit dem Hubble-Teleskop aufgenommener doppelter Einstein-Ring.

Eine der größten Leistungen der Newtonschen Mechanik war es gewesen, die Keplerschen Gesetze der Planetenbewegung zu erklären. Die Planeten bewegen sich auf Ellipsenbahnen, in deren einem Brennpunkt die Sonne steht. Das ist aber nur korrekt, solange man die Einflüsse der anderen Planeten außer acht läßt. Werden diese Einflüsse mit einbezogen, kommt es zu einer Veränderung der Bahn, die man beispielsweise durch die Bewegung des Perihels charakterisieren kann. Das Perihel ist der sonnennächste Punkt der Bahn. Die Kunst der Himmelsmechanik war im 19. Jahrhundert bereits so weit fortgeschritten, daß man die Einflüsse der anderen Planeten gut berechnen und somit die Periheldrehung bestimmen konnte. Beim sonnennächsten Planeten Merkur ergab sich dabei eine Diskrepanz mit der Beobachtung von etwa 43 Bogensekunden pro Jahrhundert, die einiges Kopfzerbrechen verursachte. Diese Diskrepanz beträgt etwa acht Prozent der gesamten Periheldrehung.

In der Allgemeinen Relativitätstheorie bewegt sich ein Planet auch ohne den Einfluß anderer Planeten nicht mehr auf einer Ellipse. Solange er aber der Sonne nicht zu nahe kommt, ist die

Abweichung von der Ellipse klein, da die von der Sonne herrührende Krümmung mit der Entfernung von ihr abnimmt. Die kleine Abweichung äußert sich unter anderem in einer Drehung des Perihels, die insgesamt zu einer Rosettenbahn statt zu einer Ellipse führt (Abbildung 1.13). Für den sonnennächsten Planeten Merkur ist dieser Effekt naturgemäß am größten.

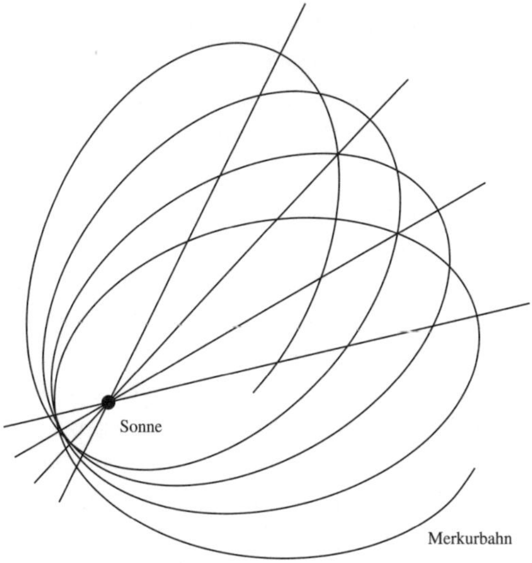

1.13 Zur Periheldrehung der Planeten

Welch ein Entzücken befiel Einstein, nachdem er herausgefunden hatte, daß seine Theorie gerade die verbleibenden 43 Bogensekunden pro Jahrhundert erklären konnte. Er soll diesen Augenblick als den glücklichsten seines Lebens bezeichnet haben. Am 21. Dezember 1915 schreibt er an seinen langjährigen Freund Michele Besso: »Lies die Abhandlungen. Sie bringen die endgültige Erlösung aus der Misere. Das Erfreulichste ist das Stimmen der Perihelbewegung...« Diese Drehung von 43 Bogensekunden pro Jahrhundert entspricht einer vollen Kreisbewegung in 30 000 Jahrhunderten. So klein dieser Effekt auch ist, so wichtig ist er für unser Verständnis von Raum und Zeit. Er wurde mittlerweile bis auf eine Ungenauigkeit von etwa drei Promille bestätigt.

Dasselbe trifft auf den nächsten Effekt zu. Auch er ist im Sonnensystem winzig klein, bringt aber die dynamische Natur der Raumzeit vielleicht noch stärker zum Ausdruck als die Periheldrehung. In der Newtonschen Theorie erzeugen nur Massen ein Gravitationsfeld. In der Einsteinschen Theorie können zusätzlich auch Ströme von Massen als Quelle fungieren. Das ist analog zum Elektromagnetismus, wo die Ladungen selbst ein elektrisches Feld, Ströme von Ladungen jedoch ein magnetisches Feld erzeugen. Man nennt deshalb den zum Magnetismus analogen Effekt gerne auch den gravitomagnetischen Effekt. Ein wichtiger Spezialfall ist die Rotation eines kugelförmigen Körpers wie etwa der Erde. Durch diese Rotation werden lokale Inertialsysteme in Erdnähe mitgezogen; tatsächlich ist es die leere Raumzeit, die so beeinflußt wird und wiederum lokale Inertialsysteme beeinflußt.

Wie macht sich dieser Effekt bemerkbar? Betrachten wir hier zunächst ein klassisches Instrument zum Nachweis der Erddrehung – das Foucaultsche Pendel. Hierbei handelt es sich um ein einfaches Pendel mit ausreichender Länge, dessen Schwingungsebene nach der Newtonschen Theorie raumfest ist, sich also in bezug auf die fernen Fixsterne (dem *International Celestial Reference System*) nicht ändert. Da sich die Erde relativ zu diesem Bezugssystem dreht, nimmt der Beobachter auf der Erde eine Drehung des Pendels relativ zur Erde wahr. Das historische Experiment fand 1851 im Panthéon in Paris statt und trat von dort aus seinen Siegeszug durch die Welt an; so wurde unter anderem ein solches Experiment 1852 im Kölner Dom durchgeführt (siehe Abbildung 1.14). Galilei wäre von dem Nachweis der Erddrehung in kirchlichen Räumen entzückt gewesen.

In Einsteins Theorie zieht die sich drehende Erde den Raum in ihrer Umgebung und somit auch die Schwingungsebene des Pendels um einen winzigen Betrag mit sich. Nach den österreichischen Physikern Hans Thirring (1888 bis 1976) und Joseph Lense (1890 bis 1985), die diesen Effekt aus der Allgemeinen Relativitätstheorie berechnet haben, bezeichnet man ihn als Thirring-Lense-Effekt.

1.14 Skizze des Foucaultschen Pendelversuchs im Kölner Dom 1852.

Allerdings ist das Pendel für einen direkten Test weniger gut geeignet, da es nicht in einem Inertialsystem (einem frei fallenden System), sondern auf der Erde ruht. Man benutzt daher für die Messung die Präzession eines Kreisels, der sich in einer Raumsonde befindet und somit frei fällt. (Unter Präzession versteht man allgemein die Richtungsänderung der Achse eines rotierenden Körpers.) Dieser Kreisel präzediert dann mit einer gewissen Winkelgeschwindigkeit gegenüber dem *International Celestial Reference System.* Für diese Präzession benötigt man – anders als bei Newton – keine äußeren Kräfte; tatsächlich bedürfte es solcher Kräfte, um den Kreisel in bezug auf die fernen Fixsterne festzuhalten. Nach jahrzehntelanger Vorbereitung kam es im April 2004 zum Start einer Raumsonde namens *Gravity-Probe B,* die solche Kreisel an Bord hatte. Die Sonde bewegte sich auf einer polaren Umlaufbahn in 640 Kilometer Höhe über der Erde. Hierfür beträgt die Kreiselpräzession relativ zu den fernen Fixsternen aufgrund des Thirring-Lense-Effekts nur etwa 41 Millibogensekunden pro Jahr – das entspricht einem vollen Umlauf in etwa 31 Millionen Jahren! In

Abbildung 1.15 sind die geometrischen Verhältnisse dargestellt. Eingezeichnet ist dort auch der numerisch größere Effekt der geodätischen Präzession, die um eine andere Achse erfolgt. Sie wäre auch bei ruhender Erde vorhanden und rührt daher, daß bei einem gekrümmten Raum die Kreiselachse auf dem Weg ihre Richtung ändert. Die Datenauswertung zu diesem Experiment ist derzeit noch im Gang; ihr erfolgreicher Abschluß würde einen der faszinierendsten Effekte der Allgemeinen Relativitätstheorie bestätigen.

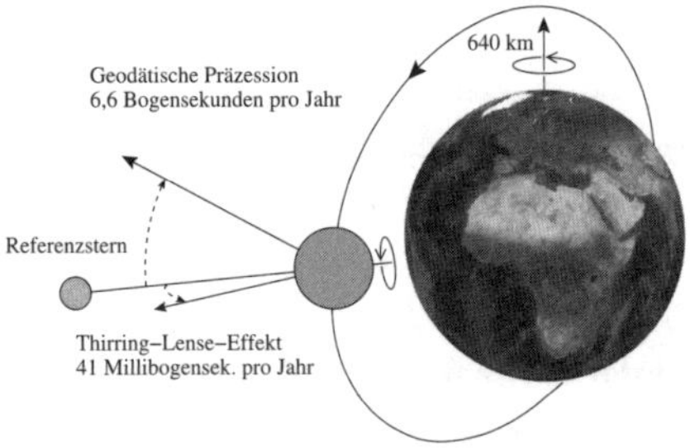

Abb. 1.15 Zum Thirring-Lense-Effekt und der geodätischen Präzession

Der Thirring-Lense-Effekt wird oft im Zusammenhang mit dem *Machschen Prinzip* diskutiert. Dieses Prinzip geht auf den österreichischen Physiker und Philosophen Ernst Mach (1838 bis 1916) zurück und postuliert im wesentlichen die Elimination aller absoluten Elemente aus einer physikalischen Theorie. Mach dachte dabei vor allem an Newtons absoluten Raum und absolute Zeit. Tatsächlich ist dieses Prinzip so vage formuliert, daß es sehr unterschiedliche Auslegungen erlaubt. Einstein selbst bezeichnete das Machsche Prinzip als wichtigen Leitfaden auf dem Weg zur Relativitätstheorie. Er verstand es ursprünglich so, daß die Geometrie der Raumzeit (die Metrik) eindeutig durch die Materieverteilung bestimmt werden sollte. Allerdings ist dies in der Allgemeinen Relativitätstheorie *nicht* der Fall, wie Einstein nachträglich feststellen mußte. Die Metrik geht in alle bekannten Materiegleichungen ein und kann deshalb nicht durch die Materie bestimmt werden. Die Einsteinsche Interpretation des Machschen Prinzips kann auch deshalb nicht gültig sein, da sie zu sehr dem Geiste des Newtonschen Fernwirkungsprinzips verhaftet ist; in der Relativitätstheorie hat das Gravitationsfeld eigene lokale Freiheitsgrade, die nicht von den Quellen festgelegt werden. Das ist ja der Grundgedanke der Feldidee. Es sind gerade die lokalen Gravitationsfelder, welche für das lokale Trägheitsverhalten verantwortlich sind (und nicht, wie Mach meinte, die fernen Fixsterne); genaugenommen ist die maßgebliche Größe der oben diskutierte »Zusammenhang«, die mathematische Größe, welche für die Parallelverschiebung im gekrümmten Raum verantwortlich ist. Dieser Zusammenhang existiert selbst dann, wenn die Raumzeit flach ist. Das ist es, was Einstein meinte, als er von der Wesengleichheit von Trägheit und Gravitation sprach. Während bei Newton beide Phänomene streng getrennt sind (Trägheitskräfte sind durch den absoluten Raum definiert, Gravitationskräfte durch Massenanziehung), sind sie bei Einstein zwei Aspekte derselben Sache – der Geometrie der Raumzeit. Deshalb ist auch die Trägheitskraft, die wir während der Karussellfahrt empfinden, ein Aspekt der Gravitation.

Gravitationswellen

John Archibald Wheeler (1911 bis 2008) hat das Wesen der Einsteinschen Feldgleichungen einmal so beschrieben: Die Materie sage der Raumzeit, wie sie sich krümmen, die Raumzeit der Materie, wie sie sich bewegen solle. Dem ließe sich noch hinzufügen, daß auch die Raumzeit sich selbst mitteilt, wie sie sich krümmen soll. Das Gravitationsfeld besitzt nämlich auch eigene dynamische Freiheitsgrade, die sich unabhängig von der Materie ausbreiten können. Bereits 1916 sagte Einstein die Existenz von

Gravitationswellen voraus: Seine Gleichungen lassen die Existenz von Wellenlösungen zu, in Analogie zu den von Hertz entdeckten elektromagnetischen Wellen. Wie diese bewegen sie sich mit Lichtgeschwindigkeit und schwingen senkrecht zur Ausbreitungsrichtung. Allerdings handelt es sich hier nicht um Wellen, die sich – wie das Licht – *auf* einem fest vorgegebenen Raum bewegen, sondern um periodische Störungen des leeren Raumes selbst, mehr einer Wasserwelle ähnelnd, mit dem Wasser als Symbol des Raumes.

Wie erkennt man solche Gravitationswellen? Treffen sie auf frei fallende Testmassen, so verursachen sie periodische Dehnungen und Stauchungen der Abstände zwischen den Massen; sie ändern eben die Geometrie des Raumes und damit die Längen. Man erkennt, daß dazu mindestens *zwei* Massen vonnöten sind, da eine Masse allein einfach nur frei fällt und keine Abstandsänderung zu irgend etwas erkennen läßt. In Abbildung 1.16 ist angedeutet, wie ein Ring von solchen Testmassen durch eine senkrecht auftreffende Gravitationswelle periodisch verformt wird.

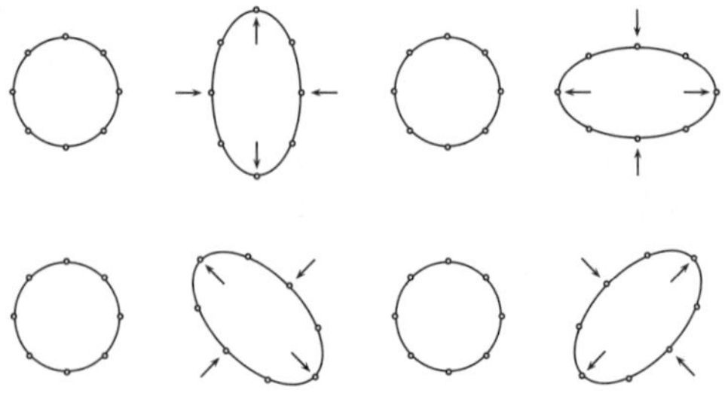

1.16 Wirkung einer senkrecht zur Papierebene einfallenden Gravitationswelle auf einen Kreis von Staubteilchen. Es ergibt sich eine periodisch erfolgende Stauchung und Dehnung, wobei die Achse in der unteren Reihe um 45 Grad verdreht ist. Die allgemeine Situation entsteht durch Überlagerung dieser beiden Fälle.

Gravitationswellen entstehen, wenn sich eine Massenverteilung plötzlich auf eine asymmetrische, das heißt nicht kugelförmige Weise ändert. Es kann sich um den Kollaps eines ausgebrannten Sterns handeln, der zu einer Supernovaexplosion führt, um das Verschmelzen von kompakten Objekten (Neutronensternen, Schwarzen Löchern), um Schwingungen und Rotationen von Neutronensternen oder um komplizierte Vorgänge im frühen Universum, die eine allgegenwärtige Spur von »primordialen Gravitationswellen« hinterlassen. In Abbildung 1.17 sieht man als Beispiel eine Gravitationswelle, die von zwei umeinander kreisenden Neutronensternen abgestrahlt wird.

1.17 Zweidimensionale Darstellung von Gravitationswellen, die von zwei umeinander kreisenden Neutronensternen abgestrahlt werden.

Die meisten Frequenzen liegen im »akustischen Bereich« von einigen Hundert Hertz, sind also viel langwelliger als Licht- oder Radiowellen. Man kann die Signale deshalb durch ein direktes Hörsignal veranschaulichen, dessen Dissonanzen die fehlende direkte Hörbarkeit aber nicht vermissen lassen.

Daß Gravitationswellen Energie tragen und Arbeit leisten können, folgt bereits aus einem einfachen Argument, das den Unterschied der Einsteinschen von der Newtonschen Theorie besonders klar zum Ausdruck bringt. Bei Newton wirkt die Gravitationskraft instantan über beliebige Entfernungen hinweg; bei Einstein kann sich diese Wirkung höchstens mit Lichtgeschwindigkeit ausbreiten. Betrachten wir zwei Körper A und B, die sich wegen der gravitativen Anziehung aufeinander zu bewegen. Nehmen wir in einem Gedankenexperiment an, daß diese Massen beim Aufprall durch einen Mechanismus mit Stahlfedern wieder abgestoßen werden und sich zurückbewegen, bevor sie sich wieder wegen der Gravitation annähern. Bei der Bewegung nach außen spürt A den Zug von B, als sich beide tatsächlich näher waren – schließlich braucht die Gravitationswirkung eine endliche Zeit, um von B nach A zu gelangen. Die ziehende Kraft von B ist also größer als bei einer instantanen Gravitationswirkung. Umgekehrt spürt auf dem Weg nach innen A die Kraft von B, als beide weiter voneinander entfernt waren; die Kraft ist also geringer. Deshalb wird auf dem Weg nach außen mehr Arbeit geleistet, als auf dem Weg nach innen wieder gewonnen wird. Da die Energie insgesamt erhalten bleibt, muß ein Teil der Energie den lokalen Bereich der Massen verlassen haben – es handelt sich gerade um die Energie von Gravitationswellen, die mit Lichtgeschwindigkeit davonlaufen.

Wie oben erwähnt, lassen sich Gravitationswellen durch ihren Effekt auf Testmassen nachweisen; Abstände zwischen solchen Massen werden periodisch gedehnt und gestaucht. Die Größe dieser Deformation nimmt umgekehrt proportional zum Abstand von der erzeugenden Quelle ab. Das ist eine viel geringere Abnahme als bei Newtons statischem Gravitationsgesetz, wonach die Kraft ja mit dem umgekehrten Abstands*quadrat* abnimmt. Trotzdem ist die erwartete Deformation winzig klein, da sich die starken Quellen in astronomischen Entfernungen befinden. So wird eine ein Kilometer lange Strecke um einen Betrag verkürzt oder verlängert, welcher der Größe eines Atomkerns oder weniger entspricht – das sind 10^{-13} Zentimeter, ein Hunderttausendstel eines Atomdurchmessers! Besteht überhaupt die Aussicht, solche mikroskopischen Abstandsänderungen zu messen? Vorreiter bei diesen Versuchen war der US-amerikanische Physiker Joseph Weber (1919 bis 2000), der Gravitationswellen dadurch nachweisen wollte, daß sie einen Aluminiumzylinder in Schwingungen versetzen. Leider war die Empfindlichkeit für einen Nachweis noch zu gering. Heute gibt es weltweit vier solcher Anlagen, die eine hunderttausendfache Empfindlichkeit aufweisen. Eine Entdeckung steht aber noch aus.

Die größten Hoffnungen richten sich allerdings auf sogenannte Laserinterferometer, von denen es weltweit fünf Stück mit ausreichender Größe gibt. Dabei wird die Interferenz von Licht ausgenützt: Ein Laserstrahl fällt auf einen halbdurchlässigen Spiegel und wird dort in zwei Teilstrahlen aufgespalten. Die Teilstrahlen laufen zu zwei Spiegeln, werden dort reflektiert und in einem Detektor überlagert, das heißt, zur Interferenz gebracht. Es ergibt sich ein Interferenzmuster von hellen und dunklen Stellen, entsprechend der gegenseitigen Verstärkung der Teilwellen (Wellenberg auf Wellenberg oder Wellental auf Wellental treffend) oder Auslöschung (Wellenberg auf Wellental treffend). Dieses Muster hängt von dem relativen Abstand der Lichtwege ab. Trifft nun eine Gravitationswelle ein, so verändert sie diesen relativen Abstand auf typische Weise und somit auch das Interferenzmuster. Natürlich funktioniert der Nachweis nur, wenn mehrere Detektoren auf der Erde dasselbe Signal messen; ansonsten könnte man nie sicher sein, ob es sich nicht doch um einen Störeffekt handelt. Neben zwei Anlagen in den USA, jeweils einer in Italien und Japan gibt es in Deutschland bei Hannover im Rahmen eines deutsch-britischen Projekts das Interferometer GEO600. Es hat eine Armlänge von 600 Meter und hat Anfang 2006 seinen Dauerbetrieb aufgenommen. Mit ersten eindeutigen Signalen von Gravitationswellen ist jederzeit zu rechnen. Um Störungen vor allem seismischer Natur zu entgehen, ist sogar geplant, ein Laserinterferometer im Weltall zu plazieren. Das gemeinsam von NASA und ESA organisierte Projekt LISA (*Laser Interferometer Space Antenna*) soll aus drei Satelliten bestehen, die ein Dreieck mit fünf Millionen Kilometer langen Seitenlängen bilden und die der Erde auf ihrem Weg um die Sonne folgen. Die Laserstrahlen werden zwischen den Satelliten ausgetauscht. LISA soll seinen Betrieb 2018 (oder etwas später) aufnehmen. Zusammen mit den irdischen Anlagen würde damit der Anfang der Gravitationswellenastronomie geschaffen werden – da Gravitationswellen wegen ihrer schwachen Wechselwirkung ungehindert durch das Weltall eilen, enthalten sie Information über weite Entfernungen und die ferne Vergangenheit, wie sie auf andere Art nicht verfügbar ist.

Tatsächlich *hat* man Gravitationswellen bereits nachgewiesen, wenn auch nur indirekt. So strahlt ein einander umkreisendes Doppelsternpaar nach Einsteins Theorie solche Wellen ab. Dadurch wird Energie fortgetragen, die dem Sternsystem folglich verlorengeht. Das wiederum führt zu einer Abnahme der Bahnperiode – die Sterne kommen sich immer näher und bewegen sich schneller umeinander. Genau diesen Effekt kann man in günstigen Fällen beobachten. Es gibt nämlich Objekte im Universum, die eine hochgenaue Uhr darstellen – die *Pulsare*. Hierbei handelt es sich um rotierende Neutronensterne mit einem starken Magnetfeld, die wie bei einem Leuchtturm pulsierende Radiosignale in sehr kurzem zeitlichem Abstand abstrahlen. Die Variationen in der Pulsankunftszeit liegen unter hundert Nanosekunden (eine Nanosekunde ist eine Millardstel Sekunde). Das am genauesten ausgemessene System ist das 1974 entdeckte Sternenpaar PSR 1913+16 (die Zahlen bezeichnen seinen Ort am Himmel), das einen Pulsar enthält. Die Bahnperiode dieses *Binärpulsars* hat sich seit der Entdeckung um mehr als 35 Sekunden verringert – in voller Übereinstimmung mit Einsteins Theorie. Die einzige Erklärung für diesen Effekt ist die Ausstrahlung von Gravitationswellen. Als ein großer Glücksfall entpuppte sich im Frühjahr 2003 die Entdeckung eines *Doppelpulsars* – eines Doppelsternsystems, in dem *beide* Sterne Pulsare sind. Die Allgemeine Relativitätstheorie sagt für dieses System die Schrumpfung des Bahnradius von sieben Millimeter pro Tag und die Abnahme der Bahnperiode von hundert Nanosekunden pro Tag voraus, was man mit einer Genauigkeit von einem Prozent bestätigen konnte. Auch die im letzten Unterkapitel diskutierten Effekte im Sonnensystem kann man in diesen Objekten wiederfinden, so etwa die gravitative Zeitdilatation und die Periheldrehung (in diesem Zusammenhang als Periastrondrehung bezeichnet). Statt der 43 Bogensekunden pro Jahrhundert wie beim Planeten Merkur findet man hier den beachtlichen Wert von 17 Grad pro Jahr, was einer Umdrehung des Periastrons in etwa 21 Jahren entspricht. Größer hätte der Triumph für Einstein nicht ausfallen können!

Schwarze Löcher

Wir haben gesehen, daß für die Relativitätstheorie im Sonnensystem eine exakte Lösung der Einsteinschen Gleichungen zuständig ist – die Schwarzschild-Raumzeit (Abbildung 1.10). Sie beschreibt die geometrischen Verhältnisse außerhalb der Sonne. Man kann beweisen, daß es sich um die einzige statische Lösung dieser Gleichungen handelt. Was passiert, wenn man den Radius der Sonne in Gedanken immer weiter schrumpfen läßt, ohne deren Masse zu verringern? Die sich so ergebende Raumzeit beschreibt eines der faszinierendsten Objekte überhaupt – ein *Schwarzes Loch*. Der von John Wheeler 1967 geprägte Begriff drückt eine der wesentlichen Eigenschaften dieser Gebilde aus: Ihr Gravitationsfeld ist so stark, daß nicht einmal Licht, also überhaupt keine Information, aus ihnen entweichen kann. Der Effekt der Lichtablenkung ist so stark, daß selbst nach außen abgestrahlte Lichtstrahlen wieder wegen der Gravitation zurückfallen müssen. Für die Sonnenmasse würde sich ein solches

Schwarzes Loch ergeben, wenn der Sonnenradius den Wert von etwa drei Kilometer unterschreiten würde – ein wahrhaft winziger Wert im Vergleich zum tatsächlichen Sonnenradius, der etwa 700 000 Kilometer beträgt. Man nennt diesen kritischen Wert auch den *Schwarzschild-Radius*; er ist direkt proportional zur Masse und hängt ansonsten nur von der Gravitationskonstante und der Lichtgeschwindigkeit ab. Unterschreitet die Masse den Schwarzschild-Radius, so bildet sich an dieser Stelle der sogenannte *Ereignishorizont*, der den inneren Bereich (das eigentliche Schwarze Loch) von dem äußeren Bereich trennt. Es ist dieser innere Bereich, aus dem keine Information mehr nach außen dringen kann. Im Sinne der Raumzeitgeometrie kann man auch sagen, daß dieser innere Bereich für Beobachter, die sich außen befinden, nie zur Vergangenheit wird. Ein Stück der Raumzeit ist also kausal völlig von dem Rest der Welt abgekoppelt, eine wahrhaft bizarre Vorstellung. In Abbildung 1.18 ist der Kollaps eines Sterns zu einem Schwarzen Loch skizziert. Die kausalen Verhältnisse sind durch einige lokale Lichtkegel angedeutet: Man sieht, daß diese Lichtkegel innerhalb des Ereignishorizontes nach innen weisen, daß also alle möglichen Signale, die sich ja nur auf oder innerhalb des Lichtkegels fortpflanzen können, nach innen laufen müssen. Der Horizont selbst ist tangential zu den lokalen Lichtkegeln, so daß man ihn sich in Gedanken aus Lichtstrahlen aufgebaut denken kann.

Was befindet sich innerhalb des Ereignishorizontes? Einsteins Gleichungen lassen nur eine Möglichkeit zu: Die Masse wird auf einen Punkt zusammengequetscht und erzeugt einen Bereich unendlich großer raumzeitlicher Krümmung; man spricht von einer *Singularität.* Da aus dem Schwarzen Loch keine Information nach außen dringen kann, können wir die Singularität nicht sehen. Tatsächlich fällt es schwer, an die Existenz einer solchen Singularität zu glauben, und vermutlich ist sie im Rahmen einer Theorie, die fundamentaler als Einsteins Theorie ist, auch gar nicht vorhanden. Davon später mehr.

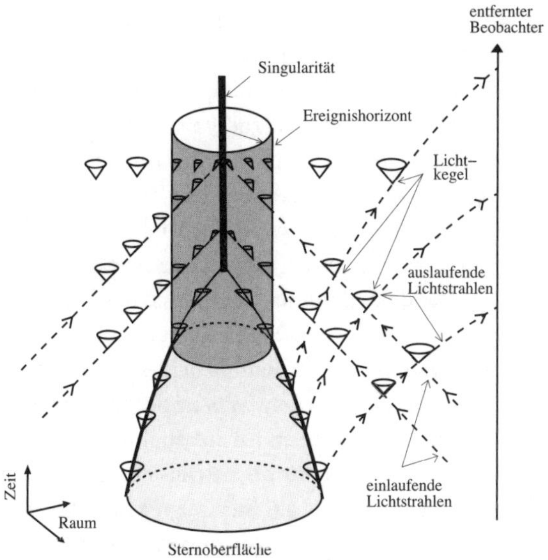

1.18 Raumzeitdiagramm eines Sterns, der zu einem Schwarzen Loch kollabiert (eine Raumdimension ist unterdrückt).

Nicht nur die Lichtablenkung ist beim Schwarzen Loch immens. Das gleiche gilt auch für alle anderen Effekte der Relativitätstheorie. Während sie im Sonnensystem kleine Korrekturen zur Newtonschen Physik sind, dominieren sie beim Schwarzen Loch das Geschehen. So wird zum Beispiel die gravitative Zeitverzögerung am Ereignishorizont unendlich groß. Das bedeutet, daß in bezug auf weit entfernte Beobachter Uhren, die sich dem Ereignishorizont nähern, immer langsamer gehen und schließlich zum Stillstand gelangen. Da dies gleichermaßen für alle Vorgänge gilt, heißt das, daß von außen betrachtet am Ereignishorizont jede Bewegung einfriert. Man kann niemals beobachten, wie irgend etwas in das Schwarze Loch eindringt (vergleiche Abbildung 1.18). Ein unglücklicher Beobachter, der ins Loch fällt, wird hingegen keine Änderung seines Uhrengangs beobachten;

das folgt direkt aus dem Äquivalenzprinzip. Er fällt unweigerlich in endlicher Zeit in die Singularität.

Ein Signal, das knapp außerhalb des Ereignishorizontes nach außen abgestrahlt wird, erleidet zudem eine große Rotverschiebung, einen Effekt, den wir bereits im Zusammenhang mit dem Äquivalenzprinzip kennengelernt haben. Diese Rotverschiebung bewirkt, daß ein in das Schwarze Loch fallendes Objekt sehr schnell unsichtbar wird, auch wenn die Bewegung von außen betrachtet am Rand des Ereignishorizontes eingefroren scheint.

Wir haben in Gedanken die Sonne zu einem Schwarzen Loch werden lassen, indem wir den Radius bei konstanter Masse immer kleiner werden ließen. Die wirkliche Sonne wird allerdings nicht zu einem Schwarzen Loch: Nachdem ihre Kernvorräte aufgebraucht sind, wird sie ein kümmerliches Dasein als sogenannter Weißer Zwerg fristen, als ein Stern von Erdgröße. Schwarze Löcher hingegen entstehen aus sehr massiven Sternen, die nach Beenden der Kernfusion kollabieren. Die nach dem Kollaps verbleibende Masse muß dazu mindestens etwa drei Sonnenmassen betragen. Daß in solchen Fällen der Kollaps zu einem Schwarzen Loch nicht vermieden werden kann, folgt aus sehr allgemeinen Gründen, welche die Form mathematischer Theoreme annehmen können. Solche »Singularitätentheoreme« wurden von den britischen Physikern Roger Penrose und Stephen Hawking in den sechziger Jahren bewiesen. Wegen der Äquivalenz von Masse und Energie erzeugt nämlich jede Energieform ein Gravitationsfeld. Ist der Kollaps nur weit genug fortgeschritten, so erzeugt die frei werdende Energie selbst wieder ein anziehendes Gravitationsfeld, das den Kollaps weiter beschleunigt, und so fort, bis zum Erreichen der Singularität.

So kompliziert der Weg zur Entstehung Schwarzer Löcher ist, so einfach ist das Endergebnis. John Wheeler hat das so ausgedrückt, daß Schwarze Löcher keine Haare haben. Schwarze Löcher werden nämlich, sobald sie ihren Endzustand erreicht haben, durch drei Parameter vollständig charakterisiert: ihre

Masse, ihren Drehimpuls und ihre elektrische Ladung. Geladene Schwarze Löcher spielen in der Astrophysik keine Rolle, so daß man sich dort auf die beiden Größen Masse und Drehimpuls beschränken kann. Alle anderen Eigenschaften (die »Haare«) werden vorher abgegeben, zum Beispiel in der Form von Gravitationswellen. Stimmen also zwei Löcher in diesen Parametern überein, so können sie durch nichts voneinander unterschieden werden. Welch ein Unterschied zu der mannigfachen Natur gewöhnlicher Sterne!

Die exakte Lösung der Einstein-Gleichungen, welche ein rotierendes Schwarzes Loch beschreibt, wurde 1963 von dem neuseeländischen Wissenschaftler Roy Kerr entdeckt. Sie ist eindeutig durch die beiden Parameter Masse und Drehimpuls bestimmt. Im Unterschied zur Schwarzschildschen Lösung ist sie nicht mehr kugelsymmetrisch, weist jedoch eine axiale Symmetrie (Rotationssymmetrie) auf, die sich auf die Drehachse bezieht.

Schwarze Löcher existieren nicht nur als formale Lösungen komplizierter Gleichungen auf dem Papier. Man beobachtet sie in der Natur. Da sie selber unsichtbar sind, erkennt man sie an ihrem Einfluß auf die Umgebung. Als Partner in einem Doppelsternsystem saugen sie in charakteristischer Weise Gas von einem normalen Stern zu sich. Man hat bereits etliche solcher Systeme entdeckt. Zudem lauert im Zentrum fast jeder Galaxie ein Schwarzes Loch mit gigantischer Masse. Im Zentrum unserer Milchstraße beispielsweise, das sich in 26 000 Lichtjahren Entfernung von uns befindet, gibt es ein Schwarzes Loch mit über drei Millionen Sonnenmassen. Zu erkennen gibt sich dieses Loch durch seinen Einfluß auf die Bewegung von Sternen in seiner Umgebung, die es umkreisen. Wie vermutlich alle in der Natur vorkommenden Schwarzen Löcher besitzt es einen Drehimpuls, wird also durch die Kerrsche Lösung beschrieben.

Schwarze Löcher besitzen einen Ereignishorizont. Die Frage, ob sich Singularitäten auch ohne Horizont bilden können, gehört zu den spannendsten offenen Fragen in Einsteins Theorie. Eine solche Singularität wäre »nackt«, also von außen sichtbar. Ihre Existenz würde eine große Verlegenheit für die Theorie bedeuten; aus einer solchen Singularität könnten nämlich beliebige Dinge in unser Universum gelangen, ohne daß die Theorie in der Lage wäre, deren Erscheinen vorherzusagen. Penrose hat deshalb 1969 das Prinzip der »Kosmischen Zensur« postuliert, das die Existenz solcher Nacktheiten verbietet. Aus einem Postulat folgt freilich noch nicht die Gültigkeit des Prinzips. Ob die Zensur in realistischen, das heißt in der Natur vorkommenden Situationen erfüllt ist, konnte bisher weder gezeigt noch widerlegt werden.

Wie viele Dimensionen hat die Welt?

Der Raum hat drei Dimensionen; zusammen mit der Zeit ergibt sich die vierdimensionale Raumzeit. Warum sollte man daran zweifeln? Im Jahr 1919 stellte sich der Königsberger Mathematiker Theodor Kaluza (1885 bis 1954) die Frage, ob sich Gravitation und Elektromagnetismus in einer einheitlichen Theorie beschreiben lassen. Schließlich war dem reduktionistischen Ansatz in der Physik – der Beschreibung verschiedener Kräfte im Rahmen einer Theorie – ein gewisser Erfolg beschieden gewesen. Kaluza hatte die geniale Idee, beide Wechselwirkungen einheitlich durch eine geometrische Theorie zu beschreiben. Dazu müsse man sich aber, wie er schreibt, zu dem wohl stark befremdenden Entschluß aufraffen, eine neue, *fünfte*, Weltdimension zu Hilfe zu rufen. Kaluza betrachtete die Einsteinschen Feldgleichungen in fünf Raumzeitdimensionen und konnte zeigen, daß ein Teil der fünfdimensionalen Metrik die normale vierdimensionale Metrik von Einsteins Relativitätstheorie ergibt und der verbleibende Teil mit dem elektromagnetischen Feld in Verbindung gebracht werden kann; Licht wäre also nichts anderes als die Manifestation einer fünften Dimension. Da wir im Alltagsleben von einer solchen zusätzlichen Raumdimension keine direkte Kenntnis haben, stellte Kaluza die zusätzliche Forderung auf, daß vierdimensionale geometrische Größen nicht von den Koordinaten in Richtung der fünften Dimension abhängen dürfen.

Einige Jahre später ergänzte der schwedische Physiker Oskar Klein (1894 bis 1977) Kaluzas Theorie, indem er die Quantentheorie ins Spiel brachte. Er implementierte zudem Kaluzas Zusatzforderung auf einfache Weise: Die fünfte Dimension sollte wie ein winziger Kreis an jedem Punkt der vierdimensionalen Raumzeit angeheftet, also quasi zusammengerollt sein. Wegen ihrer Winzigkeit ist sie also in unserer makroskopischen Welt nicht direkt wahrnehmbar. Man bemüht für die Vorstellung hier gerne das Bild eines Gartenschlauches, der aus weiter Entfernung eindimensional erscheint, aus der Nähe aber noch eine zweite kreisförmige Dimension aufweist. So aufgerollte höhere Dimensionen bezeichnet man auch als »kompaktifiziert«. Allgemein spricht man von solchen Theorien mit höheren Dimensionen als Kaluza-Klein-Theorien.

Die Vorstellung von höheren Dimensionen hat viele Jahrzehnte in der Physik ein Schattendasein geführt. Erst in den siebziger Jahren hat man erkannt, daß sich die bekannten Wechselwirkungen (zu denen dann nicht nur Gravitation und Elektromagnetismus gehörten) auf einheitliche Weise in einer Theorie mit höheren Raumzeitdimensionen beschreiben lassen. Kaluza-Klein-Theorien und ihre modernen Varianten gehören seitdem zum Standardrepertoire der theoretischen Physik. So ergibt sich zum Beispiel in der im fünften Kapitel diskutierten Stringtheorie das Bild einer Raumzeit, die zehn oder gar elf Dimensionen besitzt.

Bisher hat freilich kein einziges Experiment einen Hinweis auf die Existenz einer höheren Dimension erbracht. Dennoch hat die Vorstellung von einer Welt, die in Wirklichkeit mehr als drei Raumdimensionen besitzt, nichts von ihrer Ausstrahlungskraft eingebüßt. Schon Einstein schrieb am 9. Dezember 1921 an Kaluza: »Ihr Gedanke ist wirklich bestrickend. Irgendetwas Wahres muss darin sein.«

2
Quantentheorie

Wenn es aber Wirklichkeitssinn gibt, und niemand wird bezweifeln, daß er eine Daseinsberechtigung hat, dann muß es auch etwas geben, das man Möglichkeitssinn nennen kann.

Robert Musil, Der Mann ohne Eigenschaften

Was beschreibt die Quantentheorie?

Man macht den Beginn einer neuen Epoche gerne an einem bestimmten Datum fest. So steht der Sturm auf die Bastille exemplarisch für den Beginn eines neuen politischen Zeitalters. In der Physik ist dies kaum anders. Man kann etwa den Beginn des Jahrhunderts der Elektrodynamik mit Alessandro Voltas Reise nach Paris im Jahr 1801 ansetzen, wo er in Gegenwart Napoleons seine Experimente zur Elektrizität mit großem Erfolg vorführte.

Die Geburtsstunde der Quantentheorie wird gemeinhin mit dem Vortrag von Max Planck (1858 bis 1947) verknüpft, den er am 14. Dezember 1900 vor der Deutschen Physikalischen Gesellschaft hielt. Auf Taubenfüßen hielt hier eine Größe Einzug, welche die Physik wie nie zuvor revolutionieren sollte – das (später so genannte) Plancksche Wirkungsquantum h. Planck machte die harmlos erscheinende Annahme, daß Atome die Energie der elektromagnetischen Strahlung nur in ganzzahligen Vielfachen einer Grundenergie aufnehmen oder abgeben können; die Größe dieser Grundenergie ist dabei durch das Produkt von h und der Strahlungsfrequenz gegeben. »Das war eine rein formale Annahme, und ich dachte mir nicht viel dabei ...«, schrieb Planck später. Dieses Auftreten der Energien in »Paketen«, also Quanten, hat der Theorie ihren Namen gegeben.

Planck machte diese formale Annahme, um Experimente zu beschreiben, die sich bisher hartnäckig jeder theoretischen Erklärung entzogen hatten – die Experimente zur Schwarzkörperstrahlung. Bei einem Schwarzen Körper handelt es sich um einen zuerst von dem Physiker Gustav Robert Kirchhoff (1824 bis 1887) beschriebenen idealisierten Körper, dessen Absorptionsvermögen den maximal möglichen Wert besitzt. Umschließt ein solcher Körper einen Hohlraum, so stehen die Wände in einem Gleichgewicht mit der von dem Körper ausgesandten Strahlung, die sich im Inneren befindet; die Strahlungsenergie hängt dabei von der Temperatur des Körpers ab. Bohrt man ein kleines Loch durch die Wand, so kann Strahlung aus dem Inneren des Hohlraums nach außen entweichen und experimentell untersucht werden; man nennt sie deshalb auch »Hohlraumstrahlung«. Dabei stellte sich heraus, daß das gemessene Energiespektrum mit Maxwells Theorie der Elektrodynamik (siehe Kapitel 1) nicht erklärt werden konnte. (Unter dem Energiespektrum versteht man die Verteilung der Strahlungsenergie über die Frequenz der Strahlung.) Maxwells Theorie schien sogar eine unendlich große Energie für hohe Frequenzen (im »Ultravioletten«) vorherzusagen, was man als Ultraviolettkatastrophe bezeichnete. Plancks ad hoc-Annahme mit den Energiepaketen verhinderte diese Katastrophe, bot aber zunächst keine tiefergehende Erklärung.

Tatsächlich dauerte die Suche nach einer konsistenten physikalischen Theorie bis zum Jahr 1927, als der Formalismus der Quantentheorie (Quantenmechanik) im wesentlichen vollendet vorlag. Zu den Wegbereitern, aber nicht zu den Schöpfern dieser Theorie gehören neben Planck vor allem Einstein, Niels Bohr (1885 bis 1962) und Louis de Broglie (1892 bis 1987). Einstein gelang in seinem *annus mirabilis* 1905 die Erklärung eines fundamentalen Effekts, des photoelektrischen Effekts. Dabei handelt es sich um die Freisetzung von Elektronen aus einem Metall durch Bestrahlung mit Licht. Die Energie dieser Elektronen hängt nur von der Lichtfrequenz, nicht aber von der Lichtintensität ab – anders, als nach Maxwells Theorie zu erwarten war. Einstein konnte dieses Ergebnis durch Einführung seiner »Lichtquantenhypothese« erklären: Nicht nur die Atome im Körper können, wie Planck angenommen hatte, Energien ausschließlich in Paketen aufnehmen oder abgeben, auch das Licht selbst besteht aus diskreten Energiepaketen, den Lichtquanten oder *Photonen*. Deren Energie soll wieder proportional zur Strahlungsfrequenz sein, mit dem Wirkungsquantum h als Proportionalitätsfaktor. Deshalb hängt die Energie der freigesetzten Elektronen von der Lichtfrequenz ab. Die Einführung der Lichtquanten war Einsteins revolutionärster Akt; sie wurde von Planck und der Mehrheit der Physiker zunächst vehement abgelehnt. Allerdings war sie es, die Einstein später den Nobelpreis einbringen sollte, nicht die Relativitätstheorie. Heute ist die Anwendung des photoelektrischen Effekts etwa in Solarzellen oder digitalen Kameras Teil des Alltags. Die Existenz der Lichtquanten zeigte, daß Maxwells Theorie keine exakte Gültigkeit beanspruchen konnte.

Diskrete Erscheinungen beobachtete man auch an anderer Stelle. So emittieren Atome wie beispielsweise das Wasserstoffatom Strahlung nur bei bestimmten diskreten Frequenzen. Das Wasserstoffspektrum konnte Niels Bohr 1913 wiederum mit einer ad hoc-Hypothese korrekt beschreiben: Ein Elektron, das um den Kern kreist, soll sich nur auf bestimmten diskreten Bahnen um den Kern bewegen dürfen, wobei höhere Energien größeren Radien entsprechen. Beim Übergang in eine niedrigere Bahn wird eine bestimmte Energie in Form eines Lichtquants emittiert, das einer konkreten Frequenz – und damit einer bestimmten Linie im Wasserstoffspektrum – entspricht. Insbesondere soll es einen stabilen Grundzustand geben, einen minimalen Radius, den das Elektron nicht mehr unterschreiten kann. Daß Atome aus negativ geladenen Elektronen bestehen, die um positiv geladene Kerne kreisen, hatte man erst zwei Jahre zuvor in den berühmten Experimenten von Ernest Rutherford (1871 bis 1937) gelernt. Rutherford hatte 1911 Alphateilchen (das sind Heliumkerne) auf Goldfolien geschossen und dabei festgestellt, daß die sich in den Atomen befindliche positive elektrische Ladung in den relativ kleinen Atomkernen konzentriert und nicht, wie man vorher geglaubt hatte, kontinuierlich über das Atom ausgebreitet ist (analog einem Teig, in den die Elektronen wie Rosinen eingebettet sind).

Nach Maxwells Theorie hätte ein um den kleinen Kern kreisendes Elektron in kürzester Zeit in den Kern stürzen müssen, und stabile Materie wäre undenkbar gewesen. Auch hier zeigte sich wieder, daß die klassische Elektrodynamik nicht fundamental gültig sein konnte. Das Bohrsche Atommodell verbot den Sturz in den Kern nur per Postulat; eine Erklärung bot es noch nicht.

Licht, das nach Maxwells Theorie als Welle beschrieben wird, besitzt also auch Teilchencharakter. Sollten dann nicht umgekehrt auch Teilchen wie das Elektron nicht zuweilen einen Wellencharakter aufweisen? Diese Hypothese wagte Louis de Broglie 1923 in seiner Doktorarbeit. Danach besitzt jedes Teilchen auch eine Wellenlänge, die später so genannte »de Broglie-Wellenlänge«. Diese Wellenlänge hängt von dem Wirkungsquantum ab und ist um so größer, je kleiner der Impuls des Teilchens ist. Wenn alle Teilchen aber auch Wellenverhalten an den Tag legen können, wie lautet dann die zugehörige Wellengleichung? Mit dieser Frage sah sich Erwin Schrödinger (1887 bis 1961) konfrontiert, nachdem er 1925 an der Universität Zürich über de Broglies Arbeiten berichtet hatte. Davon herausgefordert, gelang es Schrödinger während seines Weihnachtsurlaubs 1925/26 im schweizerischen Bergdorf Arosa, diese Gleichung zu finden – die berühmte Schrödinger-Gleichung, eine der bedeutendsten Gleichungen des letzten Jahrhunderts. Es handelt sich hier um eine Wellengleichung für eine Wellenfunktion Ψ (Psi), die weitreichende Gültigkeit besitzt und welche *die* Grundgleichung der Quantenmechanik ist. Den Wellencharakter von Elektronen konnte man bereits 1927 experimentell nachweisen. Mit seiner

Gleichung wurde Schrödinger zu einem der Väter der Quantentheorie. Die diskreten Energiewerte der Spektren folgen automatisch aus Schrödingers Gleichung, wenn man bestimmte Randbedingungen für die Wellenfunktion Ψ fordert.

Mikroskopische Objekte können sich also manchmal als Teilchen und manchmal als Welle verhalten, wobei sich »Teilchen« hier auf Situationen bezieht, in denen das Objekt lokalisiert erscheint. Wir werden später sehen, wie sich das jeweilige Verhalten aus Schrödingers Wellenfunktion verstehen läßt. Unabhängig vom Verhalten bezeichnet man elementare Mikroobjekte wie das Elektron oder das Proton gerne als Teilchen und die entsprechende Disziplin als Teilchenphysik, eine Ausdrucksweise, die wir auch übernehmen.

Tatsächlich war der quantenmechanische Formalismus bereits einige Monate vor Schrödingers Arbeiten aufgestellt worden, wenn auch in einem weit weniger anschaulichen Gewand. Werner Heisenberg (1901 bis 1976), Max Born (1882 bis 1970) und Pascual Jordan (1902 bis 1980) formulierten in Göttingen die sogenannte Matrizenmechanik, die sich später als äquivalent zur Schrödingerschen Theorie erweisen sollte. Mit dieser Matrizenmechanik konnte Wolfgang Pauli (1900 bis 1958) das Spektrum des Wasserstoffatoms noch vor Schrödinger korrekt berechnen; allerdings wird die entsprechende Rechnung mit Hilfe der Schrödinger-Gleichung wesentlich einfacher. Mit der Vollendung der Quantentheorie hat eine neue Epoche in der Physik begonnen, was von allen Beteiligten auch sofort so empfunden wurde.

Im Oktober 1927 fand in Brüssel eine der berühmten Solvay-Konferenzen statt, die nach ihrem Förderer, dem belgischen Chemiker Ernest Solvay, benannt sind. Auf dieser Tagung waren praktisch alle Pioniere der Quantentheorie vertreten. Man war sich einig, daß der Formalismus nun zu einem gewissen Abschluß gekommen war und man sich vielen interessanten Anwendungen in der Atomphysik zuwenden konnte. Freilich markierte dieser Moment auch den Beginn der bis heute anhaltenden Debatte um die Bedeutung und die Interpretation der Quantentheorie. Wie konnte man zum Beispiel verstehen, daß sich ein geladenes Teilchen in der Nebelkammer (einer mit einem Gas gefüllten Kammer) als Strich darstellte, obwohl die Wellenfunktion, welche das Teilchen beschreibt, kugelsymmetrisch ist, also nichts mit einer Teilchenspur gemein zu haben scheint? Wir kommen darauf zurück.

Zu jener Zeit glaubte man, daß man mit der Quantentheorie eine physikalische Theorie zur Hand habe, welche die Atome und deren Wechselwirkung mit elektromagnetischer Strahlung beschreibt, welche aber bei noch kleineren Dimensionen (etwa denen der aus Protonen und Neutronen bestehenden Atomkerne) nicht mehr gültig sei. Tatsächlich hat sich aber in den darauffolgenden Jahrzehnten herausgestellt, daß die Quantentheorie alle Objekte und Wechselwirkungen im mikroskopischen Bereich (und darüber hinaus) äußerst erfolgreich beschreibt. Man ist deshalb geneigt, von der *Universalität* der Quantentheorie zu sprechen. Sie bildet einen theoretischen Rahmen, der buchstäblich alles zu beschreiben scheint – nur die Gravitation steht bisher abseits. Wie wir im ersten Kapitel gesehen haben, wird sie erfolgreich durch Einsteins Allgemeine Relativitätstheorie beschrieben, die man als klassische Theorie bezeichnet (alle Theorien außerhalb der Quantentheorie nennt man in der Physik »klassisch«). Wir werden später sehen, daß es triftige Gründe dafür gibt, auch die Gravitation quantentheoretisch zu beschreiben, durch eine Theorie der Quantengravitation – mit weitreichenden Auswirkungen auf unser Verständnis des Universums.

Mit ihren technischen Anwendungen durchdringt die Quantentheorie auch unseren Alltag. So beruht die Funktionsweise des Lasers, der etwa in der Augenheilkunde oder der Compact-Disc-Technik (CDs) zum Einsatz kommt, auf dieser Theorie. Gerade in der Medizin sind diese Anwendungen mittlerweile unverzichtbar; mit der Kernspin-Tomographie etwa gelingt es, Bilder des Körperinneren herzustellen, mit der Protonentherapie ist es möglich, Krebsgeschwüre zu behandeln. Ein anderes Beispiel sind Halbleiter in Computerchips. Für die Entdeckung eines »Quanteneffekts« (des sogenannten Riesenmagnetowiderstandes), der es ermöglichte, die Speicherkapazität von Festplatten drastisch zu erhöhen, wurde 2007 der Nobelpreis für Physik an die beiden Wissenschaftler Peter Grünberg und Albert Fert verliehen.

Um Anwendungen soll es hier freilich nicht gehen; unser Anliegen ist es vielmehr, die Rolle der Quantentheorie für das Naturverständnis und den Weg zu einer allumfassenden Naturbeschreibung zu beleuchten. Da die Physik die Grundlage der anderen Naturwissenschaften ist, basieren auch Chemie und Biologie letztendlich auf der Quantentheorie.

Verschränkte Zustände und die Widerlegung der lokalen Realität

Die Grundlage der Quantentheorie ist das Superpositionsprinzip (Überlagerungsprinzip). Man kennt dieses Prinzip auch aus der klassischen Physik, etwa von der Überlagerung von Wellen. Es wird beispielsweise von einer Wasserwelle veranschaulicht, die gleichzeitig durch zwei Kanäle läuft und sich dahinter vereinigt: Trifft ein Wellenberg auf ein Wellental, so heben sich Berg und Tal auf, und es erfolgt Auslöschung; trifft hingegen ein Wellenberg auf einen anderen Wellenberg oder ein Tal auf ein anderes Tal, so erfolgt Verstärkung: die Berge beziehungsweise die Täler addieren sich. Ob Auslöschung oder Verstärkung vorliegt, hängt von dem räumlichen Abstand der Teilwellen ab, den man auch als Gangunterschied bezeichnet.

Diese Erscheinungen der Auslöschung oder Verstärkung heißen Interferenzen. Es gibt sie nicht nur bei Wasserwellen. So hat 1801 der britische Physiker Thomas Young (1773 bis 1829) als erster solche Erscheinungen bei Licht festgestellt. Die vorherrschende (wenn auch nicht alleinige) Meinung zu jener Zeit war die Newtonsche Vorstellung gewesen: Licht besteht aus winzigen Korpuskeln. Youngs Experimente führten zu einer Änderung dieser Sichtweise und öffneten die Tür für die Wellentheorie des Lichtes. Erst die Quantentheorie hat offenbart, daß Licht weder Welle noch Teilchen ist, sondern etwas anderes, weitaus Unanschaulicheres, was sich manchmal als Welle und manchmal als Teilchen äußert.

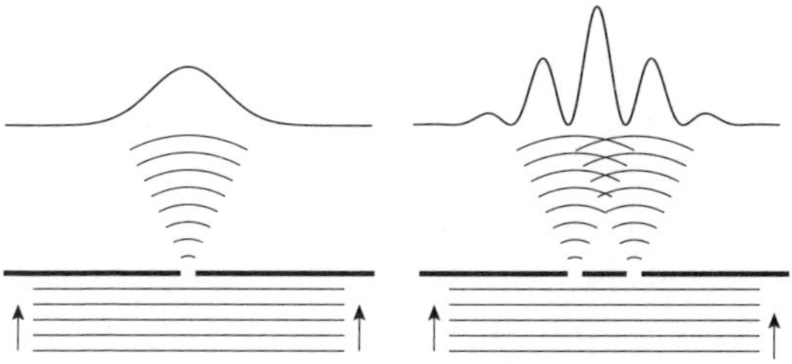

2.1 Das Doppelspaltexperiment von Thomas Young

Das Youngsche Interferenzexperiment ist schematisch in Abbildung 2.1 dargestellt: Ein Doppelspalt wird von unten mit Licht beleuchtet, wobei links einer der Spalte verschlossen ist und deshalb nur ein einfacher Spalt vorliegt. Rechts sind beide Spalte offen, und man beobachtet auf einem Schirm eine Helligkeitsverteilung, die gerade nicht die Summe der Bilder beider Einzelspalte ist, sondern aus einer Abfolge von hellen und dunklen Streifen besteht – man spricht von einem Interferenzmuster; bei den hellen Streifen liegt Verstärkung, bei den dunklen Auslöschung der Wellen vor. Der Streifenabstand ist der Wellenlänge des Lichtes proportional und dem Spaltabstand umgekehrt proportional. Was da genau schwingt, war zu Youngs Zeiten freilich nicht klar. Erst viel später hat man gelernt, daß es sich um Schwingungen eines elektromagnetischen Feldes handelt, die durch Maxwells Gleichungen beschrieben werden (Kapitel 1). In der Optik beträgt die Schwingungsperiode weniger als eine

Femtosekunde (das sind 10^{-15} Sekunden) und ist deshalb für unser Auge nicht auflösbar, welches nur eine mittlere Lichtintensität wahrnehmen kann.

In der Quantentheorie ist das Superpositionsprinzip universell gültig; es gilt für beliebige Zustände. Das liegt daran, daß alle mikroskopischen Objekte durch Schrödingers Wellenfunktion beschrieben werden. Allerdings ist diese Wellenfunktion nur für den Spezialfall eines Teilchens im normalen dreidimensionalen Raum definiert. Allgemein ist der zugrundeliegende Raum ein abstrakterer Raum – der sogenannte Konfigurationsraum des Systems, zu dem jedes Teilchen die Dimension drei beiträgt, was bei zwei Teilchen also einen sechsdimensionalen, bei drei Teilchen einen neundimensionalen Raum ergibt, und so fort; in realistischen Situationen ist der Konfigurationsraum also hochdimensional. Hierin liegt der wesentliche Unterschied zu klassischen Wellen, die sich immer in drei Raumdimensionen ausbreiten. Wir werden später noch sehen, wie auch der zuweilen auftretende Teilchencharakter quantenmechanischer Objekte seinen Ursprung in dieser hochdimensionalen Wellenfunktion hat.

Der bei einer Superposition entstehende Zustand ist ein völlig neuer Zustand und nicht nur eine Mischung der einzelnen Komponenten. So können dabei auch ganz neue Teilchenarten entstehen: Superponiert man ein ungeladenes sogenanntes K-Meson mit seinem Antiteilchen, so ergibt sich ein anderes K-Meson mit neuen Eigenschaften; ähnliches gilt für die schwach wechselwirkenden Neutrinos. Bei dem Laserlicht schließlich handelt es sich um eine Superposition von Zuständen mit unterschiedlichen Teilchenzahlen.

Nach der Quantentheorie können Interferenzerscheinungen bei Elektronen, Atomen, Molekülen und vielen anderen Objekten auftreten. Ein Doppelspaltexperiment mit Elektronen ist wegen der fundamentalen Bedeutung der Elektronen besonders beeindruckend. Es wurde zum erstenmal 1959 von Claus Jönsson und Gottfried Möllenstedt an der Universität Tübingen realisiert (ein Experiment, das 2002 von der britischen Zeitschrift *Physics World* zum schönsten physikalischen Experiment aller Zeiten gekürt worden ist). Die Situation ist analog zu Abbildung 2.1 – nur strahlt man statt Licht eben Elektronen ein. Eine moderne Variante dieses Experimentes wurde 2005 unter Beteiligung des Max-Planck-Instituts für Quantenoptik in Garching bei München durchgeführt: Dort erfolgt die Beugung der Elektronen nicht an einem Spalt im Raum, sondern in der Zeit, realisiert durch eine Laserwelle. Auch hier ergibt sich das von der Quantentheorie vorhergesagte Interferenzbild.

Moderne Experimente lassen sich so einrichten, daß zu einer bestimmten Zeit immer nur ein Objekt (ein »Teilchen«) unterwegs ist. Dieses Objekt geht dann gleichzeitig durch beide Spalte. Trifft es danach auf einen hinter dem Doppelspalt befindlichen Schirm, so hinterläßt es dort zunächst nur einen Punkt. Ein Interferenzmuster ergibt sich erst, wenn sehr viele Punkte aufgesammelt werden, siehe Abbildung 2.2.

In neuerer Zeit gelang es auch, Interferenzexperimente mit Molekülen durchzuführen. Die Gruppe um Anton Zeilinger und Markus Arndt an der Universität Wien brachte sowohl Buckminsterfullerene, das sind Kohlenstoffmoleküle mit sechzig oder siebzig Atomen, als auch Biomoleküle zur Interferenz; das schwerste dieser Biomoleküle besteht immerhin aus 108 Atomen. Auch hier geht jeweils ein Molekül gleichzeitig durch beide Spalte und interferiert mit sich selbst. Das Bild, das man für Moleküle aus Chemiebüchern kennt – durch Stangen verbundene Kügelchen – kann also auf fundamentaler Ebene nicht gültig sein. Wir werden später sehen, in welchen Situationen es zustande kommt. In der Wiener Gruppe spekuliert man sogar darüber, ein Interferenzexperiment mit einem Virus durchzuführen.

Interferenzexperimente kann man auch mit Bose-Einstein-Kondensaten durchführen. Das sind Systeme von Atomen, die alle im gleichen Zustand sind und durch eine einzige Wellen-

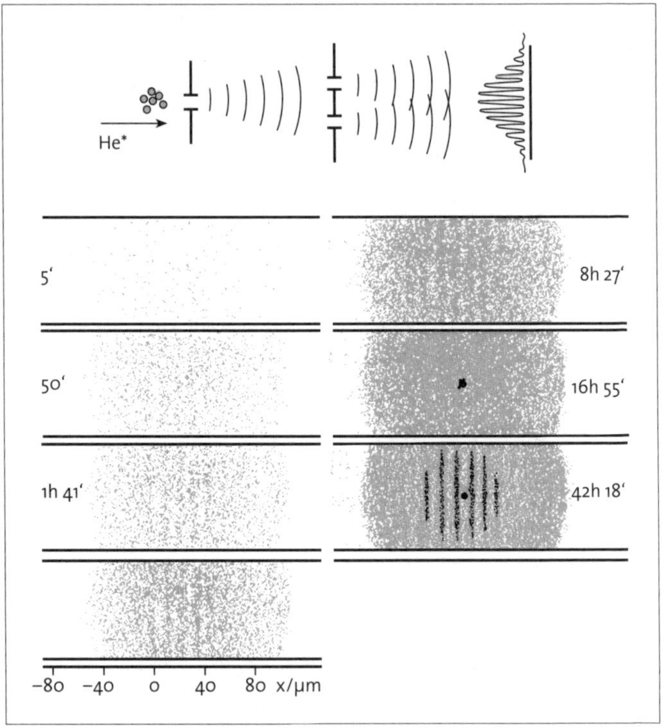

2.2 Doppelspaltversuch mit Heliumatomen. Man erkennt, wie sich im Laufe der Zeit aus den einzelnen Ereignissen ein Interferenzmuster aufbaut.

funktion beschrieben werden, und das, obwohl sich bis zu zehn Millionen Atome in einem solchen Kondensat befinden können. Allerdings ist für diese Experimente eine starke Kühlung notwendig, da sich der Kondensatzustand nur knapp oberhalb des absoluten Temperaturnullpunktes einstellt. In einem anderen Experiment superponiert man einen Strom von supraleitenden (das heißt ohne Widerstand laufenden) Elektronen mit dem gleichen Strom in der entgegengesetzten Richtung. Man findet wieder die von der Quantentheorie vorhergesagten Interferenzerscheinungen. Diese Situation ist scharf von einer klassischen Überlagerung zu unterscheiden: Superponiert man zwei klassische Ströme, die in entgegengesetzter Richtung laufen, so heben sie sich vollständig auf, und man beobachtet überhaupt nichts.

Wie aus Abbildung 2.2 ersichtlich ist, ergibt sich das Interferenzmuster auf dem Schirm erst durch das Auftreten sehr vieler Einzelpunkte. In der Quantentheorie interpretiert man die relative Häufigkeit dieser Punkte als Wahrscheinlichkeit dafür, einen Punkt an einer bestimmten Stelle auf dem Schirm zu beobachten. Diese Interpretation geht auf eine grundlegende Arbeit von Max Born aus dem Jahre 1926 zurück. Danach ist es das Quadrat der Wellenfunktion Ψ, welches die Wahrscheinlichkeit dafür angibt, das entsprechende Objekt (zum Beispiel ein Elektron) an einer bestimmten Stelle zu beobachten. Das ist die Wahrscheinlichkeitsinterpretation der Quantentheorie, die sich im Experiment bestens bewährt hat; man bezeichnet Ψ deswegen gerne auch als »Wahrscheinlichkeitswelle«. Gibt es in der Physik auf fundamentaler Ebene also nur Wahrscheinlichkeiten? Man hat an dieser Stelle oft auf den indeterministischen (unbestimmten) Charakter der quantentheoretischen Naturgesetze hingewiesen, was nicht bei allen Physikern auf Gegenliebe stieß; so hat etwa Einstein immer wieder betont, daß er nicht glaube, daß Gott würfle. Allerdings muß betont werden, daß die Schrödinger-Gleichung selbst deterministisch ist: Gibt man die Wellenfunktion zu einer Zeit vor, so ist sie für alle Zeiten festgelegt – sowohl in der Zukunft als auch in der Vergangenheit. Der Wahrscheinlichkeitscharakter kommt ins Spiel, wenn man nach klassischen Größen fragt, etwa dem Ort oder Impuls eines Teilchens.

Tatsächlich folgt aus der Wellenfunktion, daß Ort und Impuls eines Teilchens niemals gleichzeitig genau angegeben werden können; das ist der Inhalt der berühmten Unbestimmtheitsrelation, die Heisenberg 1927 veröffentlichte. Die Grenzen werden wieder durch das Wirkungsquantum festgelegt. Die alternative Bezeichnung »Unschärferelation« ist etwas irreführend, da sie suggeriert, das Objekt habe an sich einen bestimmten Ort und an sich einen bestimmten Impuls. In Wirklichkeit gibt es in der Quantentheorie keine Bahnen mehr, nur noch Aufenthaltswahrscheinlichkeiten. So kreisen in den Atomen anders als beim Bohrschen Modell die Elektronen nicht auf Bahnen um die Kerne, sondern sind durch Wellenfunktionen charakterisiert, aus denen sich die Wahrscheinlichkeiten für den Aufenthalt an bestimmten Orten berechnen lassen. Die Wellenfunktionen, die zu einer festen Elektronenergie gehören, sind sogar statisch, hängen also gar nicht von der Zeit ab. Insbesondere gibt es einen Grundzustand niedrigster Energie, den das Elektron nicht unterschreiten kann. Auf diese Weise verhindert die Quantenmechanik den klassischen Absturz in den Kern. Wie sich Teilchenbahnen zumindest näherungsweise ergeben, werden wir später sehen.

Die Quantenmechanik kennt auch eine Unbestimmtheitsrelation zwischen Energie und Zeit, die sich in ihrer Interpretation von derjenigen zwischen Impuls und Ort unterscheidet. Das liegt daran, daß die Zeit nach wie vor ein klassischer Parameter ist; es handelt sich um die absolute Zeit Newtons, die unverändert in die Quantenmechanik übernommen wird. Die Energie-Zeit-Unschärfe besagt im wesentlichen, daß die Lebensdauer eines instabilen Quantenzustandes umgekehrt proportional zur Energieunschärfe ist, wobei als Proportionalitätskonstante gerade wieder das Plancksche Wirkungsquantum h eingeht: Je kleiner die Energieunschärfe ist, desto größer ist die mit dem Zustand verknüpfte Lebensdauer. Bei Atomen äußert sich die Energieunschärfe in der Breite der Spektrallinien.

Quantenmechanische Objekte weisen noch weitere Kuriositäten auf. So besitzen sie außer dem Bahndrehimpuls einen inneren Drehimpuls, der kein Analogon in der klassischen Physik besitzt: den Spin. Er ist proportional zum Wirkungsquantum, wobei der Proportionalitätsfaktor nur ganzzahlige oder halbzahlige Werte annehmen kann. Teilchen mit halbzahligem Spin nennt man Fermionen, solche mit ganzzahligem Spin Bosonen. Zu den Fermionen gehören etwa das Elektron, das Proton und das Neutron; bei ihnen beträgt der Spin gerade ½. Zu den Bosonen gehört etwa das Photon; sein Spin beträgt 1. Da der Spin auch eine Richtung hat, kann seine Komponente bezüglich einer vorgegebenen Achse für die Spin-½-Teilchen in positive oder negative Richtung weisen, also plus oder minus ½ betragen (man spricht auch vom »Spin nach oben« und vom »Spin nach unten«); für das Photon gibt es die Einstellungen plus oder minus 1. Die Quantenmechanik sagt auch für den Spin eine Unbestimmtheits- beziehungsweise Unschärferelation voraus: Die Spinkomponenten in bezug auf unterschiedliche räumliche Achsen können nicht gleichzeitig genau angegeben werden.

Fermionen und Bosonen unterscheiden sich fundamental: Je zwei Fermionen können sich nicht im gleichen Zustand befinden, im Unterschied zu Bosonen. Das ist der Inhalt des von Pauli aufgestellten Ausschließungsprinzips, auch Pauli-Verbot genannt; es folgt aus dem Formalismus der Quantentheorie. Da es für Elektronen gilt, liegt dieses Prinzip dem Periodensystem der Elemente und somit der gesamten Chemie zugrunde. Man kann auch zeigen, daß die Materie ohne dieses Prinzip instabil wäre, es also auch keine Lebewesen geben könnte. Unsere Existenz läßt sich also mit klassischer Physik nicht einmal ansatzweise verstehen.

Im Unterschied zu klassischen Objekten sind quantenmechanische Objekte ununterscheidbar; ein Elektron sieht aus wie das andere. Leibniz hat noch behauptet, daß es keine zwei ununterscheidbaren Gegenstände geben könne. Diesen Schluß hat er aus seinem »Prinzip des zureichenden Grundes« gezogen: Hätte Gott zwei identische Atome geschaffen, so gäbe es keinen Grund, das eine hier und das andere dort (statt umgekehrt) zu plazieren. Er soll zur Demonstration sogar seine Hofgesellschaft losgeschickt haben, um im Schloßgarten zu Herrenhausen nach identischen Blättern zu suchen – ein vergebliches Unterfangen. Hätte die Gesellschaft nach Elektronen gesucht, so hätte sie allerdings überhaupt nur eine Version finden können.

Eine weitere Kuriosität der Quantentheorie ist der Tunneleffekt. Klassischen Teilchen ist es nicht möglich, eine Energiebarriere zu überwinden, die größer als die eigene Energie ist. Quantenteilchen ist das sehr wohl möglich. Da sie durch eine Wellenfunktion beschrieben werden, gibt es für sie eine kleine Wahrscheinlichkeit, die Energiebarriere zu durchdringen – die Welle kann quasi unter ihr durchtunneln. Nach dem Auftreffen auf die Barriere kann das Teilchen also entweder vor oder hinter der Barriere angetroffen werden; das klassische Teilchen wird hingegen für diesen Fall der kleineren Energie immer reflektiert. Viele wichtige Prozesse könnten ohne den Tunneleffekt überhaupt nicht ablaufen. Ein Beispiel ist die Verschmelzung von Wasserstoffkernen zu Heliumkernen (Kernfusion). Die Energiequelle der Sonne – und damit letztendlich unsere Existenz – beruht ganz wesentlich auf diesem Effekt.

Wir haben als Kernstück der Quantentheorie das Superpositionsprinzip kennengelernt. Dieses Prinzip bezieht sich auch auf Zustände zusammengesetzter Systeme. In diesem Zusammenhang spricht man gerne von *Verschränkung*. Es kann sich dabei um ein System handeln, dessen Teile (beispielsweise verschiedene Teilchen) räumlich weit voneinander entfernt sind. Nur für den Spezialfall, daß der Gesamtzustand (die Gesamtwellenfunktion) gleich dem Produkt der Einzelzustände ist, sind die Teilsysteme voneinander unabhängig. Im allgemeinen Fall sind sie verschränkt – es gibt dann nur einen Zustand für das Gesamtsystem. Da sich dieser eine Zustand nicht als Produkt von Zuständen der Teilsysteme schreiben läßt, sich also nicht weiter aufspalten läßt, bezeichnet man ihn – und damit das Gesamtsystem selbst – als *nichtlokal* oder *nichtseparabel* (nichttrennbar). Es ist dann einfach sinnlos, von dem Zustand eines Teilsystems zu sprechen. Es ist dieser Aspekt der Nichtlokalität, der vielen Wissenschaftlern Unbehagen bereitet, zeigt er doch, daß das Ganze mehr ist als die Summe seiner Teile.

Historisch wurde dieser Aspekt zum erstenmal klar herausgestellt in einer berühmten Arbeit von Einstein, Boris Podolsky und Nathan Rosen aus dem Jahre 1935; nach den Anfangsbuchstaben der drei Autoren spricht man von der EPR-Situation oder dem EPR-Problem. Worum geht es dabei? In einer etwas abgewandelten Form wird ein Atom betrachtet, das zwei Spin-½-Teilchen aussendet, die in entgegengesetzter Richtung davoneilen. Die Teilchen befinden sich dabei in einem verschränkten Zustand, in dem einem einzelnen Teilchen kein bestimmter Wert für den Spin zugeordnet ist. Allerdings sind die Spins in dem Zustand »antikorreliert«: Liefert eine Messung der Spinkomponente des ersten Teilchens bezüglich der vertikalen Richtung etwa das Ergebnis »Spin zeigt nach oben«, so muß sich bei der Spinmessung des zweiten Teilchens das Ergebnis »Spin zeigt nach unten« ergeben; mißt man hingegen den Spin in horizontaler Richtung und ergibt sich für das erste Teilchen der Wert »Spin zeigt nach rechts«, so muß sich für das zweite Teilchen der Wert »Spin zeigt nach links« ergeben. Tatsächlich besteht diese Antikorrelation in bezug auf jede Richtung.

Mit ihrer Arbeit wollten EPR zeigen, daß die Quantentheorie unvollständig ist. Der Gedankengang ist instruktiv. EPR gehen von einem Kriterium der Lokalität aus: Für Teilchen, die genügend weit voneinander entfernt sind, sollte es möglich sein, am ersten Teilchen eine Messung auszuführen, ohne das zweite Teilchen zu stören (und umgekehrt). Nun kann man beispielsweise am ersten Teilchen die Komponente des Spins in bezug auf die vertikale *oder* die horizontale Richtung messen; entsprechend ergibt sich am zweiten Teilchen der jeweilige entgegengesetzte Wert. Da die Messung am ersten Teilchen das zweite Teilchen nicht stört, so EPR, müssen alle Spinkomponenten des zweiten Teilchens festgelegte Werte haben (das gleiche gilt natürlich auch für das erste Teilchen). Die Quantenmechanik erlaubt es wegen der Unbestimmtheitsrelationen aber nicht, Spinkomponenten in verschiedenen Richtungen gleichzeitig genau zu messen; also, so EPR, muß die Quantenmechanik unvollständig sein. Es sollte dann eine grundlegendere Theorie geben, welche die Berechnung gleichzeitiger Spinkomponenten sowie die gleichzeitige Berechnung von Ort und Impuls gestattet. Eine solche Theorie sollte dann Einsteins Wunsch nach einer deterministischen Naturbeschreibung ohne Wahrscheinlichkeiten erfüllen.

Man spricht in diesem Zusammenhang gerne von »verborgenen Parametern«, welche die Quantentheorie zu einer vollständigen Theorie ergänzen sollen. Allerdings hatte der Mathematiker John (Johann oder János) von Neumann (1903 bis 1957) bereits 1932 in seinem epochalen Werk *Mathematische Grundlagen der Quantenmechanik* gezeigt, daß es verborgene Variable eigentlich nicht geben kann. Von Neumanns Beweis ist natürlich korrekt, doch stellte sich heraus, daß die benötigten Annahmen zu eng waren. Bemerkt wurde dies bereits 1935 von der Physikerin und Philosophin Grete Hermann (1901 bis 1984), veröffentlicht in ihrem Werk *Die naturphilosophischen Grundlagen der Quantenmechanik*. Allerdings blieb Hermanns Resultat unbeachtet; der nordirische Physiker John Bell (1928 bis 1990) hat 1964 unabhängig davon die zu strenge Annahme in von Neumanns Beweis aufgedeckt. Bell ging allerdings viel weiter: Unter der allgemeinen Annahme der Lokalität konnte er Ungleichungen ableiten, die für Meßergebnisse in räumlich getrennten Messungen wie bei der EPR-Situation erfüllt sein müssen. Diese Ungleichungen beziehen sich nicht auf bestimmte Eigenschaften eines Teilchens (zum Beispiel dessen Spin) oder bestimmte Theorien, sondern nur auf die Meßergebnisse selbst, quasi auf die Anzahl von Klicks in bestimmten Detektoren. Die wichtige Tatsache ist nun, daß diese Ungleichungen von der Quantentheorie verletzt werden! Das ist vom Standpunkt dieser Theorie her nicht weiter erstaunlich, da sie ja wesentlich mit verschränkten nichtlokalen

Zuständen arbeitet, die Annahme der Lokalität also nicht erfüllen kann. Erstaunlich ist diese Verletzung nur, wenn man an eine lokale Realität glaubt.

Die Bellschen Ungleichungen lassen sich experimentell testen, wobei man im allgemeinen mit Photonenpaaren arbeitet. Dabei hat sich die Quantenmechanik immer bestens bewährt – und die lokale Realität wurde widerlegt. Wenn es also verborgene Parameter gibt, müssen sie von einer nichtlokalen Natur sein; ein Beispiel ist die weiter unten diskutierte Theorie von de Broglie und Bohm. Tatsächlich kann man auf diese Weise auch bestimmte nichtlokale klassische Theorien widerlegen, die der Quantenmechanik widersprechen. Das zeigte sich in Experimenten von Zeilinger und Mitarbeitern, die 2007 vorgestellt wurden. Die Existenz einer unabhängigen Realität wurde hiermit jedoch nicht widerlegt.

Die Verletzung der Bellschen Ungleichungen zeigt, daß quantenmechanische Systeme stärker korreliert sind als klassische Systeme; das liegt natürlich an der Verschränkung. Als Beispiel für eine klassische Korrelation wurden von Bell gerne Bertlmanns Socken angeführt. Reinhold Bertlmann ist ein Wiener Physiker, der dafür bekannt ist, verschiedenfarbige Socken zu tragen; ist eine Socke beispielsweise rot, so ist die andere Socke nicht rot (man hat also hier den Fall einer Antikorrelation). Für diese rein klassische Situation sind die Bellschen Ungleichungen erfüllt, und die Annahme einer lokalen Realität ist – zumindest auf dieser Ebene – gewährleistet. Sie ist aber dann nicht mehr gewährleistet, wenn verschränkte Quantenzustände eine Rolle spielen.

Wenn die Lokalität verletzt ist, läßt sich dann Information von einem Teilsystem instantan (also mit Überlichtgeschwindigkeit) auf das andere Teilsystem übertragen? Liegt also eine, wie es Einstein nannte, spukhafte Fernwirkung vor? Tatsächlich kann man mathematisch beweisen, daß dies nicht möglich ist, die Relativitätstheorie also nicht verletzt ist. Das liegt daran, daß etwa in der EPR-Situation zwei Beobachter, die jeweils das erste und das zweite Teilchen beobachten, bei einer Spinmessung zum Beispiel in vertikaler Richtung jeweils mit Wahrscheinlichkeit ½ Spin oben oder Spin unten finden; sie können also nicht erkennen, ob der andere Beobachter bereits eine Spinmessung durchgeführt hat und der Spin festgelegt ist. Nach der Messung sagt die Quantentheorie sowieso voraus, daß jede weitere Messung dasselbe Result ergibt (falls keine weitere Störung erfolgt). Alle Information steckt eben bereits in dem gegebenen globalen Quantenzustand, der von vornherein nichtlokal ist; eine zusätzliche Ausbreitung von Information mit Überlichtgeschwindigkeit ist unmöglich.

Besonders eindrucksvoll manifestiert sich die Verschränkung und die nichtlokale Natur der Realität in einem Gedankenexperiment, das John Wheeler 1981 vorgeschlagen hat, dem Experiment der »verzögerten Entscheidung«. Dieses Experiment wurde 2006 von einer international besetzten Gruppe unter Federführung von Jean-François Roch (Cachan, Frankreich) realisiert. Das Prinzip ist in Abbildung 2.3 dargestellt.

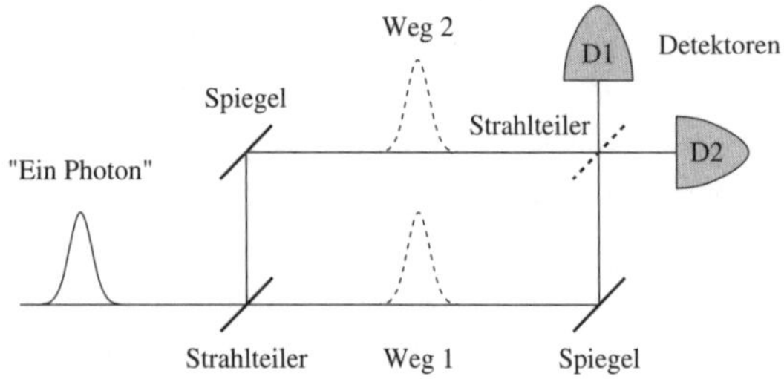

2.3 Zum Experiment der verzögerten Entscheidung

Ein Photon trifft auf einen Strahlteiler und läuft dann über die beiden Wege zu zwei Detektoren, die diesen Wegen entsprechen. Der Clou besteht nun darin, einen zweiten Strahlteiler vor den Detektoren entweder einzubauen oder nicht, und zwar erst, nachdem das Photon schon unterwegs ist (das ist die verzögerte Entscheidung); es kann also keine Information, die sich ja maximal mit Lichtgeschwindigkeit fortpflanzen kann, vom Ort des ersten Strahlteilers beim Eintritt des Photons zum Ort des zweiten Strahlteilers gelangen. Entscheidet man sich dafür, den zweiten Strahlteiler einzubauen, so ergeben sich in den Detektoren Interferenzerscheinungen (beide Detektoren sprechen mit einer bestimmten Wahrscheinlichkeit an, und zwar wie beim Doppelspalt abhängig von der Richtung); das Photon »lief also beide Wege«. Wird der zweite Strahlteiler nicht eingebaut, so spricht nur entweder der eine oder der andere Detektor mit fünfzigprozentiger Wahrscheinlichkeit an; es kommt also zu keiner Interferenz der Wahrscheinlichkeiten, und es sieht so aus, als sei das Photon nur den einen oder den anderen Weg gegangen. Anscheinend entscheidet sich das Photon, einen der Wege oder beide Wege zu durchlaufen, bevor überhaupt die Entscheidung über den zweiten Strahlteiler gefallen ist. John Wheeler dachte sogar daran, die beiden Teilstrahlen, die durch eine Gravitationslinse entstehen und die kosmologische Entfernungen zurückgelegt haben, für ein solches Experiment auszunutzen.

Tatsächlich ist an diesem Experiment nichts paradox. Merkwürdigkeiten entstehen nur, wenn man diesem Experiment Vorstellungen der klassischen Physik überstülpt. Die quantenmechanische Wellenfunktion für das Photon ist nichtlokal und über beide Wege ausgebreitet. Wenn man den zweiten Strahlteiler einbaut, werden die beiden Teilwellen zur Interferenz gebracht, sonst nicht. Das Photon ist eben kein klassisches »Kügelchen«, das sich auf konspirative Weise entscheiden muß, ob es einen Weg geht oder zwei. Viele der grundlegenden Experimente zur Quantentheorie werden nur durchgeführt, um ihre nichtlokalen Aspekte vorzuführen; die Theorie selbst hat sich bisher immer bewährt.

Quanteninformation

Das Phänomen der Verschränkung, so wesentlich es für das Verständnis der Quantentheorie ist, galt für viele Jahre als merkwürdiger, wenn nicht paradoxer Zug der Theorie. Das hat sich in den letzten zwanzig Jahren geändert. Zum einen hat die Diskussion der Bellschen Ungleichungen und deren experimentelle Überprüfung das Vertrauen in die Quantentheorie und deren nichtlokale Natur gestärkt. Zum anderen benutzt man Verschränkung zunehmend als Ressource bei konkreten Anwendungen. Um diese Entwicklungen, die man unter dem etwas schiefen Begriff »Quanteninformation« zusammenfaßt, soll es hier gehen. Alle Facetten der Quanteninformation machen Gebrauch von verschränkten Zuständen: Quantencomputer, Quantenteleportation und Quantenkryptographie.

Die klassische Informationseinheit ist das Bit. Es handelt sich hier um die Alternative zwischen zwei Möglichkeiten, zwischen 0 oder 1, Strom fließt oder fließt nicht, Loch oder nicht Loch; letzteres ist bei den CDs verwirklicht und demonstriert besonders eindrucksvoll, daß selbst eine so komplexe Struktur wie etwa Beethovens Neunte Symphonie in eine Abfolge von Bits verwandelt werden kann.

Die Einheit der Quanteninformation ist das Quantenbit, kurz Qubit genannt. Es basiert auf quantenmechanischen Systemen (»Teilchen«), die zwei relevante Zustände (Wellenfunktionen), die man Basiszustände nennt, besitzen: etwa Spin nach oben oder unten bei Fermionen oder zwei diskrete Niveaus eines Atoms. Der springende Punkt ist nun, daß man wegen des Superpositionsprinzips auch beliebige Überlagerungen dieser Basiszustände betrachten kann, also quasi Überlagerungen von »0« und »1«. Bei zwei Teilchen gibt es bereits vier Basiszustände (den Kombinationen 00, 11, 01 und 10 entsprechend), bei drei Teilchen acht und so weiter. Ein Quantencomputer, der mit beliebigen Superpositionen dieser Basiszustände arbeitet, könnte also bei drei Teilchen acht Zahlen statt drei Zahlen (wie beim klassischen Computer) speichern. Da die Zahl der Basiszustände sehr schnell (exponentiell) mit der Zahl der Teilchen wächst, kann ein Quantencomputer im Prinzip sehr viel schneller als ein klassischer Computer rechnen – das begründet das starke Interesse an diesem Gebiet. Da die zeitliche Entwicklung in der Quantenmechanik nämlich auf alle Komponenten der Wellenfunktion gleichzeitig wirkt, kann der Quantencomputer praktisch in »mehreren Welten« gleichzeitig rechnen; man spricht auch von Quantenparallelismus.

Ein Paradebeispiel, bei dem die Schnelligkeit des Quantencomputers tatsächlich zum Tragen kommt, ist der sogenannte Shor-Algorithmus: Der US-amerikanische Informatiker Peter Shor hat 1994 gezeigt, daß es mit einem Quantencomputer möglich ist, große Zahlen in kurzer Zeit zu faktorisieren, das heißt, in ihre Primfaktoren zu zerlegen. Nun beruhen aber viele Verschlüsselungstechniken (zum Beispiel bei elektronischen Bankgeschäften oder dem Einkauf über das Internet) darauf, daß es zwar einfach ist, große Zahlen zu multiplizieren, der umgekehrte Prozeß aber mit herkömmlichen Methoden viel länger dauert. Ein Quantencomputer würde also mit einem Schlag viele Sicherungssysteme unsicher machen. Allerdings besteht kein unmittelbarer Anlaß zur Sorge: Man hat bisher nur Quantencomputer mit wenigen Qubits konstruieren können (durch Speicherung von geladenen Teilchen); die damit gelungenen Zahlenfaktorisierungen kann jedes Kind im Kopf vornehmen. Das Haupthindernis bei der Konstruktion besteht in dem störenden Einfluß der Umgebung und die von ihr verursachte Dekohärenz, die wir weiter unten als allgemeines Phänomen diskutieren werden.

Quantenteleportation und Quantenkryptographie sollen hier nur kurz angerissen werden. Anders als der Name suggeriert, wird bei der Teleportation kein Zustand instantan übertragen. Vielmehr wird nur die Information über einen Quantenzustand übermittelt; dazu macht man ausgeklügelten Gebrauch von der Verschränkung, muß aber eine bestimmte Information über einen »klassischen Kanal« (etwa eine Telephonleitung) übermitteln, was natürlich nicht mit Überlichtgeschwindigkeit geschehen kann. Bei der Quantenkryptographie kommt es nicht auf die Verschlüsselung einer Botschaft an, sondern auf die sichere Übermittlung des zur Entzifferung benötigten Schlüssels. Sichere Verschlüsselungen gibt es nämlich bereits in der klassischen Informationstheorie; man kann sich dort nur nie sicher sein, ob der Schlüssel selbst ausspioniert wurde. In der Quantenkryptographie stellt man eine EPR-artige Situation her, in der sich die beiden Partner (üblicherweise Alice und Bob genannt) ein verschränktes Paar von Photonen teilen. Ein eventuell anwesender Spion würde die Verschränkung zerstören, was Alice und Bob daran erkennen könnten, daß jetzt – im Unterschied zum verschränkten Zustand – die Bellschen Ungleichungen erfüllt wären. In einem solchen Fall würde man den Schlüssel verwerfen und einen neuen erzeugen.

Hinter dieser Aufdeckungsmöglichkeit der Spionage steckt eine Eigenschaft der Quantentheorie, die man als das Theorem von der Unmöglichkeit des Klonens bezeichnet. Man kann nämlich beweisen, daß es nicht möglich ist, von einem quantenmechanischen Zustand eine exakte Kopie (einen »Klon«) herzustellen; es zeigt sich nämlich, daß das Klonen dem Superpositionsprinzip widerspricht. Das Theorem läßt einem potentiellen Spion keine Chance. Wegen dieses Theorems ist es auch nicht möglich, bei einem Quantencomputer die gewohnte Datensicherung durch einfaches Kopieren vorzunehmen; vielmehr muß man sich hier zur Sicherung ausgefeilterer Methoden bedienen. Interessanterweise stellt sich auch heraus, daß die Möglichkeit des Klonens die Möglichkeit der Signalübermittlung mit Überlichtgeschwindigkeit nach sich zöge, so daß sich durch die Unmöglichkeit des Klonens nachgerade eine sehr verborgene Harmonie mit der Relativitätstheorie zeigt.

Experimentell kann man mittlerweile hochgradig verschränkte Zustände erzeugen, und ein Ende des Fortschritts ist nicht abzusehen. So hat man beispielsweise 2004 in China einen Zustand hergestellt, in dem gar fünf Photonen miteinander verschränkt waren. Im Jahre 2007 konnte man für die Quantenkryptographie einen abhörsicheren Schlüssel von La Palma nach Teneriffa übertragen – immerhin eine Entfernung von 144 Kilometern. Die Anwendungen in der Quanteninformation zeigen, wie wichtig (und real) Verschränkungen sind. Verschränkungen erweisen sich als grundlegend für das Verständnis des Quantenkosmos.

Wie entsteht die klassische Welt?

Die oben geschilderte Quantenwelt scheint zunächst nichts mit der so vertrauten Welt der klassischen Physik zu tun zu haben. Teilchen bewegen sich nicht mehr auf Bahnen durch die Raumzeit, sondern werden durch Wellenfunktionen in einem hochdimensionalen Konfigurationsraum beschrieben, aus denen sich die Wahrscheinlichkeit ergibt, das Teilchen bei einer »Messung« an einem bestimmten Ort zu finden. Wie aber ergibt sich die beobachtete klassische Welt mit ihren Bahnen aus der Quantentheorie? Wegen der Einheit der physikalischen Naturbeschreibung sollte es ja möglich sein, den Grenzfall der klassischen Physik im Rahmen der Quantentheorie begreifen zu können. Das Verhältnis von Quantenphysik und klassischer Physik ist auch von zentraler Bedeutung für die im nächsten Abschnitt geschilderte Interpretationsproblematik der Quantentheorie.

Historisch war es von Neumann, der in seinem bereits oben erwähnten Buch von 1932 die Wechselwirkung zwischen einem Quantensystem und einem makroskopischen Meßapparat durch ein mathematisches Modell beschrieb. Eine Messung ist ja nichts anderes als eine bestimmte Wechselwirkung zwischen Objekt und Apparat. Für den makroskopischen Apparat gilt offensichtlich die klassische Physik. Allerdings setzte von Neumann die klassische Physik nicht einfach voraus, sondern diskutierte den Akt der Messung konsistent im Rahmen der Quantentheorie – immerhin besteht der Apparat ja aus Atomen, für welche die Quantentheorie zuständig ist. Was er bei dieser Untersuchung fand, schien völlig absurd zu sein: In der theoretischen Beschreibung befand sich der Apparat am Ende in einer Überlagerung von makroskopisch unterschiedlichen Zuständen! Wie konnte dies geschehen? Betrachten wir den einfachsten Fall einer Messung, bei der das System nur gemessen, aber nicht gestört wird; von Neumann bezeichnete diese Situation als »ideale Messung« (siehe Abbildung 2.4).

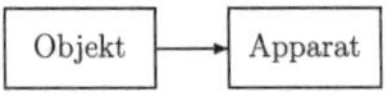

2.4 Ideale Messung eines Quantensystems durch einen Meßapparat, bei dem sich makroskopische Superpositionen ergeben können.

Ein einfaches Beispiel ist die Spinmessung bei einem Elektron. Wie wir gesehen haben, können sich hierbei in bezug auf eine vorgegebene Richtung (zum Beispiel die vertikale Richtung) zwei Möglichkeiten ergeben: Der Spin zeigt nach oben, oder er zeigt nach unten. Damit der Apparat für die Messung tauglich ist, muß er so konstruiert sein, daß er bei der einen Möglichkeit (Spin oben) einen anderen Ausschlag zeigt (zum Beispiel Zeigerstellung links) als bei der anderen Möglichkeit (Spin unten), bei der der Zeiger zum Beispiel nach rechts zeigt. Soweit, so gut, doch jetzt kommt das Superpositionsprinzip der Quantentheorie ins Spiel: Das Elektron kann sich ja auch in einer Überlagerung von »Spin oben« und »Spin unten« befinden. Nach den Regeln der Quantentheorie überträgt sich diese Überlagerung dann auf den Meßapparat: Am Ende der Messung muß dieser sich in einer Superposition von Zeiger links und Zeiger rechts befinden, zeigt also kein definitives Meßergebnis an. Da so etwas noch nie beobachtet worden war und sich auch jeder Vorstellungskraft entzog, postulierte von Neumann eine neue Dynamik, welche die Schrödinger-Gleichung außer Kraft setzt, und zwar just beim Meßprozeß: den sogenannten »Kollaps der Wellenfunktion«. Bei der Messung sollte sich die Superposition (hier von Spin oben und Spin unten und der damit korrelierten Zeigerstellung) auf indeterministische Weise in *entweder* Spin unten *oder* Spin oben entwickeln; der Zeiger zeigt also nach der Messung entweder nach links oder nach rechts – im Einklang mit den Experimenten. Welches der Resultate sich ergibt, folgt mit den aus der Wellenfunktion berechneten Wahrscheinlichkeiten.

Um das Problem mit den makroskopischen Überlagerungen besonders drastisch vor Augen zu führen, ersetzte Erwin Schrödinger in einem Gedankenexperiment 1935 den Apparat durch ein lebendes Wesen – eine Katze. Schrödingers Katze hat seither eine gewisse Popularität bei Diskussionen um die Grundlagen der Quantentheorie erlebt. Worum geht es dabei? Schrödingers eigene Beschreibung von 1935 ist unübertroffen:

> Eine Katze wird in eine Stahlkammer gesperrt, zusammen mit folgender Höllenmaschine . . .: in einem Geigerschen Zählrohr befindet sich eine winzige Menge radioaktiver Substanz, so wenig, daß im Lauf einer Stunde vielleicht eines von den Atomen zerfällt, ebenso wahrscheinlich aber auch keines; geschieht dies, so spricht das Zählrohr an und betätigt über ein Relais ein Hämmerchen, das ein Kölbchen mit Blausäure zertrümmert. Hat man dieses ganze System eine Stunde lang sich selbst überlassen, so wird man sich sagen, daß die Katze noch lebt, wenn inzwischen kein Atom zerfallen ist. . . . Die ψ-Funktion des ganzen Systems würde das so zum Ausdruck bringen, daß in ihr die lebende und die tote Katze . . . zu gleichen Teilen gemischt oder verschmiert sind.

Der Elektronenspin im obigen Beispiel wurde also durch das radioaktive Atom ersetzt, der Meßapparat durch die Katze. Der von von Neumann eingeführte Kollaps der Wellenfunktion würde bewirken, daß der merkwürdige Quantenzustand »Katze tot – Katze lebendig« bei einer Beobachtung mit der aus ψ berechneten Wahrscheinlichkeit in die Alternativen »Katze tot« *oder* »Katze lebendig« zerfällt.

Aber wann findet eine Beobachtung statt und wann nicht? In einem seiner letzten Vorträge, den er am 14. April 1954 in Princeton hielt, thematisierte Einstein noch einmal dieses Problem. Es scheint, so Einstein, daß die Welt ein nebulöser Ort sei, bevor jemand, zum Beispiel eine Maus, sie betrachtet. Benötigt man womöglich für den Kollaps der Wellenfunktion ein lebendes Wesen? Vielleicht sogar ein mit einem Bewußtsein ausgestattetes Wesen, wie von Neumann spekuliert hat?

Man könnte zunächst vermuten, daß die Welt einfach ohne diese verrückten Superpositionen begonnen hat und es nur, wie man sagt, »enge Wellenpakete« gibt, die definitiven klassischen Zuständen ähneln. Leider greift dieses Argument nicht, da makroskopische Überlagerungen immer aus mikroskopischen Überlagerungen heraus entstehen können; genau das zeigen von Neumanns Analyse des Meßprozesses und das Beispiel mit Schrödingers Katze. Der Grund für die beobachtete klassische Natur der Welt muß also woanders liegen.

In den letzten Jahrzehnten hat man gelernt, daß sich der klassische Grenzfall aus der Quantentheorie selbst begründen läßt. Diese Erkenntnis beruht auf einer von H.-Dieter Zeh an der Universität Heidelberg durchgeführten grundlegenden Untersuchung aus dem Jahre 1970. Zeh stellte fest, daß makroskopische Objekte im Rahmen der Quantentheorie auf keinen Fall als isoliert betrachtet werden können: Sie sind unvermeidbar an die allgegenwärtigen Freiheitsgrade ihrer Umgebung gekoppelt. Bei diesen Freiheitsgraden kann es sich etwa um die Photonen oder die Luftmoleküle handeln, die an dem Objekt streuen; ohne die Wechselwirkung mit Licht könnten wir ja keine Gegenstände sehen. Makroskopische Objekte können also nicht die Schrödinger-Gleichung erfüllen; diese gilt nämlich nur für isolierte Systeme.

Die Kopplung an die Umgebung war wohl deshalb so lange unberücksichtigt geblieben, weil man sich in der klassischen Physik seit Galilei auf den Standpunkt stellen konnte, Objekte in erster Näherung als isoliert zu betrachten, die Umgebung also abschalten zu können. In der klassischen Physik ist dies auch tatsächlich möglich; deswegen war es diesem Umstand zu verdanken, daß die klassische Mechanik mit ihrem idealisierten Begriff des Inertialsystems überhaupt entstehen konnte. Wie quantitative Berechnungen lehren, ist dies in der Quantentheorie nicht mehr möglich: Selbst bei kleiner Kopplung an die Umgebung kann eine Verschränkung des Systemzustandes mit dem Zustand der Umgebung eintreten, ohne das System direkt zu stören. Statt der in Abbildung 2.4 gezeigten alleinigen Wechselwirkung von Quantensystem und Meßapparat entspricht die realistische Situation eher der in Abbildung 2.5 gezeigten Skizze: der Apparat, da makroskopisch, koppelt an die Freiheitsgrade der Umgebung. Die drei Pfeile zwischen Apparat und Umgebung sollen dabei die im allgemeinen sehr zahlreichen Freiheitsgrade der Umgebung symbolisieren: Es sind sehr viele Photonen oder Luftmoleküle, die an dem Apparat streuen und auf Nimmerwiedersehen verschwinden.

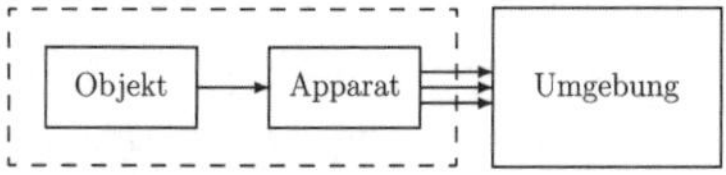

2.5 Realistische Erweiterung des von Neumannschen Meßmodells, bei der die Umgebung des Apparats einbezogen wird. Klassisches Verhalten entsteht dann durch die unvermeidbare und irreversible Wechselwirkung des Apparats mit seiner Umgebung.

Es entsteht ein nichtlokaler Quantenzustand von System, Apparat und Umgebung. Dadurch wird die Information über die möglichen makroskopischen Überlagerungen des Apparates delokalisiert, indem diese die Umgebungsfreiheitsgrade einbeziehen. Lokal, das heißt in unserem kleinen Winkel im hochdimensionalen Konfigurationsraum der Wellenfunktion, sind keine Interferenzen mehr feststellbar: Der Apparat und somit auch das System scheinen sich in einem definitiven Zustand zu befinden, wobei sich die Wahrscheinlichkeit für diesen Zustand aus der Quantenmechanik berechnen läßt; aus dem »und« ist also tatsächlich ein »oder« geworden. In gewissem Sinn wird der Meßapparat dadurch klassisch, daß er selber durch die Umgebung »gemessen« wird. Da die quantenmechanischen Interferenzen, man spricht auch von Kohärenzen, lokal (am Apparat) verschwinden, bezeichnet man diesen Prozeß als *Dekohärenz*; er ist von fundamentaler Bedeutung für das Verständnis der Quantentheorie und ihres klassischen Grenzfalls. Der Dekohärenzprozeß funktioniert deshalb, weil alle Beobachter lokal sind, also nicht wie die verschränkten Zustände über beliebig weite Bereiche ausgedehnt. Ein nichtlokaler Beobachter sähe den gesamten Quantenzustand, der die Umgebung einschließt, und nähme also keine klassische Welt wahr. Warum es überhaupt lokale Beobachter gibt, bleibt freilich ein Geheimnis.

Dieser Übergang ins »oder«, der Übergang in ein definitives Meßresultat, ist am Ort des Apparats (solange man die Umgebung nicht beobachtet) nicht von dem Kollaps zu unterscheiden, wie ihn von Neumann 1932 ad hoc eingeführt hat. Man spricht deshalb von einem »scheinbaren Kollaps«. Der dafür verantwortliche Prozeß der Dekohärenz zeigt, daß klassische Eigenschaften einem Objekt nicht von Natur aus innewohnen, sondern erst durch die Wechselwirkung mit der Umgebung zustande kommen, also durch die Umgebung überhaupt erst definiert werden. Diese Wechselwirkung zeichnet bestimmte Zustände des Meßapparates (und anderer makroskopischer Objekte) dadurch aus, daß Kohärenzen *dieser* Zustände unterdrückt werden und daß diese Unterdrückung robust ist, sich also zeitlich nicht ändert; man nennt diese ausgezeichneten klassisch wirkenden Zustände gerne die »Zeigerzustände« (was an die Zeiger eines altertümlichen Meßapparates erinnern soll).

Das vielleicht wichtigste Beispiel der Dekohärenz ist die Lokalisierung makroskopischer Gegenstände im Raum. Immerhin sehen wir solche Objekte um uns herum an einem bestimmten Ort und nicht verschwommen, anders als es die Quantentheorie aufgrund ihres Superpositionsprinzips nahelegen würde. Detaillierte Rechnungen von Zeh und Erich Joos aus dem Jahr 1985 zeigen, wie sich diese Lokalisierung im einzelnen durch die Wechselwirkung mit Licht oder mit den Molekülen der Erdatmosphäre ergibt: Selbst wenn man von dem Vorhandensein einer verrückten makroskopischen Superposition ausginge (wie etwa, daß der gleiche Bleistift gleichzeitig links und rechts von mir liegt), würde die Streuung der Luftmoleküle dafür sorgen, daß die Information über diese verrückte Superposition in die Umgebung abwanderte und lokal nicht mehr zur Verfügung stünde; der Bleistift läge dann entweder links *oder* rechts. Diese Dekohärenz ist so effizient, daß selbst ein Staubkorn im intergalaktischen Raum durch die Wechselwirkung mit der äußerst schwachen kosmischen Hintergrundstrahlung (siehe Kapitel über Kosmologie) klassische Eigenschaften annimmt. Die direkte Störung des Staubkorns ist dabei nicht vonnöten; es genügt, daß die Hintergrundstrahlung vom Ort des Staubkorns weiß und mit dessen Zustand verschränkt ist. Es ist also eher die Umgebung, die »gestört« wird, und nicht das System. Gerade diese Effizienz war in den ersten Jahrzehnten nach Entstehung der Quantentheorie unterschätzt worden, weshalb man die Bedeutung der Dekohärenz erst in jüngerer Zeit zu schätzen gelernt hat. Abbildung 2.6 deutet an, wie ein makroskopisches Objekt durch Wechselwirkung mit Photonen lokalisiert wird.

Natürlich haben auch die Freiheitsgrade der Umgebung im allgemeinen wieder eine Umgebung, mit derem Zustand sie in Verschränkung treten. Wo liegt da die Grenze? Gibt es überhaupt exakt isolierte Systeme? Tatsächlich führt diese Kette immer weiter und endet im Extremfall bei dem Universum als Ganzem und der Quantenkosmologie. Das Universum ist per

2.6 Streuung von Photonen an einem makroskopischen Objekt

Definition das einzige streng abgeschlossene System. Diese unvermeidbare Kopplung aller Systeme untereinander ist eine der Hauptmotivationen für die Betrachtung des Quantenkosmos. Davon später mehr.

Ob und wie stark sich Objekte klassisch verhalten, ist also eine quantitative Frage, die sich bei gegebener Umgebung und gegebener Wechselwirkung berechnen läßt. So verhalten sich Atome und kleine Moleküle normalerweise eben nicht klassisch, weil der Einfluß der Umgebung zu gering ist. Die Struktur größerer Moleküle hingegen wird normalerweise durch Streuungen hinreichend fixiert, so daß sich die aus Chemiebüchern bekannten klassischen Strukturbilder zumindest hierfür rechtfertigen lassen. Ganz sicher trifft dies auf ein so großes Molekül wie die Erbsubstanz Desoxyribonukleinsäure (DNS) zu, ohne deren klassische Struktur der Mechanismus der Vererbung nicht funktionieren würde.

In manchen Situationen kann der Einfluß der Umgebung so stark sein, daß er jede zeitliche Änderung des Systemzustandes unterdrückt. Man spricht dann vom Quanten-Zeno-Effekt. Zenon von Elea (um 495 bis um 430 vor Christus), Schüler des Parmenides, ist für seine Aporien bekannt, welche demonstrieren sollen, daß es keine Veränderung in der Natur gibt. Die bekannteste Aporie handelt von Achilles, dem es nicht gelingt, die Schildkröte einzuholen. In der Quantentheorie sind die Umstände, unter denen ein Zustand einfriert, wohlverstanden, und der Zeno-Effekt wurde sogar experimentell getestet: Er tritt bei Systemen (Atomen, Molekülen) mit wenigen Zuständen auf, wenn die Kopplung an die Umgebung so stark ist, daß die permanente Beobachtung durch sie den Zustand so »festnagelt«, daß er sich nicht mehr verändern kann – deshalb der Vergleich mit der Zenonschen Aporie.

Ist der Einfluß der Umgebung weniger stark, so kann sich das bekannte radioaktive Zerfallsgesetz ergeben, das den Zerfall einer Substanz in eine andere beschreibt (zum Beispiel den für die Archäologie wichtigen Zerfall von Kohlenstoff-14 in Stickstoff-14). Allerdings folgt dies nur, wenn das Zerfallsprodukt tatsächlich von der Umgebung »gemessen« wird, also mit ihr auf irreversible Weise wechselwirkt; andernfalls würde das Zerfallsprodukt wieder mit dem ursprünglichen Zustand des unzerfallenen Systems interferieren, und es ergäbe sich kein Zerfall. Letzteres kann man überprüfen, indem man eine radioaktive Substanz stark genug von ihrer Umgebung isoliert – wobei man tatsächlich die Interferenz des Zerfallsproduktes mit der ursprünglichen Substanz beobachtet hat!

Der Einfluß der Dekohärenz ist in Situationen unwillkommen, in denen es gerade darauf ankommt, ein System zu isolieren. Ein Beispiel ist der im letzten Abschnitt diskutierte Quantencomputer: Das Haupthindernis bei der praktischen Realisierung eines solchen Gerätes ist gerade der Einfluß der Umgebung, der die zum richtigen Funktionieren benötigten Interferenzen dislokalisiert und somit für den lokalen Beobachter zerstört. Das ist der Grund, warum Quantencomputer bisher nur aus wenigen Atomen bestehen und daher noch keine interessanten Rechnungen durchführen können (sondern nur Testrechnungen wie die Multiplikation von 3 mit 5). Ob die Dekohärenz hier irgendwann einmal ausgeschaltet werden kann oder ob sie für immer verhindern wird, daß ein effizienter Quantencomputer gebaut wird, ist eine spannende und momentan nicht zu beantwortende Frage.

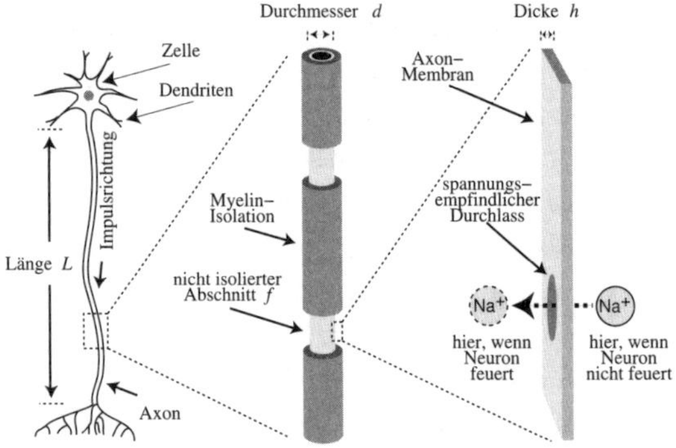

2.7 Ein Neuron besteht aus Zellkörper, Dendriten und Axon. Bei der Kommunikation zweier Neuronen wandert ein elektrischer Impuls entlang eines Axons. Der Unterschied zwischen »Feuern« und »Nicht-Feuern« besteht im wesentlichen darin, daß sich etwa eine Million Natrium- oder Kaliumionen auf der einen oder anderen Seite einer Membran befinden.

Es ist zuweilen spekuliert worden, insbesondere von Roger Penrose, daß die Quantentheorie eine maßgebliche Rolle für das Verständnis des menschlichen Bewußtseins spielt. Dabei sollten gerade Überlagerungen von klassisch unterschiedlichen Zuständen zum Tragen kommen. Die üblicherweise für die Beschreibung des Gehirns benutzten Modelle sind von klassischer Natur; sie beschreiben die Kommunikation zwischen Neuronen (Nervenzellen) durch sogenannte neuronale Netze. Bei dieser Kommunikation wandern elektrische Impulse entlang Verbindungen (den »Axonen«), vergleiche Abbildung 2.7. Eine von Penrose und anderen herangezogene nichtklassische Superposition bestände beispielsweise aus einer Überlagerung der Zustände »Neuron feuert« und »Neuron feuert nicht«; vom Standpunkt der subjektiven Wahrnehmung ergäbe eine solche Superposition keinen Sinn. Da die Neuronen im Gehirn nicht isoliert sind – sie wechselwirken mit Wassermolekülen und Ionen –, ist zu erwarten, daß deren Umgebung sofort zur Dekohärenz führt: Das Neuron feuert, oder es feuert nicht. Der schwedisch-amerikanische Physiker Max Tegmark hat im Jahr 2000 detaillierte Rechnungen hierzu veröffentlicht; er fand heraus, daß die Dekohärenz auf einer Zeitskala wirkt, die um viele Größenordnungen kleiner ist als die Zeitskala des Neuronenfeuerns und verwandter Prozesse: letztere liegt etwa im Bereich von Millisekunden, erstere im Bereich von 10^{-20} Sekunden; die Dekohärenz erfolgt also unglaublich viel schneller. Die klassischen Modelle sind somit für die Funktionsweise des Gehirns zutreffend – wenngleich sie ihre Begründung erst aus der Quantentheorie erfahren.

Seit 1996 gibt es eine Reihe von Experimenten, die den Prozeß der Dekohärenz in seinem zeitlichen Verlauf auflösen und damit die Vorhersagen der Quantentheorie auch in diesem Aspekt testen können – mit vollem Erfolg. So hat beispielsweise die bereits im zweiten Abschnitt erwähnte Wiener Gruppe um Anton Zeilinger ihre Interferenzexperimente mit den Fullerenen auch dazu benutzt, den allmählichen Verlust der Interferenzfähigkeit durch Dekohärenz zu beobachten. Was dient dabei als Umgebung? Es kann sich um die Streuung mit anderen Molekülen handeln, aber auch um die Aussendung von Photonen durch die Fullerene bei Erhitzung. Wichtig ist ja nur, daß sich eine Verschränkung mit wechselwirkenden Freiheitsgraden ergibt, die »davonlaufen«, lokal (bei den Fullerenen) also nicht mehr zur Verfügung stehen. Die bei der Erhitzung emittierten Photonen des sich in einer Superposition befindlichen Moleküls tragen die Information über diese Superposition auf irreversible Weise weg. In diesen ausgefeilten Experimenten läßt sich die Dekohärenz zeitlich verfolgen; in der makroskopischen Welt hingegen erfolgt die Änderung so schnell, daß sich der Eindruck eines »Quantensprungs« ergibt. Dieser bereits in die Werbesprache eingedrungene Begriff ist in Wahrheit irreführend (wie so vieles in der Werbung), da es keinen Sprung gibt, wenn man genau hinschaut.

Aus der universellen Gültigkeit der Quantentheorie folgt also quasi von selbst, wann und wie sich klassische Eigenschaften ergeben, warum die Alltagswelt klassisch *erscheint*. Es ist der Prozeß der Dekohärenz, der die Erscheinung der klassischen Welt begründet. Unter normalen Umständen sind die entsprechenden Dekohärenzzeiten so kurz, daß sich der Übergang nicht wahrnehmen läßt; das ist erst mit Hilfe ausgeklügelter Experimente möglich. Das Verhältnis der Quantentheorie zu ihrem klassischen Grenzfall spielt eine wichtige Rolle bei der Frage nach der korrekten Interpretation der Quantentheorie – dem Gegenstand des nächsten Abschnitts.

Interpretationen der Quantentheorie

Die Quantentheorie ist eine äußerst erfolgreiche Theorie, und es existiert bisher kein Experiment, das auch nur den Schatten eines Zweifels auf ihre Gültigkeit wirft. Alle Physiker sind sich in der Anwendung des quantentheoretischen Formalismus einig – und doch gibt es noch immer zum Teil heftig ausgetragene Diskussionen um die Bedeutung dieser Theorie, um deren Interpretation. Woran liegt das?

Wir haben im letzten Abschnitt das Problem mit den makroskopischen Superpositionen geschildert, wie es besonders pointiert bei Schrödingers Katze zutage tritt, die nach der Quantentheorie in einem geheimnisvollen Überlagerungszustand von tot und lebendig existieren kann. Die Interpretationen der Quantentheorie spiegeln insbesondere die Haltung zu diesem Problem wider.

Als Lehrbuchinterpretation wird zuweilen die sogenannte Kopenhagener Interpretation der Quantentheorie bezeichnet. Sie ist aus intensiven Diskussionen zwischen Bohr, Heisenberg und anderen im Kopenhagen der Jahre 1925 bis 1927 hervorgegangen. Allerdings gibt es keine genaue Definition dieser Interpretation, was daran liegen mag, daß selbst Bohr und Heisenberg in ihrer Sichtweise etwas auseinanderlagen. So entsteht gelegentlich der Eindruck eines nicht gerade stimmigen Konglomerats von Interpretationen. Zentral ist jedenfalls der Begriff der Komplementarität, den Bohr zum erstenmal auf einer Tagung prägte, die im September 1927 im italienischen Como stattfand. Komplementarität bezog sich zunächst nur auf das Verhalten von Quantenobjekten – diese zeigen entweder Teilchen- oder Wellencharakter, aber nicht beides zugleich; Welle und Teilchen sind komplementäre Bilder. Später weitete Bohr den Begriff der Komplementarität zu einem zentralen Begriff seiner Philosophie aus, die weit über die Physik hinausreicht. Heisenberg konnte sich mit der Komplementarität weniger anfreunden; er wollte in einer physikalischen Theorie keinen inkompatiblen Begriffen begegnen, wie sie das Wellenbild und das Teilchenbild darstellen. Die Sprache der Mathematik ist jedenfalls eindeutig. »Will man trotzdem von der Mathematik zur anschaulichen Beschreibung der Vorgänge übergehen, so muß man sich mit unvollständigen Analogien begnügen, wie sie uns Wellen- und Partikelbild bieten«, so Heisenberg 1930 in seinem Buch zur Quantentheorie. Wie wir im letzten Abschnitt gesehen haben, läßt sich aus dem Formalismus der Quantentheorie verstehen, wann sich ein- und dasselbe Objekt wie ein Teilchen und wann wie eine Welle verhält. Der Komplementaritätsbegriff ist auf fundamentaler Ebene also überflüssig. Der Zustand läßt sich eindeutig durch eine Wellenfunktion in dem hochdimensionalen Konfigurationsraum beschreiben, die sich je nach Situation im normalen dreidimensionalen Raum als Teilchen oder als normale Welle zeigt.

Neben der Komplementarität läßt sich die Kopenhagener Interpretation durch zwei weitere Eigenschaften charakterisieren: die Notwendigkeit, Begriffe der klassischen Physik für die Beschreibung des Meßprozesses zu gebrauchen, und die Einführung einer formalen Reduktion der Wellenfunktion ohne dynamische Bedeutung. Die klassische Physik, so Bohr, sei a priori notwendig, um Meßgeräte zu beschreiben; und dies, obwohl die Geräte aus Atomen bestehen. Freilich schreckte der Wortführer der Kopenhagener Interpretation nicht davor zurück, in seinen Diskussionen mit Einstein die Unbestimmtheitsrelationen auch auf Meßgeräte anzuwenden, um diese Relationen vor Einsteins Attacken zu rettten.

Tatsächlich änderte Bohr im Lauf der Zeit wichtige Punkte seiner Interpretation. Vor der EPR-Arbeit von 1935 verband er mit einer Messung immer eine unkontrollierbare Störung des zu messenden Systems durch den Meßapparat. Nach Erscheinen der EPR-Arbeit war dies nicht mehr möglich; immerhin zogen EPR ja aus der Messung an einem System Rückschlüsse auf ein System (das zweite Teilchen), das davon weit entfernt ist und nach Voraussetzung nicht gestört wird. In seiner Antwort auf EPR 1935 nahm Bohr eine streng operationalistische Haltung ein, welche den eigentlichen Schlüsselbegriff der Verschränkung verdeckte. So lehnte er die Realität von Quantensystemen schlichtweg ab, solange sie nicht in Wechselwirkung mit einem Meßapparat stehen. Auf diese Weise entschlüpfte er der von EPR gelegten Schlinge. Aber ist nicht die Ablehnung der mikroskopischen Realität ein zu hoher Preis für die Aufrechterhaltung einer Interpretation?

In der Kopenhagener Interpretation spielt der Begriff der Reduktion oder des Kollapses der Wellenfunktion eine nicht ganz eindeutige Rolle. Von Neumann hatte den Kollaps 1932 ja als dynamischen Prozeß postuliert, der einer konkreten Änderung der Wellenfunktion in der Realität entspricht. Im Unterschied dazu deuteten die meisten Anhänger der Kopenhagener Interpretation den Kollaps als reine Wissensvermehrung und leugneten damit die Existenz der Wellenfunktion als Teil der Realität. Sie sollte nur den Übergang vom Potentiellen der Quantenwelt ins Aktuelle der klassischen Welt beschreiben, ohne selbst an der Dynamik teilzuhaben. Die Vorstellung von einem realistischen Kollaps würde sich auch nur schwer mit Bohrs Komplementaritätsgedanken vertragen, der eine physikalische Analyse des Meßprozesses ja gerade ausschließt. Der entscheidende Nachteil der Kopenhagener Interpretation besteht gerade darin, daß sie sich hinter vagen Begriffen versteckt und das Weiterfragen untersagt. Es erstaunt daher nicht, daß man sich um alternative Deutungen bemüht hat.

Im letzten Abschnitt haben wir ausführlich dargestellt, wie der unvermeidbare Prozeß der Dekohärenz dazu führt, daß ein Beobachter lokal keine bizarren Superpositionen wie die von toter und lebendiger Schrödinger-Katze wahrnehmen kann. Dieser Prozeß läßt sich mit dem Formalismus der Quantentheorie beschreiben und ist unabhängig von ihrer Interpretation; freilich hängt die Relevanz, die man der Dekohärenz zuschreibt, von der bevorzugten Interpretation ab.

Die Beschreibung der Dekohärenz erfolgt im Rahmen der Quantentheorie und tastet daher deren Linearität nicht an. Zwar erklärt sie, warum man lokal keine makroskopischen Überlagerungen beobachtet, diese sind aber trotzdem im Gesamtsystem vorhanden. Im Beispiel der Schrödinger-Katze bedeutet dies: Der Gesamtzustand enthält die Überlagerung von »Katze tot – Beobachter sieht tote Katze – Umgebung ist korreliert mit toter Katze« und »Katze lebendig – Beobachter sieht lebendige Katze – Umgebung ist korreliert mit lebendiger Katze«. Um hieraus nur die eine *oder* die andere Komponente zu erhalten, muß man den Formalismus der Quantentheorie anscheinend durch einen dynamischen Kollaps (eine Reduktion) ergänzen. Tatsächlich besteht hierfür aber keine Notwendigkeit. Hugh Everett (1930 bis 1982) hat in seiner unter der Ägide von John Wheeler angefertigten Dissertation 1957 einfach postuliert, daß es keinen solchen Kollaps gebe; die Schrödinger-Gleichung ist universell gültig, und alle Komponenten in einer mikro- oder makroskopischen Superposition existieren in der Realität. Es gibt also tatsächlich eine Version des Beobachters, die eine tote, und eine Version, die eine lebendige Katze wahrnimmt. Vielleicht war Everett zumindest teilweise durch den Besuch des bereits oben erwähnten Vortrags von Einstein am 14. April 1954 beeinflußt, wo das Problem der makroskopischen Überlagerungen und die, so Einstein, daraus folgende Unvollständigkeit der Quantentheorie thematisiert worden waren. In seiner Dissertation stellte Everett dann eine Interpretation der Quantentheorie vor, welche den Anspruch auf Vollständigkeit erhebt. Der Formalismus sollte seine eigene Interpretation liefern; die Theorie darüber entscheiden, was beobachtbar ist. Nach der Everett-Interpretation existieren alle möglichen Meßergebnisse gleichzeitig samt den zugehörigen Kopien der Beobachter. Man hat deshalb diese Interpretation später als Vielwelteninterpretation bezeichnet, was freilich etwas in die Irre führt, da tatsächlich nur eine Quantenwelt existiert. Die Verzweigungen, die bei einer Messung auftreten, entsprechen nur dem Weg des Beobachters, dessen Lokalität vorgegeben ist, durch die Wellenfunktion. Dabei geht der von John von Neumann propagierte psycho-physische Parallelismus, die direkte Entsprechung von Systemzustand und Wahrnehmungszustand des Beobachters, verloren: In der nichtlokalen Quantenwelt gibt es viele Versionen des gleichen lokalen Beobachters. Es ist gerade dieser Aspekt der Interpretation, der auf heftigen Widerstand stößt: Wie kann man behaupten, daß es all diese Beobachterversionen gibt, obwohl man nie mehr als eine davon wahrgenommen hat?

Everett selbst fehlte zu einer konsistenten Interpretation noch ein wichtiger Baustein – die Dekohärenz. Sie erst läßt verstehen, warum man die anderen makroskopischen Komponenten der Wellenfunktion nicht wahrnimmt; die Information darüber ist ja gerade in Korrelationen mit den Freiheitsgraden der Umgebung abgewandert. Die Everett-Interpretation zusammen mit dem Prozeß der Dekohärenz liefert eine konsistente und vollständige Sichtweise der Quantentheorie. Damit ist auch das Problem des »Heisenbergschen Schnitts« gelöst; darunter versteht man das Problem, »an welcher Stelle [...] der Schnitt zwischen der Beschreibung durch Wellenfunktionen und der klassisch-anschaulichen Beschreibung« (Heisenberg) gezogen werden muß. Dieser Schnitt entspricht nun gerade der Stelle, an der durch die Wechselwirkung mit der Umgebung Dekohärenz auftritt – eine Frage, die sich für eine gegebene Situation quantitativ beantworten läßt. Die Wahrscheinlichkeitsinterpretation der Quantentheorie läßt sich unter gewissen Zusatzannahmen (die freilich noch Gegenstand der Diskussion sind) in diesem Rahmen ableiten. Wahrscheinlichkeiten sind hier nur sinnvoll, wenn man sie als relative Häufigkeiten von Meßergebnissen interpretiert; die Wahrscheinlichkeitsinterpretation folgt dann aus der Everett-Interpretation, wenn man annimmt, daß wir nicht in einem »untypischen« Teil der vollen nichtlokalen Quantenwelt leben. Vielleicht bezeichnete Carl Friedrich von Weizsäcker (1912 bis 2007) die Everett-Interpretation deshalb als die »einzige, die nicht hinter das schon von der Quantentheorie erreichte Verständnis zurück-, sondern vorwärts über es hinausstrebt«.

Zahlt man für diese Interpretation weltanschaulich nicht einen zu hohen Preis? Nicht unbedingt. Man erinnere sich daran, was Goethe in seinen *Maximen und Reflexionen* in einem anderen Zusammenhang schreibt:

> Was uns so sehr irremacht, wenn wir die Idee in der Erscheinung anerkennen wollen, ist, daß sie oft und gewöhnlich den Sinnen widerspricht. Das Kopernikanische System beruht auf einer Idee, die schwer zu fassen war und noch täglich unseren Sinnen widerspricht...

Interessanterweise verwies auch Everett selbst in seiner Arbeit auf die Analogie mit der Kopernikanischen Wende. Den Sinnen zeigt sich eine die Erde umkreisende Sonne, während erst die grundlegende Theorie (die Newtonsche Mechanik) den wahren Sachverhalt enthüllt. Das Vertrauen in die Grundgleichungen und die Einfachheit der Theorie hat sich in der Geschichte der Wissenschaft fast immer bewährt, und zwar mehr als das Festhalten an der Einfachheit der Tatsachen – warum sollte man in der Quantentheorie davon abweichen? Vielleicht steht uns die eigentliche Kopernikanische Wende noch bevor?

Die Einfachheit der Quantenwelt zeigt sich quasi nur von »außen«, aus der Vogelperspektive des Theoretischen Physikers, der die Gleichungen auf dem Papier formuliert (so der Vergleich des Physikers Max Tegmark). Aus der Froschperspektive des tatsächlichen Beobachters in der Quantenwelt sieht die Welt hingegen kompliziert aus; die sich deterministisch entwickelnde Quantenwelt zeigt sich, von unserer kleinen Ecke aus betrachtet, als indeterministische, von den Gesetzen der Wahrscheinlichkeitsrechnung beherrschte Welt.

Das mehrfache und gleichzeitige Vorhandensein desselben makroskopischen Beobachters erscheint freilich so ungeheuerlich, daß es nicht verwundert, wenn Alternativen untersucht werden. Eine etwas eigenartige Interpretation, die von der Everettschen Sichtweise gar nicht so weit entfernt ist, geht auf Arbeiten von Louis de Broglie und David Bohm (1917 bis 1992) zurück. Etwas verkürzt fungiert sie unter der Bezeichnung »Bohm-Interpretation«. Tatsächlich handelt es sich mehr um eine eigene Theorie als um eine Interpretation. Man führt darin nämlich zusätzlich zur Wellenfunktion Variablen ein, die klassische Teilchen beschreiben. Im Zusammenhang mit der weiter oben geführten Diskussion um die Bellschen Ungleichungen könnte man versucht sein, hier von »versteckten Variablen« zu reden; wie allerdings Bell selbst treffend bemerkt hat, handelt es sich eher um hervorgehobene Variable, da es ja diese »Teilchen« sind, die beobachtet werden. Die Bohmsche Theorie ist in der Lage, die Vorhersagen der Quantenmechanik zu reproduzieren. Dazu muß natürlich die durch die Theorie beschriebene Realität eine nichtlokale sein, da sonst die Bellschen Ungleichungen erfüllt wären, im Widerspruch zum Experiment. Das wird dadurch erreicht, daß die Wellenfunktion eine Art Führungsfeld (»Pilotwelle«) für die Teilchen ist; deren Geschwindigkeiten sind nicht mehr (wie bei Newton) frei vorgebbar, sondern werden durch die Wellenfunktion festgelegt, die nach wie vor der Schrödinger-Gleichung genügt. Wichtig ist, daß die Anfangsverteilung der Teilchen durch das Quadrat der Wellenfunktion bestimmt ist, da nur dann die übliche Wahrscheinlichkeitsinterpretation der Quantentheorie folgt. Schon kurz nach seinen diesbezüglichen Arbeiten von 1952 bemühte sich Bohm um die Unterstützung prominenter Physiker, allerdings ohne Erfolg. So schrieb etwa Pauli in einem Brief vom 6. Januar 1952 an Markus Fierz (1912 bis 2006), daß die Bohm-Theorie »ein klassisch-deterministischer Mythos des atomphysikalischen Geschehens« sei, bei dem »die Realität in zwei nebeneinander befindliche distinkte Hälften zerfällt: das Teilchen und die Pilotwelle. (Im Jahr 1927 haben wir Witze gemacht über das ›Kindermädchen‹ (Welle), welches das ›Baby‹ (Teilchen) an der Hand führt.)«

Wie zeigt sich das Problem der makroskopischen Überlagerungen, das Problem der Schrödinger-Katze, in der Bohm-Theorie? In Situationen, die einer »Messung« entsprechen (also einer bestimmten Klasse von Wechselwirkungen), kommt es nach wie vor zu einer Überlagerung der entsprechenden Komponenten in der Wellenfunktion. Das »Teilchen« (damit kann auch die Schrödinger-Katze gemeint sein) wird dabei allerdings in einer der Komponenten gefangen; die andere Komponente ist ein leeres Wellenpaket, das sich normalerweise von der Komponente, die das Teilchen trägt, entfernt und nicht mehr zurückkehrt. Insofern trägt die Bohm-Theorie Züge der Everett-Interpretation, oder, wie Bell es ausgedrückt hat, Everett sei wie Bohm ohne Teilchenbahnen.

Die Bohm-Theorie stößt bislang an ihre Grenzen, wenn es um die Beschreibung von Systemen mit unendlich vielen Freiheitsgraden geht; solche Systeme sind für die Elementarteilchenphysik von Bedeutung (siehe den nächsten Abschnitt). Unabhängig davon, ob sich dieses Problem in der Zukunft beheben läßt, scheint die Bohm-Theorie mit ihren zusätzlichen Teilchen überschüssiges Gepäck zu tragen; wann und wie Systeme Teilchencharakter aufweisen (lokalisiert werden), ergibt sich ohnehin aus der üblichen Formulierung der Quantentheorie durch den Prozeß der Dekohärenz. Wozu dann zusätzliche Teilchen postulieren?

Echte Alternativen zur Quantentheorie postulieren eine Abänderung der Schrödinger-Gleichung. Die neue Gleichung soll so gestaltet sein, daß sie in den experimentell überprüften Situationen mit der Schrödinger-Gleichung übereinstimmt, für makroskopische Situationen aber zu einem definitiven Meßergebnis führt – aus der anfänglichen Überlagerung mehrerer Komponenten in der Wellenfunktion bleibt dann eine Komponente auf indeterministische Weise übrig; die Schrödinger-Katze ist dann tot *oder* lebendig, und es gibt in der gesamten Welt im Unterschied zu Everett einzig die Komponente mit der toten oder der lebendigen Katze. Hier handelt es sich um Theorien, die den Kollaps (die Reduktion) der Wellenfunktion tatsächlich dynamisch beschreiben, nicht nur durch Worte (wie in der Kopenhagener Interpretation), sondern durch Gleichungen. Es ist dann eine empirische Frage, ob diese alternativen Kollapstheorien fundamental richtig sind oder die Schrödinger-Gleichung. Bisher hat sich immer die Schrödinger-Gleichung bewährt; das liegt nicht zuletzt daran, daß der Prozeß der Dekohärenz bereits einen scheinbaren Kollaps vortäuscht und ein echter Kollaps deshalb schwer zu identifizieren ist. Kollapstheorien sind aber die einzige wirkliche Alternative zur Everett-Interpretation.

Wegen der momentanen experimentellen Ununterscheidbarkeit wird es zuweilen als reine Geschmacksfrage angesehen, welche der beiden Alternativen man bevorzugt – die Everett-Interpretation der gewöhnlichen Quantentheorie oder eine der Kollapstheorien; für die praktische Anwendung ergibt sich ja kein Unterschied. Allerdings hängt es sehr wohl von der gewählten Alternative ab, welche Richtung man für die weitere Entwicklung der Physik einschlägt; das ist insbesondere für die in einem späteren Kapitel geschilderte Quantenkosmologie der Fall. Man ist auf jeden Fall auf der sicheren Seite, wenn man an der empirisch bestätigten Quantentheorie samt Schrödinger-Gleichung so lange festhält, bis man tatsächlich durch experimentelle Fakten gezwungen wird, sie aufzugeben.

Quantentheorie und Elementarteilchen

Die Quantentheorie wurde ursprünglich als Theorie für Atome und deren Wechselwirkung mit Licht entwickelt. Im Laufe der Jahre hat man erkannt, daß ihre Gültigkeit tatsächlich viel weiter reicht. So beschreibt sie präzise das Verhalten der Atomkerne und deren Bestandteile. Die Atomkerne bestehen aus den positiv geladenen Protonen und den elektrisch neutralen Neutronen, die man zusammen auch als Nukleonen (Kernteilchen) bezeichnet. Sie sind beide etwa 2000mal schwerer als das Elektron. Die Nukleonen selbst bestehen wiederum aus anderen Teilchen, die man Quarks und Gluonen nennt. Die Gluonen sind quasi die Bindeteilchen, welche für die Anziehung der Quarks untereinander verantwortlich sind und sie deshalb in den Kernen hält. Zusätzlich zur gewöhnlichen elektrischen Ladung tragen die Quarks eine neuartige Ladung, die man metaphorisch als Farbladung bezeichnet, auch wenn sie nichts mit Farben zu tun hat; die Gluonen koppeln an diese Farbladung in Analogie zu dem an die elektrische Ladung koppelnden Photon. Neu ist allerdings, daß die Gluonen selbst eine Farbladung tragen – im Unterschied zu dem elektrisch neutralen Photon; Gluonen wechselwirken also auch untereinander, nicht nur mit den Quarks. Wie das Photon besitzt ein Gluon den Spin 1; die Quarks tragen analog zum Proton den Spin ½, sind also Fermionen. Die Reichweite der Farbwechselwirkung ist wesentlich geringer als die der elektromagnetischen Wechselwirkung, übertrumpft sie jedoch in ihrer Stärke; man nennt sie deshalb die *starke Wechselwirkung*. Sowohl die Nukleonen als auch deren Bestandteile Quarks und Gluonen kann man im Rahmen der Quantentheorie durch Wellenfunktionen beschreiben, und die Wahrscheinlichkeitsinterpretation findet genauso Anwendung wie in der Atomphysik. Ganz allgemein spricht man hier von »Elementarteilchen«, unabhängig davon, ob diese Teilchen aus anderen zusammengesetzt sind (wie die Nukleonen) oder nicht (wie – nach gegenwärtigem Kenntnisstand – die Quarks und Gluonen).

Neben den bisher betrachteten Wechselwirkungen (Gravitation, Elektromagnetismus, starke Wechselwirkung) ist bisher noch eine weitere empirisch bekannt – die sogenannte *schwache Wechselwirkung*. Sie ist schwächer als Elektromagnetismus und starke Wechselwirkung, aber dennoch für viele Phänomene von Bedeutung: Sie liegt der Radioaktivität zugrunde und spielt eine zentrale Rolle bei der für uns lebenswichtigen Kernfusion in der Sonne.

Die in den bisherigen Abschnitten behandelte Quantenmechanik befaßt sich üblicherweise mit Situationen, in denen die auftretenden Geschwindigkeiten viel kleiner als die Lichtgeschwindigkeit sind; es ist dann nicht nötig, die Spezielle Relativitätstheorie ins Spiel zu bringen. Für eine fundamentalere Beschreibung ist die Quantentheorie aber dahingehend zu verallgemeinern; in der Elementarteilchenphysik sind hohe Geschwindigkeiten nämlich keine Seltenheit. Der britische Physiker Paul Dirac (1902 bis 1984) stellte 1928 für elementare Teilchen mit Spin ½ (damals dachte man dabei nur an das Elektron) eine Gleichung auf, welche die Schrödinger-Gleichung so verallgemeinert, daß die Spezielle Relativitätstheorie automatisch mitberücksichtigt wird. Aus dieser »Dirac-Gleichung« ergab sich eine erstaunliche Konsequenz: Es sollte neben dem Elektron noch ein anderes Teilchen mit gleicher Masse, aber entgegengesetzter (also positiver) Ladung geben, das man »Positron« taufte. Es war ein großer Erfolg für Diracs Theorie, als man 1932 das Positron auf Photoplatten, die der Kosmischen Strahlung (hochenergetischen Teilchen, die aus dem Weltall zu uns gelangen) ausgesetzt waren, entdeckte. Man bezeichnet das Positron als das zum Elektron gehörende Antiteilchen. Tatsächlich gibt es zu allen Teilchen entgegengesetzt geladene Antiteilchen, wobei in einzelnen Fällen bei neutralen Teilchen das Antiteilchen auch mit dem Teilchen identisch sein kann. Das Antiproton und das Antineutron hat man 1955 im kalifornischen Berkeley entdeckt; das Antineutron ist trotz der Neutralität des Neutrons von diesem verschieden, da das Neutron aus drei elektrisch geladenen Quarks besteht, deren Ladung sich zwar zu null summiert, unter Ladungsspiegelung (der Vorzeichenänderung der Ladungen) aber auf drei andere Quarks führt.

Die Einbeziehung der Speziellen Relativitätstheorie in die Quantentheorie hat aber noch weitaus stärkere Auswirkungen. Es folgt nämlich auf ziemlich ausgeklügelte Weise, daß man alle »Teilchen« fundamental durch eine Feldtheorie beschreiben muß. Ein Feld ist eine Größe, die jedem Punkt der Raumzeit einen bestimmten Wert zuordnet. Aus der klassischen Physik sind das elektromagnetische Feld und das Gravitationsfeld bekannt. Da es unendlich viele Punkte in der Raumzeit gibt, hat eine Feldtheorie also unendlich viele Freiheitsgrade. Im Unterschied hierzu hat ein echtes Teilchen nur vier Freiheitsgrade – die drei Raumrichtungen und die Zeit. Wie sich herausstellt, können Wechselwirkungen zwischen echten Teilchen (im Unterschied zu Feldern) nicht so formuliert werden, daß sie bei dem Übergang von einem Inertialsystem in ein anderes invariant bleiben; eine solche Nichtinvarianz stünde aber in eklatantem Widerspruch zur Relativitätstheorie.

Quantentheorie ist also auf fundamentaler Ebene immer Quantenfeldtheorie, eine Quantentheorie mit unendlich vielen Freiheitsgraden. Insofern ist sie auch allgemeiner als Diracs Gleichung. Natürlich gibt es viele Situationen, in denen dieser Feldaspekt vernachlässigbar ist, in denen man »quantenmechanisch«

rechnen kann; ansonsten wären Schrödinger-Gleichung und Dirac-Gleichung nicht so erfolgreich. Eine Quantenfeldtheorie sagt aber darüber hinaus neuartige Effekte voraus. So können sich beispielsweise Elektron und Positron gegenseitig vernichten und in zwei Photonen übergehen. Umgekehrt können sich zwei Photonen in ein Elektron-Positron-Paar verwandeln; dieser Prozeß heißt Paarerzeugung, der zeitlich umgekehrte Prozeß Paarvernichtung. Paarerzeugung ist immer dann möglich, wenn zumindest die der Ruhemasse des Paars entsprechende Energie als Strahlungsenergie zur Verfügung steht; aus der Quantentheorie kann man dann eine bestimmte Wahrscheinlichkeit für die Paarerzeugung berechnen. So gibt es auch etwa in einem elektrischen Feld eine gewisse Wahrscheinlichkeit dafür, daß ein Elektron-Positron-Paar entsteht, wobei die dafür benötigte Energie dann dem elektrischen Feld verlorengeht.

In der Quantenfeldtheorie ist es möglich, daß Teilchen nur für eine kurze Zeit, quasi virtuell, existieren. Wegen der Heisenbergschen Unbestimmtheitsrelation zwischen Energie und Zeit können sie sich die für ihre Existenz benötigte Energie für eine gewisse Zeit »borgen«: Ein Photon kann sich etwa in ein virtuelles Elektron-Positron-Paar verwandeln, das sich sofort wieder in ein Photon zurückverwandelt. Die für eine kurze Zeit vorhandene Energieunschärfe reicht dann aus, um die in der Ruhemasse des Paars steckende Energie zu erzeugen. Der amerikanische Physiker Richard Feynman (1918 bis 1988) hat für solche Prozesse eine sehr einprägsame Zeichensprache entwickelt, die »Feynman-Diagramme«. Abbildung 2.8 zeigt das Feynman-Diagramm für die virtuelle Existenz eines Elektron-Positron-Paars. Tatsächlich stehen hinter diesen Diagrammen quantentheoretische Formeln, die es gestatten, sowohl die Wahrscheinlichkeiten als auch Interferenzeigenschaften für solche Prozesse exakt zu berechnen. Da sich ein frei durch das Vakuum bewegendes Photon permanent in solche Elektron-Positron-Paare verwandeln kann, es das Vakuum quasi »polarisieren« kann, bezeichnet man diesen Prozeß auch als Vakuumpolarisation. Ganz analog kann ein frei fliegendes Elektron ein virtuelles Photon aussenden und nach kurzer Zeit wieder absorbieren. All diese Prozesse der sogenannten Quantenelektrodynamik beeinflussen die atomaren Spektren, indem sie die Energiewerte ein klein wenig verändern – Effekte, die man im Experiment beobachten kann.

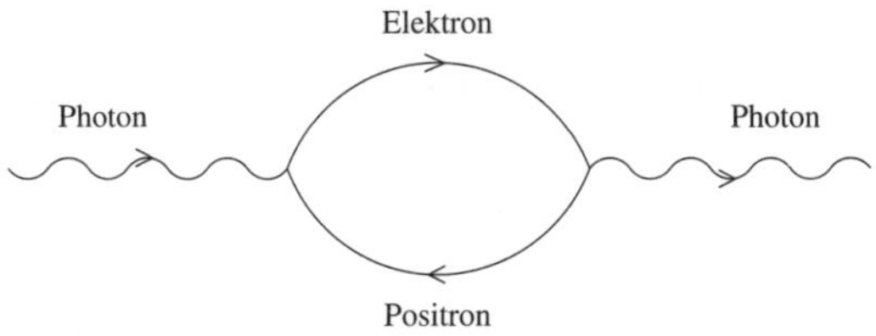

2.8 Beispiel für ein Feynman-Diagramm

Die bisher beobachteten Teilchen und ihre Wechselwirkungen faßt man in dem Standardmodell der Elementarteilchenphysik zusammen. Als grundlegende Teilchen (Teilchen, die nach heutigem Stand des Wissens nicht weiter zusammengesetzt sind) betrachtet man Quarks, Leptonen und die mit den sogenannten Eichfeldern verknüpften Teilchen. Die Quarks wurden bereits erwähnt. Leptonen sind Teilchen mit Spin ½, die nicht an der starken Wechselwirkung teilnehmen. Die Bezeichnung leitet sich aus dem griechischen Wort für »leicht« ab. Wichtigste Vertreter sind das Elektron und sein Antiteilchen, das Positron. Es gibt in dieser Klasse noch zwei Teilchen (nebst Antiteilchen), die dem Elektron völlig gleichen – bis auf die Masse. Die Teilchen Myon und Tauon sind schwerere Ausgaben des Elektrons; das Myon ist etwa 400mal, das Tauon etwa 3500mal so schwer. Das Tauon ist also fast doppelt so schwer wie das Proton und somit gewiß kein »leichtes« Teilchen mehr (die Bezeichnung Lepton wurde freilich vor der 1975 erfolgten Entdeckung des Tauons eingeführt).

In der Klasse der Leptonen gibt es noch eine illustre Schar von Teilchen, die man Neutrinos nennt. Es sind dies ungeladene Teilchen, die (außer an der Gravitation) nur an der schwachen Wechselwirkung teilnehmen. Lange dachte man, sie seien masselos, bis sich in den neunziger Jahren durch die Beobachtung eines quantenmechanischen Interferenzvorgangs herausstellte, daß sie eine kleine Masse besitzen müssen, deren Wert man freilich noch nicht kennt. Auch bei den Neutrinos gibt es (nebst Antiteilchen) drei Arten, die sich ganz natürlich jeweils zu Elektron, Myon und Tauon gesellen. Da es auch die Quarks in drei fundamentalen Versionen (nebst Antiteilchen) gibt, die in gewisser Weise zu den drei »Elektronen« und den drei Neutrinos passen, spricht man von den insgesamt drei Familien im Standardmodell. Bisher gibt es noch keine tiefere Erklärung für diese Zahl drei; insbesondere ist offen, ob etwa ein Zusammenhang mit den drei Raumdimensionen unserer Welt besteht.

Die Neutrinos erlebten eine interessante Geburt. Wolfgang Pauli hatte 1930 ihre Existenz aus rein theoretischen Gründen vorhergesagt: Gäbe es sie nämlich nicht, so hätte bei einem bestimmten Prozeß (dem Zerfall eines Neutrons in Proton und Elektron) der Energiesatz verletzt sein müssen – eine Ungeheuerlichkeit. Pauli postulierte deshalb, daß bei dem Zerfall des Neutrons zusätzlich ein damals unsichtbares Teilchen entstehen müsse, das die fehlende Energie fortträgt: das Elektron-Neutrino (genauer: dessen Antiteilchen). Es wurde erst 1956 entdeckt. Die weiteren Neutrinoarten Myon- und Tau-Neutrino hat man gar erst 1962 beziehungsweise 2000 aufgespürt.

Zu Paulis Zeiten erforderte die Vorhersage eines neuen Teilchens noch einigen Wagemut. Heute gibt es auf dem Papier einen ganzen Zoo hypothetischer Teilchen, für die es noch keinen experimentellen Anhaltspunkt gibt. Besonders prominent sind die Teilchen der sogenannten Supersymmetrie (abgekürzt: SUSY). Sie werden aus rein theoretischen Gründen postuliert, da ihre Existenz automatisch folgen würde, wenn es eine tiefgreifende Symmetrie zwischen Bosonen und Fermionen gäbe, und Symmetrien in der Physik immer eine bedeutende Rolle spielen. Jedes Fermion hätte dann einen bosonischen, jedes Boson einen fermionischen Partner. Beispielsweise würde sich zum Elektron ein Partnerteilchen mit Spin null gesellen, das Selektron. Es gehört zu den großen offenen Fragen der Physik, ob es in der Natur Supersymmetrie gibt oder nicht. Eventuell geht ein Großteil der Dunklen Materie im Universum (siehe Kapitel 4) auf das Konto eines supersymmetrischen Teilchens. Die Supersymmetrie scheint auch für die Stringtheorie unverzichtbar zu sein (Kapitel 5).

Quarks und Leptonen sind nicht die einzigen Teilchen des Standardmodells. Sie werden durch die Teilchen der sogenannten Eichfelder ergänzt. Diese Teilchen vermitteln bestimmte Wechselwirkungen: das Photon die elektromagnetische, die Gluonen die starke. Daneben gibt es noch die für die schwache Wechselwirkung verantwortlichen Teilchen, die man als W- und Z-Bosonen bezeichnet. Es handelt sich dabei allesamt um Bosonen mit Spin eins.

Die Bezeichnung Eichfelder verweist auf eine fundamentale Eigenschaft des Standardmodells: Es handelt sich um eine Eichtheorie. Eichtheorien haben die Eigenschaft, daß es in ihnen Größen gibt, die sich »umeichen« lassen, die sich also auf wohldefinierte Art und Weise transformieren lassen, ohne daß sich beobachtbare Größen ändern; die Theorie besitzt dann eine »Eichsymmetrie«. Bereits die Elektrodynamik kennt eine solche Größe, das sogenannte »Vektorpotential«; sie wurde schon von Gauß gefunden, wie er in seinem Tagebuch vermerkt (am 23. Januar 1835 um 7 Uhr – vor dem Aufstehen). Beobachtbar sind elektrisches und magnetisches Feld, die sich nicht ändern, wenn man das Vektorpotential transformiert.

Zunächst scheint es, als seien die Eichvariablen reine Hilfsgrößen, die bequeme mathematische Eigenschaften haben. Tatsächlich läßt sich das Standardmodell nur so formulieren. Mit allen Eichfeldern sind nämlich Teilchen verknüpft, welche für die in der Natur beobachteten Wechselwirkungen verantwortlich zeichnen. Bei der Eichsymmetrie handelt es sich um ein fundamentales Prinzip der Natur, dessen Ursprung noch nicht völlig verstanden ist.

Schließlich darf noch ein weiteres Feld nicht vergessen werden, das mit dem sogenannten Higgs-Teilchen verknüpft ist (benannt nach Peter Higgs, der 1964 die Existenz dieses Feldes gleichzeitig mit und unabhängig von Robert Brout und François Englert postulierte). Bisher noch unentdeckt, spielt es im Standardmodell dennoch eine zentrale Rolle. Es ist nämlich dieses Feld, das wegen seiner Wechselwirkung mit anderen Teilchen dafür verantwortlich ist, daß diese eine Masse besitzen; der Ursprung der Masse ist im Standardmodell unmittelbar mit dem Higgs-Teilchen verknüpft.

Es ist deshalb nicht weiter erstaunlich, daß weltweit in Beschleunigern nach diesem ominösen Teilchen gefahndet wird. Hoffnungen richten sich hier insbesondere auf den *Large Hadron Collider* (LHC) am Cern, dem Europäischen Zentrum für Elementarteilchenforschung in Genf, der 2009 seinen Betrieb aufnehmen soll (Hadronen sind Teilchen, die der starken Wechselwirkung unterliegen). Hier werden Protonen oder Blei-Ionen in einem knapp 27 Kilometer langen unterirdischen kreisförmigen Tunnel gegensinnig aufeinander geschossen, wobei fast eine Milliarde Zusammenstöße pro Sekunde erreicht werden können. Die dabei frei werdende Energie ist groß genug, um das Higgs-Teilchen entstehen zu lassen – wenn denn die Erwartungen über dessen Masse zutreffen. Auch nach möglichen supersymmetrischen Teilchen, Hinweisen auf höhere Raumzeitdimensionen sowie kleinen Schwarzen Löchern soll im LHC gesucht werden.

Wie schon mehrfach diskutiert, ist der Teilchenbegriff in der Quantentheorie alles andere als einfach. In der Quantenfeldtheorie muß hierfür erst einmal geklärt werden, was der Zustand ohne Teilchen – das Vakuum – überhaupt ist. Üblicherweise definiert man das Vakuum als den Zustand mit der niedrigsten Energie. Solange man die Gravitation nicht berücksichtigt, spielen nur relative Energien eine Rolle, da es keinen Meßstandard für den absoluten Wert gibt. Da aber jede Energieform wegen der Äquivalenz von Masse und Energie ein Gravitationsfeld erzeugt, wird dadurch ein absoluter Energiewert definiert. Dieser Wert ist mit dem Problem der Kosmologischen Konstanten verknüpft, das wir im vierten Kapitel schildern werden. Hier lassen wir die Gravitation zunächst einmal außen vor.

Die der Speziellen Relativitätstheorie zugrundeliegende Raumzeit ist die im ersten Kapitel eingeführte Minkowski-Raumzeit (abgekürzt: Minkowski-Raum). Der Vakuumzustand eines Feldes im Minkowski-Raum wird dann so definiert, daß die zugehörige Energie gleich null ist. Wegen der unvermeidlichen Anwesenheit von virtuellen Teilchen entspricht das Vakuum also nicht der traditionellen Auffassung eines Vakuums als absoluter Leere. Deswegen ist die Zuschreibung einer verschwindenden Energie auch alles andere als trivial – naive Rechnungen liefern zunächst einmal einen unendlich großen Wert für die Energie, der von der Summe über die unendlich vielen virtuellen Teilchen herrührt. Da aber nur relative Energien eine Rolle spielen, kann man die unendlich große Vakuumenergie »wegrenormieren« (wie man sagt) und per Konvention auf null setzen. Die Zuschreibung bezieht sich zunächst nur auf Inertialsysteme; ein Beobachter, der sich gleichförmig-geradlinig durch das Minkowski-Vakuum bewegt, registriert also in seinem Detektor keine Teilchen. Der Quantenzustand des Vakuums ist ein globaler Zustand, der sämtliche Bereiche des Minkowski-Raums miteinander verschränkt.

Welche Schnippchen der Vakuumbegriff der Anschauung schlägt, erkennt man bereits, wenn man in das Minkowski-Vakuum des elektromagnetischen Feldes zwei parallele leitende (aber ungeladene) Platten einbringt. Man würde erwarten, daß das Vakuum innerhalb der Platten unverändert sein sollte. Tatsächlich ist diese Erwartung aber falsch. Die beiden Platten ziehen sich mit einer Kraft an, die umgekehrt proportional zur vierten Potenz des Plattenabstands ist. Die Anziehung rührt von einer negativen Energie her, die sich zwischen den Platten befindet. Vorhergesagt hat diesen erstaunlichen Effekt im Jahr 1948 der niederländische Physiker Hendrik Casimir (1909 bis 2000). Er konnte 1997 mit großer Genauigkeit experimentell bestätigt werden, wobei man für den Test die Anziehung zwischen einer Kugel und einer Platte ausgenützt hat.

Wieso aber hat das Vakuum zwischen den Platten bei diesem »Casimir-Effekt« plötzlich eine Energie, und zudem eine negative? Ein mögliches Bild ist das folgende: Mit virtuellen Teilchen ist wie bei normalen Teilchen nach der Quantentheorie eine Wellenlänge, die de Brogliesche Wellenlänge, verknüpft. Solange es keine Einschränkungen gibt, sind alle Wellenlängen zwischen null und unendlich möglich. Bei Anwesenheit der Platten passen aber nicht mehr alle Wellenlängen zwischen die Platten, da man annimmt, daß bei den Platten ein Knoten der Schwingung vorliegt; in dem Zwischenraum findet dann nur eine halbe Wellenlänge oder ein ganzzahliges Vielfaches davon Platz. Es fehlen also viele Wellenlängen und damit die zugehörigen Energien. Als Folge davon rückt die Gesamtenergie zwischen den Platten unter null; die »überzähligen« Schwingungen außerhalb drücken quasi auf die Platten, die sich somit anziehen. Aus der Nautik ist ein ähnlicher Effekt bekannt: Zwei parallel fahrende Boote nähern sich einander, wenn gewisse durch den Wind verursachte Strömungsprofile vorliegen, da in der Mitte zwischen den Booten bestimmte Wellenlängen fehlen und die überzähligen von außen drücken.

Was die Gravitation angeht, so erfüllt die Casimir-Energie wie jede Masse das Äquivalenzprinzip; das haben detaillierte Rechnungen des US-amerikanischen Physikers Stephen Fulling und seiner Mitarbeiter im Jahr 2007 ergeben. Die Casimir-Energie »fällt« also in einem Schwerefeld so schnell wie jede andere Masse.

Die Anziehung der beiden Platten weist eine erstaunliche Analogie mit einer anderen Kraft auf, die zwischen ungeladenen Molekülen herrscht: der van der Waals-Kraft, benannt nach dem niederländischen Physiker Johannes van der Waals (1837 bis 1923). Deren Ursprung läßt sich in den aufgrund der Quantentheorie unvermeidbaren Fluktuationen der Elektronenverteilung in den Molekülen finden. Es ist diese Kraft, die es beispielsweise dem Gecko, einer exotischen Eidechse, ermöglicht, über Zimmerdecken zu huschen, ohne nach unten zu fallen. Zwischen neutralen Leitern ist die Casimir-Kraft bis hinunter zu etwa zehn Nanometer die dominierende Kraft; darunter wird dann die van der Waals-Kraft stärker.

Das Minkowski-Vakuum für das elektromagnetische Feld (und jedes andere Feld) ändert sich also, wenn Platten oder andere geometrische Objekte eingebracht werden. Dadurch wird nämlich der global definierte und verschränkte Vakuumzustand verändert. Überraschenderweise stellt sich eine solche Veränderung auch ein, wenn man sich nicht mehr in einem Inertialsystem bewegt. Ein Beobachter, der sich geradlinig mit konstanter Beschleunigung durch das Minkowski-Vakuum bewegt, erlebt dieses Vakuum, als sei es mit Teilchen angefüllt; seine Detektoren werden entsprechend angeregt. Die Verteilung dieser Teilchen ist auch nicht beliebig; sie entspricht einem Wärmebad mit einer bestimmten Temperatur, die proportional zur Beschleunigung und zum Wirkungsquantum ist. Nach dem amerikanischen Physiker William Unruh, der diesen Effekt 1976 beschrieben hat, spricht man hier vom »Unruh-Effekt«. Ein rohes Ei kann also durch reine Beschleunigung gekocht werden (allerdings benötigte man dazu unrealistisch hohe Beschleunigungen).

Auch dieser Effekt läßt sich nur verstehen, wenn man die globale Natur des Minkowski-Vakuums berücksichtigt. Ein Beobachter, der sich mit konstanter Beschleunigung bewegt, kann nämlich prinzipiell nur einen Teil der Minkowski-Raumzeit sehen. Das ist in Abbildung 2.9 illustriert: Nach oben ist die Zeitachse,

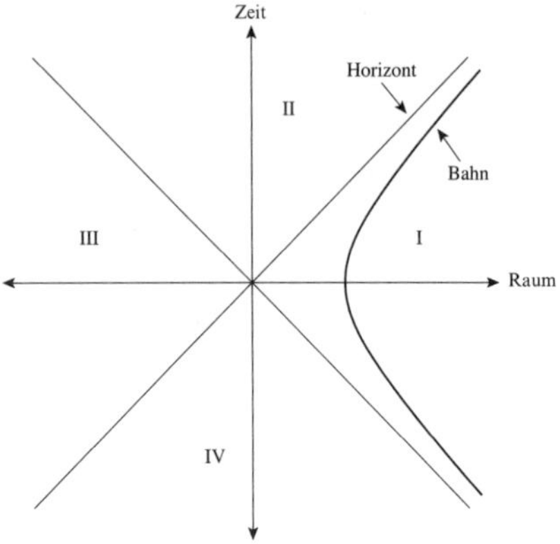

2.9 Raumzeitdiagramm für einen gleichförmig beschleunigten Beobachter

nach rechts die Raumrichtung, in der sich der Beobachter bewegt, aufgetragen. In einem solchen Raumzeitdiagramm ist die Weltlinie des Beobachters eine Hyperbel, wie sich aus den Gleichungen der Speziellen Relativitätstheorie ergibt. Man erkennt, daß der Beobachter auf das Raumzeitgebiet I eingeschränkt bleibt. Er kann auch keine Signale aus den Gebieten II und III erhalten: Lichtstrahlen bewegen sich in diesem Diagramm auf Geraden, die um 45 Grad gegenüber der Horizontalen geneigt sind. Sie können also nicht aus den Gebieten II und III nach I gelangen. Da sich alle materiellen Signale innerhalb dieses »Lichtkegels«, also mit Steigungen größer als 45 Grad gegenüber der Horizontalen, bewegen müssen, kann kein Signal von III und II nach I gelangen; man spricht deshalb von der Winkelhalbierenden zwischen I und II als einem *Horizont*. Dieser Horizont verändert das Vakuum ähnlich wie es die Platten beim Casimir-Effekt tun.

Für den beschleunigten Beobachter ist das Teilgebiet I quasi schon die gesamte Raumzeit. Er muß deshalb sein Vakuum in bezug auf dieses Teilgebiet definieren. Natürlich kann dieses neue Vakuum keine Korrelationen, also keine Verschränkung, zu Gebieten außerhalb dieser für den Beobachter in I gesamten Raumzeit haben. Das alte Minkowski-Vakuum besitzt jedoch diese Korrelationen, weshalb es mit dem neuen nicht identisch sein kann. Folglich sieht der beschleunigte Beobachter im Minkowski-Vakuum »Teilchen«. Der Begriff des Vakuums und der darauf beruhende Teilchenbegriff sind im Rahmen der Quantenfeldtheorie also keine invarianten Begriffe mehr; der Begriff des Teilchens ist auf fundamentaler Ebene bedeutungslos.

Die Strahlung Schwarzer Löcher

Das Vakuum in der Quantenfeldtheorie ist ein merkwürdiges Gebilde. So hängt das, was man Vakuum nennt, vom tatsächlichen Zustand des Beobachters ab. Was ein inertialer Beobachter im Minkowski-Raum als Vakuum bezeichnet, ist für einen gleichförmig beschleunigten Beobachter mit Teilchen angefüllt – Teilchen, die so verteilt sind, als bildeten sie ein Wärmebad mit einer bestimmten Temperatur (weshalb man von thermischer Strahlung spricht). Der tiefere Grund für diese Phänomene ist die nichtlokale Struktur des Vakuums: Es handelt sich um einen verschränkten Zustand, der den gesamten Minkowski-Raum umfaßt.

Als Fundament der Allgemeinen Relativitätstheorie haben wir das Äquivalenzprinzip kennengelernt: Ein beschleunigter Beobachter im schwerefreien Raum ist lokal äquivalent zu einem Beobachter in einem Gravitationsfeld. Sollte es deshalb nicht so etwas wie den oben diskutierten Unruh-Effekt in Gravitationsfeldern geben? Dem ist tatsächlich so. Das Wesentliche beim Unruh-Effekt ist ja die Anwesenheit eines Horizontes – der beschleunigte Beobachter kann prinzipiell nur einen Teil der Minkowski-Raumzeit erfassen. Eine ähnliche Situation liegt bei Schwarzen Löchern vor. Aus reiner Raumzeit bestehend, entstehen diese Objekte beim Gravitationskollaps massereicher Sterne, nachdem deren

Energievorrat aufgebraucht ist (siehe Kapitel 1). Die Existenz eines Horizontes ist gerade eines der Hauptkennzeichen eines Schwarzen Loches: Einsteins Theorie sagt ja gerade voraus, daß kein Signal aus dem Bereich innerhalb des Horizontes nach außen gelangen kann. Rechnungen belegen nun, daß die Struktur der Raumzeit in der Nähe eines Schwarz-Loch-Horizontes der Horizontumgebung bei einem Unruh-Beobachter gleicht. Deshalb sollte man auch für ein Schwarzes Loch thermische Strahlung erwarten.

Woher soll aber diese Strahlung kommen? In einer der faszinierendsten Entwicklungen der Theoretischen Physik in den vergangenen Jahrzehnten konnte 1974 von Stephen Hawking gezeigt werden, daß Schwarze Löcher strahlen, wenn man die Quantentheorie in die Beschreibung einbezieht. Die Strahlung ist durch eine Temperatur gekennzeichnet, die dem Wirkungsquantum proportional ist und die man »Hawking-Temperatur« nennt. Hawking hat eine anschauliche Erklärung für diesen Effekt und den Ursprung der Strahlung gegeben. Das Vakuum ist ja überall von virtuellen Teilchen durchdrungen; so kann sich, wie in Abbildung 2.8 dargestellt, ein Photon in ein Elektron-Positron-Paar verwandeln und wieder zurück. Unter normalen Umständen ist dieses Paar kurzlebig, und es passiert nichts weiter. In der Umgebung eines Schwarz-Loch-Horizontes können aber die gravitativen Gezeitenkräfte so groß werden, daß das virtuelle Paar auseinandergerissen wird: Ein Partner fällt in das Schwarze Loch, der andere kann in Außenrichtung entkommen. Das Gravitationsfeld des Schwarzen Loches ermöglicht es den virtuellen Teilchen, zu realen Teilchen zu werden, die beobachtet werden können. Von außen sieht es also wegen der entkommenden Teilchenpartner so aus, als ob das Schwarze Loch tatsächlich strahlte. Da sich alle in der Natur existierenden Teilchen in ihrer virtuellen Version im Vakuum tummeln, werden von dem Schwarzen Loch auch alle diese Teilchen abgestrahlt. Abhängig von der Temperatur ist das freilich nur für solche Teilchen möglich, deren Masse und damit Ruheenergie klein genug ist, um von der thermischen Energie der Strahlung zur Verfügung gestellt werden zu können.

Natürlich hinkt dieses Teilchenbild wie immer etwas; es findet aber seine Entsprechung in den exakten quantentheoretischen Formeln. So ergibt sich in Hawkings Rechnung ein Strom negativer Energie, der ins Innere des Schwarzen Loches fließt. Diese negative Energie ist mit der negativen Energie beim Casimir-Effekt verwandt und eine unvermeidliche Konsequenz der Quantentheorie. Strömt sie in das Loch, so entzieht sie ihm natürlich positive Energie. Die einzige Energie, die ein nichtrotierendes Loch zur Verfügung hat, ist aber die Ruheenergie, die in seiner Masse steckt. Folglich entzieht die Hawking-Strahlung dem Loch Masse; das Loch wird durch die Abstrahlung leichter. Da die Energie insgesamt erhalten bleibt, ergibt sich also ein Strom von positiver Energie nach außen, der in der ausgesandten Strahlung steckt.

Da sich der Vorgang in der unmittelbaren äußeren Umgebung des Horizontes abspielt, dringt strenggenommen keine Strahlung aus dem Inneren des Schwarzen Loches nach außen; ein entfernter Beobachter hat allerdings den Eindruck, als ob sie das täte. Ein Beobachter, der durch den Horizont frei nach innen fällt, nimmt hingegen keine Strahlung wahr. Auch das ist wieder eine Folge des Äquivalenzprinzips: Ein frei fallender Beobachter entspricht einem inertial bewegten Beobachter, der ja auch beim gewöhnlichen Minkowski-Vakuum keine Strahlung sieht.

Bei einem nichtrotierenden (Schwarzschildschen) Schwarzen Loch hängt die Hawking-Temperatur, abgesehen von den Naturkonstanten, nur von dessen Masse ab. Allerdings ist die Temperatur umgekehrt proportional zu dieser Masse. Das bedeutet, daß die Temperatur bei kleiner werdender Masse (wie es durch die Aussendung der Hawking-Strahlung geschieht) zunimmt: Das Schwarze Loch wird durch Abstrahlung *heißer*. Das ist natürlich genau umgekehrt zu dem Verhalten gewöhnlicher thermodynamischer Systeme: Der heiße Tee kühlt sich durch Abstrahlung ja gerade ab und wird dadurch nicht heißer. Das »verrückte« thermodynamische Verhalten Schwarzer Löcher ist eine Folge der Gravitation und deren universell anziehender Natur; so gewinnt ein Objekt an Energie, wenn es sich im Gravitationsfeld der anziehenden Masse nähert, was auch bei dem durch die Abstrahlung schrumpfenden Schwarzen Loch der Fall ist.

Die bereits erwähnten Naturkonstanten, die in die Hawking-Temperatur eingehen, sind die Gravitationskonstante, die Lichtgeschwindigkeit und das Wirkungsquantum (sowie eine thermodynamische Konstante, die wir im nächsten Kapitel kennenlernen werden). Dies weist bereits auf eine fundamentale Theorie hin, in der die Effekte der Relativitätstheorie und der Quantentheorie gleichermaßen von Bedeutung sind und somit in dieser Theorie aufgehen. Leider ist die Konstruktion einer solchen Theorie der »Quantengravitation« noch nicht beendet; wir werden im fünften Kapitel sehen, welche Züge hiervon bereits bekannt sind und was aus ihnen für das Verständnis des Quantenkosmos folgt.

Da das Schwarze Loch wegen der Hawking-Strahlung stetig an Masse verliert, muß irgendwann einmal der Zeitpunkt kommen, an dem die gesamte Masse aufgebraucht ist. Was passiert dann? Hawkings Ansatz verliert in dieser Endphase seine Gültigkeit, und man müßte die noch unvollendete Quantengravitation heranziehen, um diese letzte Phase der Verdampfung zu verstehen; davon später mehr. Die Lebensdauer eines Schwarzen Loches bis zu dieser Endphase läßt sich allerdings abschätzen: Für ein Schwarzes Loch mit einer Sonnenmasse beträgt sie die unvorstellbar große Zahl von etwa 10^{65} Jahren, was viele Zehnerpotenzen größer ist als das Alter des Universums (Kapitel 4). Je leichter das Schwarze Loch ist, um so kurzlebiger ist es. Um eine Lebensdauer zu erhalten, die mit dem gegenwärtigen Alter des Universums von etwa zehn Milliarden Jahren vergleichbar ist, benötigte man ein Loch mit einer Anfangsmasse von etwa 500 Millionen Tonnen; das ist die Masse eines kleinen Asteroiden.

So ein relativ leichtes Schwarzes Loch ist allerdings winzig klein: Es erreicht gerade einmal den Durchmesser eines Atomkerns! In der letzten Sekunde seiner Existenz sollte es etwa 10^{23} Joule an Energie abstrahlen.

Der numerische Wert für die Hawking-Temperatur ist für Schwarze Löcher von einigen Sonnenmassen und mehr unmeßbar klein. So hätte ein Loch mit einer Masse gleich der Sonnenmasse nur eine Temperatur von etwa einem zehn Millionstel Kelvin – zu gering, um mit astrophysikalischen Methoden gemessen zu werden.

Nur für Schwarze Löcher in dem oben erwähnten Massenbereich von 500 Millionen Tonnen und kleiner ist die Temperatur groß genug, um zu einem Ereignis zu führen, das man mit Teleskopen wahrnehmen könnte. Gibt es überhaupt Löcher, deren Masse klein genug ist? Dies scheint auf den ersten Blick ausgeschlossen zu sein. Nach der Theorie der Sternentwicklung müssen Schwarze Löcher, die als Endstadium von Sternen entstehen, nämlich mindestens etwa drei Sonnenmassen schwer sein. Allerdings gibt es noch eine weitere Möglichkeit: Schwarze Löcher könnten in der Frühphase des Universums, wenige Sekunden nach dem Urknall, aus großen Dichtefluktuationen entstanden sein. Für diese sogenannten primordialen Schwarzen Löcher gibt es von vornherein keine Massenbegrenzung. Allerdings kennt man die Zustände im frühen Universum nicht gut genug, um die Erzeugungsrate für diese Objekte eindeutig berechnen zu können. Ganz sicher sind nicht besonders viele entstanden, da es ansonsten heute von primordialen Löchern nur so wimmeln müßte. Bisher hat man tatsächlich trotz etlicher Bemühungen kein einziges beobachtet. Wie könnte man primordiale Schwarze Löcher identifizieren? Die Hawking-Temperatur sollte in der Endphase der Schwarz-Loch-Verdampfung so groß sein, daß hauptsächlich Gammastrahlung von thermischer Natur emittiert wird. Da man ein solches Ereignis noch nicht beobachtet hat, kann man nur obere Schranken angeben. Gammastrahlenausbrüche beobachtet man in der Astrophysik, doch sind diese so hochenergetisch, daß sie nicht von den kleinen Schwarzen Löchern stammen können. Man hat auch untersucht, ob zu dem allgemeinen Hintergrund von Gammastrahlen die Hawking-Strahlung Schwarzer Löcher beitragen könnte, doch auch hier kann man nur eine obere Schranke angeben. Vielleicht kann man solche Schwarzen Löcher in der nächsten Generation von Beschleunigern wie dem LHC direkt erzeugen und studieren (siehe auch Kapitel 5). Solange man solche Objekte nicht beobachtet, wird einer der faszinierendsten physikalischen Effekte experimentell unbestätigt bleiben.

3
Entropie

Die Zeit ist tätig, sie hat verbale Beschaffenheit, sie »zeitigt«.
Was zeitigt sie denn? Veränderung!
Thomas Mann, Der Zauberberg

Der Zweite Hauptsatz der Thermodynamik

Heißer Tee in einer Tasse kühlt sich ab, während sich die Umgebung erwärmt. Niemand beobachtet, wie Wärme von der umgebenden Luft zum heißen Tee strömt und ihn weiter erwärmt. Ganz allgemein scheint bei Systemen, die sich selbst überlassen werden, Wärme immer vom heißeren zum kälteren Objekt zu fließen, aber nie umgekehrt. Viele Phänomene in der Natur weisen eine solche Unumkehrbarkeit (Irreversibilität) auf. Ein Glas, das auf den Boden fällt, zerbricht; die Scheiben fügen sich aber niemals zum Glas zusammen. Obst verfault, wird aber nicht wieder von selbst frisch. Die Irreversibilität durchdringt das gesamte Leben, das ja selbst unweigerlich mit dem Tod endet. Es gibt einen Unterschied zwischen Vergangenheit und Zukunft, der in den Grundgleichungen der Physik aber keine Rolle zu spielen scheint. So kennen etwa die Gesetze der Newtonschen Mechanik zwar eine absolute Zeit, aber keine absolute Richtung dieser Zeit: Kehrt man die Bewegung der Planeten in Gedanken wie bei einem rückwärts gespulten Film um, so gelangt man zu einer gleichberechtigten Lösung der Newtonschen Gleichungen.

Das Problem der Irreversibilität gewann erst im 19. Jahrhundert große Aufmerksamkeit in der Physik. Diese Aufmerksamkeit drückt sich vor allem in dem Begriff der Entropie aus, einem der grundlegendsten und geheimnisumwittertsten wissenschaftlichen Begriffe überhaupt, der auch in andere Disziplinen wie die Kunsttheorie oder die Ökonomie ausstrahlt. Etwas salopp versteht man unter Entropie so etwas wie ein Maß für Unordnung. Doch was verbirgt sich genau dahinter? Und welche Relevanz besitzt der Entropiebegriff für den Quantenkosmos?

Die Herkunft des Wortes findet sich in dem griechischen Wort *tropé*, was soviel wie »Umwandlung« bedeutet. Ein Lehrbuch der Physik paraphrasiert deshalb die Entropie als »die innewohnende Fähigkeit eines abgeschlossenen Systems, seinen Zustand zu wandeln«. Hier kommt bereits eine ihrer Haupteigenschaften zum Ausdruck: Die Entropie ändert sich im allgemeinen auch für ein sich völlig selbst überlassenes System, und zwar nimmt sie im allgemeinen zu. Natürlich erinnert das Wort an den Begriff der Energie, der etwa um die gleiche Zeit im heutigen Sinne in die Physik eingeführt wurde. Die Energie bleibt freilich für ein abgeschlossenes System konstant, während die Entropie zunimmt oder gleichbleibt.

Der Entropiebegriff wurde aus technischen Anwendungen zu Beginn des industriellen Zeitalters abstrahiert. Das Symbol dieses Zeitalters, die Dampfmaschine, spielte dabei die Hauptrolle. Mit ihr hat man aus Wärme Arbeit gewonnen, und Arbeit war von zentraler Bedeutung für die Bedürfnisse dieser neuen Zeit: Fortbewegung und Kommunikation. Eingeführt hat den Begriff der deutsche Physiker Rudolf Clausius (1822 bis 1888), der 1865 schrieb: »Die Entropie der Welt ist konstant. Die Entropie der Welt strebt einem Maximum zu.« Wieso nimmt die Entropie zu, und warum hat das etwas mit der beobachteten Irreversibilität der Welt zu tun?

Clausius baute seine Überlegungen auf den Arbeiten des französischen Physikers Sadi Carnot (1796 bis 1832) auf. Dieser hatte sich während eines Besuchs bei seinem in der Verbannung in Magdeburg lebenden Vater mit Problemen der Dampfmaschine befaßt. Er fand dabei heraus, daß Wärme sich nicht vollständig in Arbeit verwandeln ließ. Diese richtige Erkenntnis gewann Carnot allerdings noch aufgrund der heute überholten Vorstellung, daß Wärme mit einem eigenen Wärmestoff verbunden ist, der beim Erhitzen den Körper betritt und ihn beim Abkühlen verläßt; das für diesen hypothetischen Wärmestoff benutzte Wort Caloricum hat noch in den mit der Nahrung verknüpften Kalorien überlebt, die es aufzunehmen (oder zu vermeiden) gilt.

Carnots fundamentale Veröffentlichung von 1824 blieb zunächst unbeachtet. Das lag wohl nicht zuletzt daran, daß die Begriffe Energie und Energieerhaltung im Zusammenhang mit Wärme noch unverstanden waren; es war nicht klar, welche Größe bei den betrachteten Prozessen erhalten bleibt und welche nicht. Zur Klärung des Energiebegriffs trug als erster der Heilbronner Arzt Julius Robert Mayer (1814 bis 1878) bei, der erkannte, daß Wärme nur eine bestimmte Energieform ist und daß die Summe aller Energien, die sich unter anderem aus Wärme und Arbeit zusammensetzt, eine erhaltene Größe ist. Er konnte auch ein quantitatives Maß für die Äquivalenz von Arbeit und Wärme angeben: Fällt beispielsweise eine Masse von 42,7 Kilogramm um zehn Meter, so reicht die dadurch gewonnene Energiemenge genau aus, um einen Liter Wasser um ein Grad zu erwärmen. Unabhängig von Mayer hat der britische Physiker James Prescott Joule (1818 bis 1889), nach dem die Energieeinheit Joule benannt ist (eine Kalorie sind etwas mehr als vier Joule), dieses Wärmeäquivalent mit großer Genauigkeit bestimmt. Interessant ist, daß Mayer seine Ergebnisse beim Studium von Stoffwechselvorgängen im Organismus fand, wo Wärme durch die Verbrennung von Nahrungsstoffen erzeugt wird, entweder direkt oder nur mittelbar über die Mechanik der Muskeln. Die Erhaltung der Gesamtenergie im Zusammenhang mit Wärmeprozessen hat man später als den Ersten Hauptsatz der Thermodynamik (Wärmelehre) bezeichnet.

Erst nachdem der Energiebegriff geklärt war und sich Wärme und Arbeit als ineinander umwandelbare Energieformen entpuppt hatten, begann man sich über Carnots Resultate zu wundern: Warum läßt sich Arbeit vollständig in Wärme umwandeln, Arbeit in Wärme hingegen nur unvollständig? Woher kommt die damit verknüpfte Irreversibilität? Es lohnt sich, den von Carnot behandelten Prozeß etwas genauer zu betrachten. Zwar handelt es sich um einen idealisierten Grenzfall, doch ist dieser sehr instruktiv. Der Carnot-Prozeß beschreibt eine periodisch arbeitende Maschine, die also immer wieder zum Ausgangspunkt zurückkehrt. Andere Maschinen sind für die Praxis untauglich, da man etwa mit einer Dampfmaschine nicht nur einmal, sondern regelmäßig Arbeit gewinnen will. Der Prozeß gliedert sich in vier Schritte (vergleiche Abbildung 3.1).

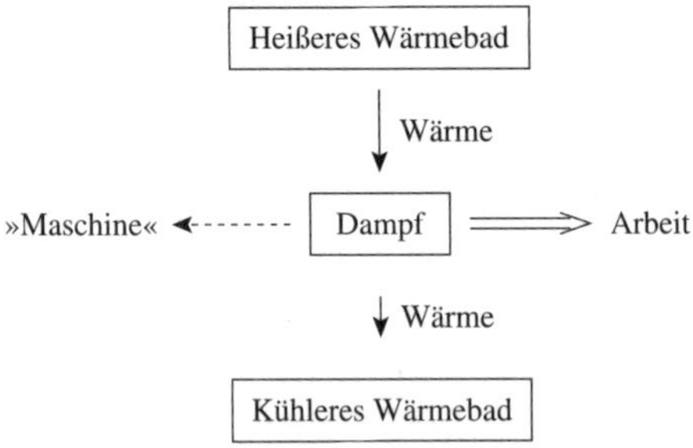

3.1 Zum Carnotschen Kreisprozeß

Beim ersten Schritt fließt Wärme aus einem heißen Wärmebad zum Dampf, der sich erhitzt, ausdehnt und dabei Arbeit zu leisten vermag, zum Beispiel dadurch, daß ein Kolben bewegt wird. Würde man an dieser Stelle den Prozeß einfach umkehren wollen, um zum Ausgangszustand zurückzukehren, so hätte man nichts erreicht: Man müßte die gleiche Arbeit hineinstekken, die man soeben gewonnen hat. Aus diesem Grund fügt man noch drei weitere Schritte hinzu. In einem zweiten Schritt verringert man den Druck im Gas, was durch eine Expansion unter Abkopplung des Wärmebades erreicht wird (man bezeichnet einen solchen Vorgang als adiabatisch). Auch während dieses Schrittes leistet der Dampf noch Arbeit. In einem dritten Schritt wird das Dampfvolumen wieder verringert, während der Dampf in Kontakt mit einem kühleren Wärmebad ist und an dieses Wärme abgibt; das Bad sollte so kühl wie möglich sein, um den damit verbundenen Arbeitsaufwand möglichst gering zu halten. Schließlich komprimiert man in einem letzten Schritt das Gas wieder adiabatisch auf seinen alten Wert. Die Maschine befindet sich dann wieder in ihrem Ausgangszustand, und das Spiel kann von vorne beginnen.

Was wurde bei diesem Carnot-Prozeß gewonnen? Wärme wurde einem heißen Bad entnommen, und ein kleinerer Betrag an Wärme mußte an ein kühles Bad abgegeben werden. Die Differenz (zugeführte minus abgeführte Wärme) kann in Arbeit verwandelt werden, wie sie aus der Kolbenbewegung resultiert. Die genaue Untersuchung dieses Kreisprozesses zeigt, daß Wärme dabei nie vollständig in Arbeit verwandelt werden kann; man kann sich diesem Ideal nur annähern, indem man das erste Bad möglichst heiß, das zweite Bad möglichst kalt wählt. Temperaturdifferenzen sind also von großer Bedeutung. Der Carnot-Prozeß ergibt auch bei gegebenen Wärmebädern das Größtmöglichste an Arbeitsleistung; eine realistische Maschine liefert eine kleinere Leistung. Der Carnot-Prozeß liefert eine theoretische Obergrenze, die unabhängig von Material und Ingenieurskunst ist. Die von Clausius später eingeführte Entropie bleibt beim Carnot-Prozeß erhalten; bei jedem anderen Prozeß nimmt sie zu. Ein Wärmefluß von heiß nach kalt im Universum erhöht also die Entropie des Universums.

Der Erste Hauptsatz der Thermodynamik besagt, daß die Energie eines abgeschlossenen Systems erhalten bleibt. Der Zweite Hauptsatz der Thermodynamik drückt nun aus, daß die Entropie eines abgeschlossenen Systems niemals abnehmen kann. Sie kann in idealisierten Grenzfällen konstant bleiben, im allgemeinen nimmt sie aber zu; Clausius brachte dies in seinem oben zitierten Ausspruch, daß die Entropie der Welt ihrem Maximum zustrebe, zum Ausdruck.

Der Zweite Hauptsatz läßt sich auch auf andere Arten formulieren, die etwas anschaulicher sind. Clausius selbst formulierte die Nichtabnahme der Entropie in der Weise, daß es keinen Prozeß gebe, in dem das einzige Ergebnis die Energieübertragung von einem kühleren zu einem wärmeren Körper ist; von selbst fließt Wärme also immer vom wärmeren zum kälteren Objekt. Der britische Physiker William Thomson (1824 bis 1907), der spätere Lord Kelvin, formulierte den Hauptsatz in der schon oben angedeuteten Form, daß es unmöglich sei, Wärme vollständig in Arbeit zu verwandeln. Man spricht auch von der Unmöglichkeit eines Perpetuum mobiles zweiter Art. (Ein Perpetuum mobile erster Art würde die Erhaltung der Energie verletzen, da es Energie aus dem Nichts schaffen könnte.) Aus diesem Grund ist es unmöglich, das Energieproblem der Menschheit zu lösen, indem man einfach die in den Weltmeeren und der Atmosphäre steckende gigantische Wärmeenergie ausnützt, um sie in Arbeit zu verwandeln.

Man kann die Äquivalenz der verschiedenen Versionen des Zweiten Hauptsatzes beweisen. Sie alle drücken einen fundamentalen Aspekt der Natur aus: ihre Irreversibilität. Es gibt viele Prozesse, die zeitlich nur in eine bestimmte Richtung laufen können, und die Zunahme der Entropie drückt diese Auszeichnung einer Zeitrichtung aus. Da Wärme eine ungeordnetere Energieform als Arbeit ist, nimmt die Unordnung also im Lauf der Zeit zu, ganz wie es die anschauliche Deutung der Entropie behauptet.

In einem System, das nicht abgeschlossen ist (man nennt solche Systeme *offen*), kann die Entropie durchaus abnehmen. Sie fließt dann aus dem System in die Umgebung, so daß die Gesamtentropie von System und Umgebung zunimmt. Ein einfaches Beispiel ist der Kühlschrank: Wärme wird von innen nach außen gepumpt, die Umgebung heizt sich auf. Die Entropie im Innern wird also künstlich klein gehalten, während sich die Entropie der Umgebung erhöht. Nicht viel anders funktioniert das Grundprinzip allen Lebens. Auch hier wird die Entropie eines Lebewesens niedrig gehalten, indem Entropie an die Umgebung abgeführt wird. Das ist nur möglich, weil es im Kosmos große Temperaturunterschiede gibt: die heiße Sonne steht dem kalten Weltraum gegenüber. So können wir unsere eigene Entropie niedrig halten, indem wir Entropie nach außen abgeben. Wir nehmen Nahrung in geordneter, niederentropischer Form auf (deren Existenz nur durch die Sonnenenergie garantiert ist) und geben Energie in hochentropischer Form durch Schweiß und Ausscheidungen ab. Allerdings funktioniert auch dieses künstliche Niedrighalten nicht für immer – jedes Leben endet mit dem Tod. Bereits hier wird deutlich, daß der Zweite Hauptsatz kosmischen Ursprungs sein muß. Ein Universum ohne Temperaturdifferenzen wäre bereits bei maximaler Entropie angelangt, und Leben könnte nicht existieren. Im 19. Jahrhundert hat man diesen Zustand auch als den Wärmetod bezeichnet, der dem Universum unweigerlich drohe.

Gibt es einen tieferen Grund für die Gültigkeit des Zweiten Hauptsatzes, oder muß man ihn einfach als Erfahrungstatsache hinnehmen? Eine tiefere Begründung gibt es tatsächlich, wenn man die atomare Struktur der Materie berücksichtigt. Das soll im nächsten Abschnitt geschehen. Hier sei zum Schluß noch ein Blick auf die beiden verbleibenden Hauptsätze der Thermodynamik geworfen. Als sogenannten Nullten Hauptsatz formuliert man die Tatsache, daß Körper, die miteinander im Gleichgewicht stehen, eine gemeinsame Temperatur aufweisen; der Wärmeausgleich hat hier also bereits stattgefunden. Schließlich gibt es noch den von Walther Nernst (1864 bis 1941) 1905 aufgestellten Dritten Hauptsatz, wofür er 1920 den Nobelpreis für Chemie erhielt. Er besagt, daß es unmöglich sei, den absoluten Nullpunkt der Temperatur in einer endlichen Anzahl von Schritten zu erreichen. Planck hat den Satz später so formuliert, daß die

Entropie bei Annäherung an den Nullpunkt gegen null oder gegen eine materialunabhängige Konstante gehen müsse. Ein tieferes Verständnis des Dritten Hauptsatzes liefert erst die Einbeziehung der Quantentheorie.

Die mikroskopische Deutung der Entropie

Die Gesetze der Thermodynamik wurden lange Zeit als reine Erfahrungstatsachen angesehen, die sich nicht weiter begründen lassen. Das änderte sich erst, als der österreichische Physiker Ludwig Boltzmann (1844 bis 1906) auf den Plan trat. Boltzmann glaubte, daß Materie nicht kontinuierlich verteilt sei, sondern aus diskreten Einheiten, Atomen und Molekülen, bestehe. Damit ließe sich dann die Thermodynamik auf die Mechanik der einzelnen Atome und Moleküle (der »Teilchen«) zurückführen. Die Gesamtenergie etwa eines Gases ist dann die Summe aller Einzelenergien, und seine Temperatur läßt sich direkt über die mittlere Energie eines Teilchens definieren; je größer diese mittlere Energie ist, je höher die Temperatur.

Was ist aber mit der Entropie? Bei dem Versuch, diesen Begriff zu fassen, betraten zum erstenmal Wahrscheinlichkeitsaussagen an zentraler Stelle die Physik, und zwar mehr als fünfzig Jahre vor der Quantentheorie. In einer berühmten Arbeit von 1872 führte Boltzmann die Entropie ein als ein Maß für die Zahl der möglichen Mikrozustände, die ein Gas bei gegebenen makroskopischen Größen wie Temperatur, Volumen, Druck oder Energie besitzen kann. Unter Mikrozuständen versteht man die möglichen Verteilungen der Teilchen in bezug auf ihren Ort und ihre Geschwindigkeit. Gibt es zu gegebenem Makrozustand viele Möglichkeiten, so ist der Zustand wahrscheinlich; gibt es nur wenige Möglichkeiten, so ist er unwahrscheinlich. Tatsächlich gibt es so viele Teilchen, daß es unmöglich ist, ein einzelnes zu verfolgen: In einem Kasten von einigen Zentimetern Kantenlänge befinden sich ungefähr 10^{23} Teilchen. Man kann deshalb eben nur die makroskopischen

Größen wie Temperatur oder Volumen messen. Die Entropie ist dann klein, wenn wenig Mikrozustände möglich sind, wenn etwa die Gasmoleküle auf ein kleines Raumvolumen zusammengedrängt sind. Sie ist groß, wenn die Moleküle den ganzen Kasten zur Verfügung haben – die Teilchen haben dann einfach mehr Möglichkeiten, sich irgendwo aufzuhalten. Da die Teilchen immer wieder aufeinander stoßen, gibt es eine Wahrscheinlichkeitsverteilung nicht nur für den Ort, sondern auch für die Geschwindigkeit.

Betrachten wir ein einfaches Beispiel. Ein Kasten sei durch eine Schiebewand in zwei gleichgroße Teile unterteilt. Das Gas sei am Anfang auf eine der beiden Hälften beschränkt. Öffnet man nun in der Schiebewand ein kleines Loch, so wird das Gas allmählich in die andere Hälfte strömen, und zwar so lange, bis in beiden Hälften die gleichen Zustände vorliegen. Der Grund dafür liegt einfach darin, daß die Teilchen wegen der Stöße untereinander und mit den Wänden einer Zufallsbewegung unterliegen und den gesamten zur Verfügung stehenden Raum einnehmen wollen. Wird dieser Zustand erreicht, so spricht man vom Gleichgewicht. Die Teilchen stoßen auch dann noch aneinander, doch sind diese Stöße im Mittel alle gleich und entsprechen quasi nur einer Umsortierung der Teilchen.

Natürlich gibt es wegen der Zufallsbewegung auch die Möglichkeit, daß alle Teilchen gemeinsam in die ursprüngliche Kastenhälfte zurückkehren. Die Wahrscheinlichkeit hierfür ist freilich so winzig, daß man diesen Vorgang nie beobachten wird. Das läßt sich leicht verstehen. Nehmen wir an, es gebe n Moleküle. Für jedes Molekül beträgt die Wahrscheinlichkeit, in einer der beiden Hälften (links oder rechts) zu sein, jeweils ein halb. Formal entspricht das einem Münzwurf mit der Wahrscheinlichkeit von jeweils ein halb für Kopf oder Zahl. Einer rein zufälligen gemeinsamen Bewegung aller Moleküle von links nach rechts entspricht dann die Wahrscheinlichkeit, n-mal hintereinander Zahl zu werfen. Schon für zehn Teilchen beträgt die Wahrscheinlichkeit dafür weniger als ein Tausendstel; für die oben erwähnten 10^{23} Moleküle entzieht sich die Kleinheit der Wahrscheinlichkeit jeder Vorstellung. Selbst die Wahrscheinlichkeit dafür, während seines ganzen Lebens jede Woche sechs Richtige im Lotto zu tippen, ist um viele Größenordnungen höher als diese Wahrscheinlichkeit.

Wer etwas von Computern versteht, ist mit Bits und Bytes wohlvertraut. Unter der Information von einem Bit versteht man die Information, welche der beiden Möglichkeiten einer Ja-Nein-Alternative vorliegt, beispielsweise die Information, ob sich bei einem Münzwurf Kopf oder Zahl ergibt. Auch die Information, ob sich ein bestimmtes Molekül links oder rechts aufhält, entspricht einem Bit. Die Anzahl der Bits ist auch gleich der Anzahl der Fragen mit Antwortmöglichkeit ja oder nein, die man stellen muß, um herauszufinden, in welchem Zustand sich das System befindet. Bei n Münzen muß man also n solcher Fragen stellen, ebenso bei den n Molekülen in bezug auf die beiden Kastenhälften. Die Entropie des Systems definiert man nun im wesentlichen (bis auf einen Faktor) als die Anzahl der Bits. Hat man nun am Anfang das Gas auf beispielsweise die linke Hälfte beschränkt, so muß man natürlich keine weiteren Fragen stellen, und die Entropie ist in bezug auf die Frage links oder rechts gleich null. Erfüllen die Moleküle hingegen den gesamten Raum, so ist die Anzahl der Fragen gleich der Anzahl der Moleküle, da man für jedes Molekül fragen muß, wo es sich aufhält. Die Entropie ist dann gleich n und hat also insgesamt um n Bits zugenommen. Man hätte die Entropie auch direkt mit der Anzahl der Zustände identifizieren können; da diese im allgemeinen aber riesig groß ist, hat man sich für die Zahl der Bits entschieden (mathematisch ist das der Logarithmus der Zahl der Zustände). Das hat auch den Vorteil, daß die Entropie proportional zur Zahl der Teilchen selbst ist, bei einer doppelten Teilchenzahl also auch doppelt so groß. Damit läßt sich einfach besser rechnen.

Die Entropie ist also nichts anderes als ein Maß für die Wahrscheinlichkeit eines Zustands: Kann man einen durch makroskopische Parameter wie Volumen und Temperatur charakterisierten Zustand durch viele Mikrozustände realisieren, so ist die Entropie hoch, gelingt es nur durch wenige Mikrozustände, so ist die Entropie niedrig. Diese Erkenntnis Boltzmanns war so grundlegend neu, daß sie auf zum Teil heftigsten Widerstand stieß. Es war nicht zuletzt Planck, der sich mit solchen statistischen Überlegungen überhaupt nicht anfreunden wollte. Ironie des Schicksals ist, daß sich Planck im Jahr 1900 indirekt geschlagen geben mußte, als er nur unter Gebrauch von statistischen Methoden im Sinne Boltzmanns sein berühmtes Strahlungsgesetz ableiten konnte.

Für ein ideales Gas ergibt sich durch die Boltzmannsche Abzählmethode wieder das alte Ergebnis von Clausius. Dadurch kann man auch den noch unbestimmten Proportionalitätsfaktor bestimmen – eine Größe, die man zu Ehren Boltzmanns als die Boltzmannsche Konstante bezeichnet und meistens mit dem Symbol k_{B} abkürzt.

Die statistische Beschreibung von Gasen führt auf den zentralen Begriff des Ensembles. Man denkt sich dazu das gegebene reale System als Mitglied einer großen Zahl gleichartiger gedachter Systeme, die alle die gleichen makroskopischen Parameter wie Temperatur und Volumen aufweisen, sich aber im Mikrozustand unterscheiden. Die Anzahl der gedachten Systeme wird entsprechend der jeweiligen Häufigkeit der Mikrozustände gewählt, so daß die wahrscheinlichen Zustände häufig, die unwahrscheinlichen weniger häufig durch gedachte Systeme vertreten sind. Wahrscheinlichkeit kann man dann präzise als eine relative Häufigkeit fassen, die sich durch Abzählen finden läßt.

Wie ergibt sich der Zweite Hauptsatz der Thermodynamik aus dieser mikroskopischen Deutung der Entropie? Da die Entropie jetzt direkt mit der Wahrscheinlichkeit eines Zustands zu tun hat, entspricht der Zunahme der Entropie gerade der Übergang von einem unwahrscheinlicheren in einen wahrscheinlicheren Zustand. Sollte man so etwas nicht direkt erwarten? Dieser Übergang entspricht ja in dem obigen Beispiel einfach dem Strömen des zuerst eingeschränkten Gases in den gesamten Raum. Tatsächlich konnte Boltzmann beweisen, daß die mikroskopisch definierte Entropie im Laufe der Zeit zunimmt. Allerdings folgt dies nur, wenn angenommen wird, daß die Moleküle nach einem Stoß im statistischen Sinne als voneinander unabhängig betrachtet werden können (was sie in Wirklichkeit ja nicht sind). Korrelationen werden also in Richtung Zukunft vernachlässigt – wodurch gerade die Irreversibilität ins Spiel kommt. Man bezeichnet diese Vernachlässigung auch als den Boltzmannschen Stoßzahlansatz.

Der amerikanische Physiker Josiah Willard Gibbs (1839 bis 1903) hat diesen Prozeß durch sein berühmtes Tintengleichnis veranschaulicht. Man betrachte ein Glas mit Wasser, in das ein Tintentropfen fällt. Rührt man das Wasser um, so verteilt sich die Tinte augenscheinlich gleichmäßig im Wasser. Das entspricht also dem Übergang von einem unwahrscheinlichen Zustand (nur ein lokalisierter Tropfen) zu einem wahrscheinlichen Zustand (Tinte überall verteilt). Aber, so Gibbs, dieser Eindruck ergibt sich nur, wenn man nicht genau hinsieht, also den mikroskopischen Zustand nicht beachtet. Zumindest bei einer idealisierten Tinte wird sich das von ihr eingenommene Volumen nicht ändern. Der mikroskopische Zustand besteht dann aus winzigen Tintenfäden, die zwar im gesamten Wasserglas verteilt sind, aber dennoch nur das ursprüngliche Volumen des Tropfens einnehmen. Die Vernachlässigung dieser Fadenstruktur entspricht nun gerade im Falle des Gases dem Boltzmannschen Stoßzahlansatz – es werden Korrelationen vernachlässigt, die keine makroskopischen Auswirkungen haben. Es hat sich eingebürgert, diese Vernachlässigung auch als »Grobkörnung« zu bezeichnen, da sie im Sinne des Gibbsschen Tintengleichnisses einfach bedeutet, »nicht genau hinzusehen«.

Die Kenntnis des Mikrozustandes entspricht dann einer »Feinkörnung«.

Die Boltzmannsche Ableitung des Zweiten Hauptsatzes blieb nicht unwidersprochen. Ein Wiener Kollege Boltzmanns, Josef Loschmidt (1821 bis 1895), formulierte den sogenannten Umkehreinwand. Die Atome und Moleküle in einem Gas bewegen sich ja, so Loschmidt, nach den Gesetzen der Klassischen Mechanik. Diese Gesetze sind aber zeitumkehrinvariant; sie unterscheiden nicht zwischen Vergangenheit und Zukunft. Wenn es also Prozesse gibt, die von einem unwahrscheinlichen zu einem wahrscheinlichen Zustand führen, so müßte es ebensoviele Prozesse geben, die umgekehrt von einem wahrscheinlichen zu einem unwahrscheinlichen Zustand führen. Die Entropie müßte also genau so häufig zu- wie abnehmen – im Widerspruch zur Beobachtung.

In seiner Entgegnung hat Boltzmann seine Aussagen präzisiert und darauf hingewiesen, daß sich die für eine Abnahme der Entropie benötigten Anfangsbedingungen in der Praxis nie realisieren ließen. Man müßte dazu sehr subtile Korrelationen zwischen den einzelnen Moleküle einbauen, um etwa zu garantieren, daß sich die überall ausgebreiteten Teilchen wieder von selbst in einer Hälfte des Kastens versammeln. Die üblicherweise beobachtete Zunahme der Entropie hat also damit zu tun, daß solche subtil eingestellten Korrelationen in der Natur normalerweise nicht verwirklicht sind.

Rein aus Wahrscheinlichkeitsüberlegungen heraus müßte man annehmen, daß sich ein System praktisch immer im Gleichgewicht befinde, da es hierfür die maximale Anzahl von mikroskopischen Zuständen gibt. Nur kleine Schwankungen um dieses Gleichgewicht sollten noch erlaubt sein, wobei die Wahrscheinlichkeit für eine solche Schwankung (eine Ab- und Wiederzunahme der Entropie) mit deren Größe abnimmt.

Ein weiterer Einwand gegen Boltzmanns Ableitung des Zweiten Hauptsatzes stammt von Ernst Zermelo (1871 bis 1953), einem Assistenten Plancks in Berlin, der auch durch grundlegende mathematische Arbeiten hervorgetreten ist. Er gehörte wie Planck zur Gruppe der »Energetiker«, die glaubten, Begriffe wie Energie und Entropie seien fundamentale Begriffe, die keiner weiteren mikroskopischen Erklärung bedürften. Zermelos 1896 formulierter »Wiederkehreinwand« beruht auf einem mathematischen Theorem des französischen Physikers und Mathematikers Henri Poincaré, wonach alle räumlich begrenzten Systeme jedem einmal eingenommenen Zustand im Verlaufe der Zeit wieder beliebig nahekommen. Nach diesem Theorem kann also die Entropie nicht stetig steigen, sondern muß irgendwann abnehmen, um einen etwaigen niederentropischen Ausgangszustand wieder erreichen zu können. Obwohl das Theorem korrekt ist, scheitert Zermelos Einwand aus einem einfachen Grund: Die für die Wiederkehr des Anfangszustandes benötigten Zeiten sind selbst für einen kleinen Kasten mit Gasmolekülen unermeßlich viel größer als das Alter des Universums. Wenn man also annimmt, daß das Universum am Anfang einen Zustand niedriger Entropie einnahm (wofür alle Erfahrung spricht), wird man im heutigen Universum nie beobachten, wie sich Gasmoleküle von selbst in einer Hälfte des Kastens versammeln. Woher kommt aber der unwahrscheinliche Anfangszustand des Universums? Hier scheint wieder die Kosmologie durch, und wir werden später sehen, daß dieses Problem (und damit die tiefere Begründung des Zweiten Hauptsatzes) nur in einem kosmologischen Rahmen verstanden werden kann.

Auch Boltzmann selbst grübelte bereits über einen möglichen kosmologischen Ursprung des Zweiten Hauptsatzes nach. Zu seiner Zeit konnte man sich freilich nur ein statisches Universum vorstellen, das seit unendlicher Zeit besteht. Wegen dieses unendlich großen Alters sollte es aber auch eine gewisse, wenn auch winzig kleine Wahrscheinlichkeit für eine gigantische Schwankung in der Entropie geben – für eine gewaltige Ab- und darauf folgende Wiederzunahme der Entropie. Die Menschheit, so Boltzmann, existiert während der Phase der Wiederzunahme der Entropie, also während einer Phase, in welcher dann der Zweite Hauptsatz der Thermodynamik gilt. Die Welt bewegt sich auf ihren Gleichgewichtszustand (den Zustand des Wärmetods) zu, den sie erst nach einer unermeßlich langen Zeit durch eine große zufällige Schwankung wieder verlassen kann.

Heute weiß man, daß das Universum vor endlicher Zeit entstanden ist (siehe viertes Kapitel). Unabhängig davon hat Carl Friedrich von Weizsäcker bereits in den 1930er Jahren einen Schwachpunkt in Boltzmanns Argumentation aufgedeckt. Nimmt man nämlich an, daß die beobachtete Entropiezunahme nur auf einer gewaltigen kosmologischen Schwankung beruht, so stellt sich heraus, daß eine momentane Schwankung, in der die beobachtete Welt samt Menschen und deren Gedächtnisinhalten quasi aus dem Nichts entsteht, zwar unvorstellbar unwahrscheinlich ist, jedoch immer noch viel wahrscheinlicher als Boltzmanns angenommene Schwankung. Der Grund dafür liegt darin, daß die Entropie bei Boltzmann spontan viel stärker sinken müßte, um den nötigen Anfangszustand zu schaffen, aus dem sich der heutige Zustand des Universums dann entwickeln könnte; es wäre dann einfacher, diesen heutigen Zustand direkt entstehen zu lassen. Natürlich sollte das von Weizsäckersche Argument nicht als Beleg dafür verstanden werden, daß wir gerade erst aus einer unwahrscheinlichen Schwankung heraus entstanden sind, sondern nur als Argument gegen Boltzmanns kosmisches Szenario. Wir werden in Kapitel 6 sehen, was die heutigen kosmologischen Theorien zu dieser Frage zu sagen haben.

Entropie und Information

Die mikroskopische Deutung der Entropie hat wesentlich mit der Wahrscheinlichkeit eines Zustands zu tun. Das obige Beispiel mit dem zweigeteilten Kasten legt zudem eine enge Verwandtschaft von Entropie und Information nahe; wir hatten dort schließlich die Entropie mit der Anzahl der Ja-nein-Fragen

(Bits) in Verbindung gebracht, die benötigt werden, um einen bestimmten Zustand der Gasmoleküle zu ermitteln. Je mehr Information wir besitzen, um so weniger Fragen müssen wir stellen und um so geringer ist deshalb die Entropie. Der US-amerikanische Mathematiker Claude Shannon (1916 bis 2001) hat zu Beginn des Computerzeitalters einen Informationsbegriff entwickelt, der sich eng an der Entropie orientiert: Entropie als fehlende Information. In diesem Zusammenhang ist insbesondere die Rolle von intelligenten Wesen von Interesse. Kann der Eingriff solcher Wesen in thermodynamische Systeme womöglich durch Einsatz von Information den Zweiten Hauptsatz außer Kraft setzen?

Tatsächlich hat diese Frage eine lange Vorgeschichte. Schon 1871 hat sich der schottische Physiker James Clerk Maxwell, dem wir bereits im ersten Kapitel begegnet sind, damit befaßt. Er stellte sich ein mikroskopisch kleines Lebewesen vor, das in der Lage sein sollte, den Ort und die Geschwindigkeit einzelner Moleküle zu beobachten. Dieses Wesen ist als »Maxwellscher Dämon« in die Geschichte der Physik eingegangen. Nehmen wir wieder an, daß ein Kasten mit Gasmolekülen durch eine Wand in zwei Hälften geteilt werde. In der Wand befinde sich ein verschließbares kleines Loch, durch das einzelne Moleküle von der einen in die andere Hälfte wechseln können. Der Dämon hat nun die folgende Aufgabe: Er soll das Loch immer nur öffnen, wenn ein schnelles Molekül von rechts nach links und ein langsames von links nach rechts eilt. Damit könnte der Dämon mit minimalem Arbeitsaufwand eine Temperaturdifferenz zwischen den Kastenhälften erzeugen – und damit den Zweiten Hauptsatz verletzen. Der Dämon könnte also insbesondere eine Dampfmaschine ohne Treibstoff betreiben. Die gewaltigen Energieprobleme der Menschheit wären dadurch einer Lösung deutlich näher gerückt; schließlich gibt es in den Weltmeeren und der Atmosphäre beliebig viel thermische Energie, die man dann unter Umgehung des Zweiten Hauptsatzes in Arbeit umwandeln könnte.

Eine einfachere Version geht auf den österreichischen Physiker Marian von Smoluchowski (1872 bis 1917) zurück, der 1912 in Lemberg (dem heute in der Ukraine liegenden Lviv) einen Mechanismus ersonnen hat, bei dem sogar eine automatische Vorrichtung genügt; man benötigt dann keinen Dämon, der sehen und denken kann. Statt einer Temperaturdifferenz soll eine Druckdifferenz ohne Arbeitsaufwand hergestellt werden. Man könnte dann zum Beispiel einen Preßlufthammer ohne Energieaufwand betreiben. Die Idee ist die folgende. Das Loch in der Trennwand kann durch eine Sperrklinke verschlossen oder geöffnet werden (vergleiche Abbildung 3.2). Die Klinke kann nur in eine Richtung, beispielsweise nach rechs, bewegt werden. Moleküle, die von links kommen und auf die Vorrichtung treffen, öffnen durch ihren Stoßdruck die Klinke und sausen nach rechts; umgekehrt schließen die von rechts kommenden Moleküle die Klinke und bleiben in ihrer Hälfte eingesperrt. Im Lauf der Zeit sollte sich deshalb in der rechten Hälfte ein deutliches Übergewicht von Molekülen und damit eine Druckdifferenz einstellen. In seiner sorgfältigen Untersuchung hat von Smoluchowski herausgefunden, warum diese Idee nicht funktionieren kann. Die Klinke erhitzt sich durch die Stöße und kann nach kurzer Zeit nicht mehr in dem gewünschten Sinn operieren. In seinen eigenen Worten: »Das Ventil hat seine eigene Schwankungstendenz; entweder ist seine Federkraft so groß, daß es überhaupt fast nicht aufgeht, oder sie ist so klein, daß es fortwährend umherschwankt und darum unwirksam bleibt.« In Maxwells Beispiel bedeutet dies, daß dem Dämon irgendwann die Hände zittern und er seine Aufgabe nicht mehr erfüllen kann.

Wie allgemein sind diese Gegenargumente? Gibt es einen tieferen Grund, der es verbietet, daß Intelligenzen oder auch geschickt arrangierte automatische Vorrichtungen (die ja von Intelligenzen konstruiert werden) eine Verletzung des Zweiten Hauptsatzes herbeiführen können? Der ungarische Physiker Leo Szilard (1898 bis 1964) hat 1929 in einer wichtigen Untersuchung festgestellt, daß

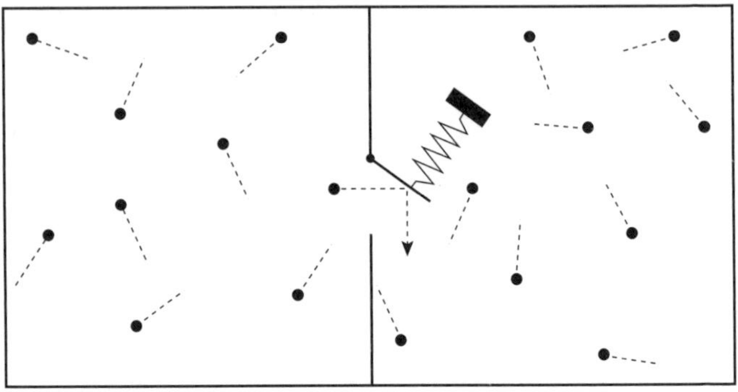

3.2 Zum Gedankenexperiment von Smoluchowski

bei einer Beobachtung oder Messung zur Erlangung von Information eine bestimmte Entropie erzeugt werden muß, die insgesamt die Existenz eines Perpetuum mobiles zweiter Art verbietet. Der Beobachter muß also ganz wesentlich in die Betrachtung einbezogen werden, da er mindestens die Entropie übernehmen (oder weiterleiten) soll, die das System abgibt. Aber wo und wann genau wird diese Entropie erzeugt? Lange Zeit dachte man, daß die erzeugte Entropie notwendigerweise von der Beobachtung des Teilchenortes herrühre. Tatsächlich ist die Ursache eine andere, wie der bei IBM arbeitende US-amerikanische Physiker Charles H. Bennett im Jahre 1973 zeigen konnte. Um nämlich wieder in seinen Ausgangszustand zurückkehren und als Teil eines periodischen Prozesses funktionieren zu können, muß der Dämon sein Gedächtnis säubern, was bei einer Maschine gerade einem Löschen der Daten oder einem *Reset* entspricht. Dieses Löschen erfolgt auf irreversible Art und Weise und führt dazu, daß Entropie entsteht, die an die Umgebung abgeführt wird. Ein Notebook erwärmt sich also beim Löschen der Daten (wenn auch unmeßbar wenig). Eine Ortsmessung hingegen kann im Prinzip reversibel erfolgen.

Die Vorgänge des Messens und des Resets sind für eine einfache Situation schematisch in Abbildung 3.3 dargestellt. Man will in diesem Beispiel durch eine Messung herausfinden, in welcher Hälfte eines Kastens sich ein Molekül befindet. Am Anfang wissen Meßgerät und Umgebung nichts von dem Molekülort. Im zweiten Schritt hat sich nur das Meßgerät verändert: Abhängig vom Molekülort meldet es das Ergebnis »links« oder »rechts«. Im dritten Schritt wird das Meßgerät wieder auf null gestellt. Dazu muß die Information über den Molekülort in die Umgebung abwandern, was deren Entropie erhöht (mehr mögliche Mikrozustände). Daß es einen derartigen Einfluß auf die Umgebung geben muß, folgt aus der deterministischen Natur der Dynamik: Verschiedene Anfangszustände können nicht zum gleichen Endzustand führen, da ein späterer Zustand eindeutig aus einem frühen Zustand folgt; wird die Information im Meßgerät wieder gelöscht, muß sie im »Rest der Welt« (der Umgebung) weiter bestehen. Sie kann aber nicht mehr praktisch genutzt werden und bleibt deshalb, wie man sagt, *irrelevant.*

Entropie hat viel mit fehlender Kenntnis über den Mikrozustand zu tun. Ist dieser Begriff deshalb rein subjektiv? Eigentlich nicht. Natürlich benötigt die Definition der Entropie eine Angabe darüber, welche Information relevant und welche irrelevant ist. Im Gibbschen Tintengleichnis spielt es eine Rolle, ob man genau hinsieht und die mikroskopischen Tintenfäden wahrnimmt oder ob man nur die gleichmäßige Blaufärbung des Wassers beobachtet; im zweiten Fall ist die Entropie sicher größer, da es zu diesem Zustand weitaus mehr unbekannte Mikrozustände gibt, die diesen makroskopischen Zustand der Gleichfärbung realisieren können. Allerdings können sich alle Beobachter auf ein Relevanzkonzept verständigen und finden dann mittels wohldefinierter mathematischer Formeln auch die gleiche Entropie.

Die vermeintlichen Paradoxa in der Art des Maxwellschen Dämons lösen sich alle auf, wenn man berücksichtigt, daß Information physikalisch beschrieben werden muß, Informationsträger

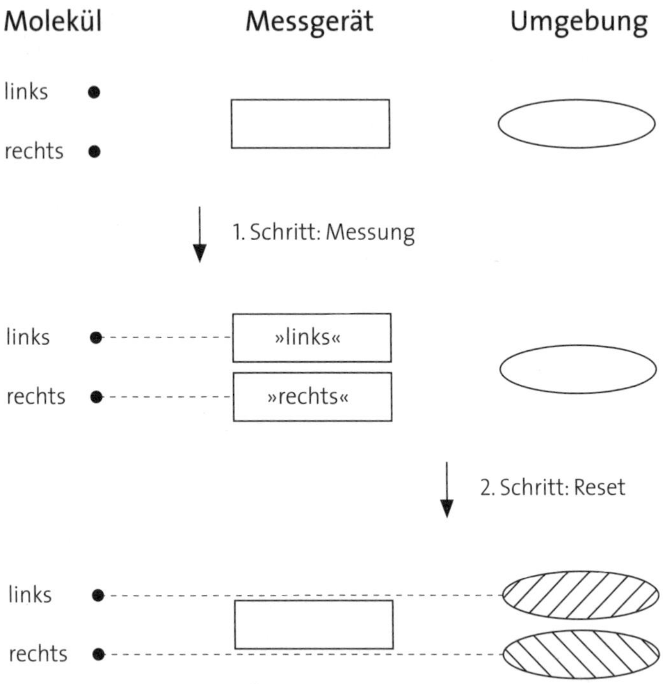

3.3 Um einen Kreisprozeß zu ermöglichen, muß die Information über den Molekülort an die Umgebung abgegeben werden (*Reset*), was zu einer Entropieerhöhung führt.

also physikalische Systeme sind, die physikalischen Gesetzen genügen. Der Zweite Hauptsatz der Thermodynamik wird dann nicht verletzt. Information kann niemals außerhalb der Welt stehen. Die Menschen als niederentropische (relativ unwahrscheinliche) Systeme sind in der Lage, im Labor einen unwahrscheinlichen Zustand beispielsweise für ein Gas zu präparieren, indem sie einen Teil der Entropie übernehmen oder an die Umgebung weiterleiten. Es stellt sich also die Frage, warum es überhaupt Lebewesen gibt, die so etwas tun können, warum die Welt nicht von vornherein im thermischen Gleichgewicht ist. Diese Frage führt wieder auf die Frage nach der Entstehung und Entwicklung der Welt als Ganzes, auf die Kosmologie, bei der alle Fäden zusammenlaufen.

Entropie und Quantentheorie

In den letzten beiden Abschnitten haben wir die Entropie über die Abzählung von mikroskopischen Freiheitsgraden definiert. In der klassischen Physik handelt es sich dabei um Teilchen (Atome, Moleküle), die eine eigene Identität aufweisen und sich somit eindeutig abzählen lassen. Nun haben wir aber im zweiten Kapitel gesehen, daß es fundamental gar keine Teilchen im klassischen Sinne gibt; es gilt die Quantentheorie, welche zunächst nur Wellenfunktionen und Wahrscheinlichkeitsamplituden kennt. Was ist dann abzuzählen?

In der Quantenfeldtheorie interpretiert man »Teilchen«, die nicht miteinander wechselwirken, als Quantenfelder, die aus einzelnen unabhängigen Schwingungsmoden bestehen, wobei im Prinzip jede Wellenlänge zwischen null und unendlich vorkommen kann. Betrachtet man einen Kasten mit reflektierenden Wänden, so werden allerdings in dem Kasten nur solche Schwingungen realisiert, die an den Wänden einen Knoten besitzen (eine ähnliche Situation haben wir im Zusammenhang mit dem Casimir-Effekt betrachtet). Man kann also die Schwingungen im Kasten durch die Zahl ihrer Knoten zusätzlich zu den Knoten an den Wänden kennzeichnen, also durch die Zahlen 0, 1, 2 und so weiter. Jede dieser einzelnen Schwingungsmoden schwingt also mit der ihr eigenen Frequenz. In der klassischen Physik können die Schwingungen mit beliebiger Amplitude schwingen. In der Quantenphysik gibt es nur noch Wellenfunktionen, deren Argument die Amplituden sind; aus diesen Wellenfunktionen berechnen sich dann die Wahrscheinlichkeitsverteilungen für die Amplituden.

Die Quantentheorie liefert weiter das Ergebnis, daß die einzelnen Schwingungsmoden nur diskrete Energiewerte annehmen können, und zwar (abgesehen vom Beitrag der Vakuumenergie) nur die Vielfache 0, 1, 2, ... eines fundamentalen Energiequants. Obwohl es also im Prinzip gar keine Teilchen mehr gibt, täuscht diese Quantisierung der Energie eine Teilchenzahl vor, die sich abzählen läßt. Allerdings mit einem wichtigen Unterschied: Eine bestimmte Besetzung aller Moden mit Energiequanten zählt nur als ein Zustand; handelte es sich hingegen um klassische Teilchen, so könnten diese untereinander noch zusätzlich permutiert werden, ohne den Makrozustand zu verändern, was insgesamt natürlich viel mehr Zustände ergäbe. Trotz dieser Nichtexistenz von Teilchen ist es aber hilfreich, zumindest eingeschränkt weiter von Teilchen zu reden. Man muß dann nur berücksichtigen, daß diese »quantenmechanischen Teilchen« ununterscheidbar sind, Permutationen also nicht zusätzlich gezählt werden müssen. Das führt auf die bereits im zweiten Kapitel diskutierten Bosonen und Fermionen, Teilchen mit ganz- beziehungsweise halbzahligem Spin. Die Lichtteilchen (Photonen) sind ein Beispiel für Bosonen, da sie Spin eins aufweisen. Ihre Verteilung in einem Hohlraum ist gerade durch das Plancksche Strahlungsgesetz gegeben, das am Anfang der Quantentheorie stand. Nur durch die korrekte Anwendung der Abzählmethode auf ununterscheidbare Photonen läßt sich dieses Gesetz ableiten. Auch bei der Berechnung der Entropie als Zahl der Mikrozustände, die mit einem gegebenen Makrozustand verträglich sind, muß diese »Ununterscheidbarkeit der Teilchen« berücksichtigt werden. Beim Gebrauch des Teilchenbegriffs darf man aber nie vergessen, daß es sich eigentlich um Quantenfelder handelt, die miteinander interferieren können.

Der wesentlich neue Aspekt in der Quantentheorie ist die im zweiten Kapitel diskutierte Verschränkung, die kein Analogon in der klassischen Physik besitzt. Da Beobachter von lokaler Natur sind, also nur einen kleinen Teil der nichtlokalen Quantenwelt erfahren, fehlt ihnen Information – was sich in einer nichtverschwindenden Entropie äußert. Diese Entropie ist also ein Maß für die fehlende Information über den verschränkten Zustand. Betrachten wir wieder eine Situation wie beim Einstein-Podolsky-Rosen- (EPR-) Problem. Zwei »Teilchen« fliegen von einer Quelle in entgegengesetzte Richtungen davon, besitzen aber nur einen gemeinsamen Zustand (eine gemeinsame Wellenfunktion); das ist das Paradebeispiel für eine Verschränkung. Die Teilchen können sich dabei beliebig weit voneinander entfernen. Einem Beobachter, der nur eines der beiden Teilchen wahrnimmt, fehlt die Information über die Verschränkung mit dem anderen Zustand, weshalb für ihn das beobachtete Teilchen eine Entropie größer als null aufweist.

Makroskopische Objekte sind gewöhnlich mit den Freiheitsgraden ihrer Umgebung verschränkt. Das führt ja gerade zu dem im zweiten Kapitel diskutierten Prozeß der Dekohärenz – der Entstehung klassischer Eigenschaften durch Wechselwirkung mit der Umgebung. Tatsächlich ist die Dekohärenz einer der wichtigsten irreversiblen Prozesse in der Natur. Beginnt man mit einem anfangs unverschränkten Zustand, so stellt sich im Laufe der Zeit eine immer stärkere Verschränkung mit anderen Systemen ein. Das resultiert aus der Wechselwirkung mit diesen Systemen. Ein Staubkorn etwa gelangt durch die Streuung mit Licht und Luftmolekülen in einen mit diesen Freiheitsgraden verschränkten Zustand, weshalb die lokale Entropie des Staubkorns zunimmt.

Das Gesamtsystem, das alle Freiheitsgrade einschließt, ist nach wie vor durch einen Quantenzustand vollständig charakterisiert und besitzt deshalb verschwindende Entropie. Erst die Dekohärenz von Untersystemen führt auf ein Ensemble von möglichen Ereignissen und eine damit verknüpfte Entropie.

Auch die so definierte quantenmechanische Entropie gehorcht einem Zweiten Hauptsatz: Sie nimmt mit der Zeit entweder zu oder bleibt gleich, nimmt aber nie ab. Dieser quantenmechanische Zeitpfeil hängt eng mit dem Prozeß der Dekohärenz zusammen. Inwieweit er mit den anderen Zeitpfeilen und dem frühen Universum zusammenhängt, werden wir im letzten Kapitel sehen. Vorher diskutieren wir noch einen sehr fundamentalen Zusammenhang zwischen Entropie und Schwarzen Löchern.

Die Entropie Schwarzer Löcher

Schwarze Löcher verhalten sich wie thermodynamische Systeme. Von Einsteins Allgemeiner Relativitätstheorie her wäre das nicht zu erwarten. Dort sind Schwarze Löcher kompakte Objekte mit einem durch einen Ereignishorizont abgeschirmten Raumzeitgebiet, aus dem nichts, nicht einmal Licht, entweichen kann. Solche Objekte können als Endresultat eines Gravitationskollapses massereicher Sterne entstehen. Im zweiten Kapitel haben wir aber gesehen, daß Schwarze Löcher tatsächlich strahlen, wenn man die Quantentheorie berücksichtigt. Es handelt sich um die berühmte Hawking-Strahlung, die mit einer Temperatur proportional zum Planckschen Wirkungsquantum erfolgt. Wie aber schon die klassische Thermodynamik lehrt, sollte mit einer Temperatur auch eine Entropie verknüpft sein.

Besitzt ein Schwarzes Loch eine Entropie? Darüber war schon vor Hawkings Arbeit zur Strahlung Schwarzer Löcher spekuliert worden. Hawking selbst konnte nämlich bereits 1971 unter allgemeinen Annahmen beweisen, daß die Oberfläche eines Schwarzen Loches (womit immer die Oberfläche des Ereignishorizontes gemeint ist) nie abnehmen kann. Hierin klingt bereits so etwas wie der Zweite Hauptsatz der Thermodynamik an: Die dort vorkommende Entropie kann ja auch nie abnehmen. Andererseits scheinen Welten zwischen beiden Situationen zu liegen. Entropie hat ja ganz wesentlich mit der Wahrscheinlichkeit eines Zustandes zu tun, während Hawkings Theorem eine rein geometrische Größe betrifft. Der Zusammenhang Ereignishorizont und Entropie wurde deshalb zunächst auch nicht ernstgenommen. Einzige Ausnahme war der 1947 geborene Physiker

Jacob Bekenstein, damals ein Student von John Wheeler in Princeton. Wenn ein Schwarzes Loch keine Entropie besitzt, so Wheeler, könne man den Zweiten Hauptsatz der Thermodynamik auf einfache Weise verletzen. Man müsse nur ein System, das eine Entropie aufweist, etwa eine Tasse heißen Tees, in das Loch werfen. Da ein Schwarzes Loch vollständig durch drei Zahlen gekennzeichnet ist (Masse, Drehimpuls, Ladung), gehe die Entropie der Teetasse völlig verloren – die Gesamtentropie des Universums hat sich verringert, und der Zweite Hauptsatz wurde verletzt. Bekenstein nahm Wheelers Bemerkung sehr ernst und ersann ausgeklügelte Gedankenexperimente, die zeigen sollten, daß ein Schwarzes Loch tatsächlich eine Entropie besitzt. Bei einem dieser Gedankenexperimente seilt man einen mit Strahlung gefüllten Kasten von einem Raumschiff zu einem Schwarzen Loch ab. Am Ereignishorizont wird der Kasten dann geöffnet, so daß Strahlung im Loch auf Nimmerwiedersehen verschwinden kann, worauf der Kasten wieder nach oben gezogen wird. Bekenstein schloß aus der Untersuchung dieses Vorgangs, daß der Zweite Hauptsatz dann nicht verletzt wird, wenn man dem Schwarzen Loch selbst eine Entropie zuordnet, die proportional zu seiner Oberfläche ist. Die Oberfläche nimmt nämlich zu, wenn Materie ins Loch fällt (da die Größe des Loches seiner Masse proportional ist), und wie Bekenstein zeigen konnte, kompensiert diese Zunahme mindestens die Entropieabnahme im restlichen Universum, die durch das Verschwinden der Materie im Loch zustande kommt.

Nun besteht nicht nur eine Analogie zwischen der Entropie und der Horizontoberfläche, es gibt tatsächlich Analogien zu allen Hauptsätzen der Thermodynamik. Der Erste Hauptsatz drückt ja gerade die Erhaltung der Energie aus; ein Schwarzes Loch gehorcht dem gleichen Gesetz, wenn man nur die Energie durch die Masse des Loches multipliziert mit c^2 ersetzt, was ja wegen der Einsteinschen Energie-Masse-Äquivalenz naheliegend ist. Ähnliches gilt für den Dritten Hauptsatz. Dennoch betrachtete man diese Analogien Anfang der siebziger Jahre als rein formal, da es nach der Allgemeinen Relativitätstheorie undenkbar war, daß ein Schwarzes Loch strahlen könnte. Auch Hawking vertrat diese Meinung. Bei dem Bestreben, in einer eigenen Arbeit der Bekensteinschen Vorstellung den Boden zu entziehen, stellte er verblüfft fest, daß Schwarze Löcher tatsächlich strahlen, wenn man nur die Quantentheorie konsistent berücksichtigt. Bekenstein hatte also recht; das Schwarze Loch besitzt eine Entropie. Mit seinem Ergebnis konnte Hawking sofort den noch ausstehenden Proportionalitätsfaktor bestimmen, der die Entropie mit der Oberfläche verknüpft. Seither bezeichnet man die Entropie eines Schwarzen Loches als Bekenstein-Hawking-Entropie. In vielen und immer ausgefeilteren Gedankenexperimenten hat man festgestellt, daß der Zweite Hauptsatz in seiner allgemeinen Ausformulierung erfüllt bleibt: Die Summe aus der gewöhnlichen Entropie und der Entropie der Schwarzen Löcher im Universum nimmt nie ab.

Wie ändert sich die Entropie, wenn ein Stern zu einem Schwarzen Loch kollabiert? Betrachten wir einen Stern von etwa drei Sonnenmassen. Seine Entropie ist bis auf einen Faktor gleich der Zahl der Teilchen, aus denen er besteht. Man stellt nun fest, daß das aus diesem Loch durch Kollaps entstehende Schwarze Loch eine Entropie aufweist, die um zwanzig Größenordnungen größer ist; das entspricht der Multiplikation mit einer Zahl, die aus einer 1 mit 20 Nullen besteht. Es stellt sich also beim Gravitationskollaps ein riesiger Informationsverlust ein. Erstaunlich ist das nicht; ein Schwarzes Loch wird ja vollständig durch die drei Größen Masse, Drehimpuls und Ladung gekennzeichnet – weitere Information ist nicht zugänglich. Solange das Schwarze Loch mit seinem Ereignishorizont besteht, kann man freilich annehmen, daß die Information im Innern noch immer vorhanden ist, nur eben von außen nicht wahrgenommen werden kann. Allerdings emittiert das Schwarze Loch ja Hawking-Strahlung, verliert dabei an Masse und wird kleiner. Was passiert mit der Information, wenn das Schwarze Loch immer kleiner wird und am Ende zerstrahlt? Kommt die scheinbar verlorengegangene Information dann wieder zum Vorschein? Nach Hawkings Rechnung ist die Strahlung eines Schwarzen Loches einzig durch seine Temperatur gekennzeichnet. Bliebe am Ende des Verdampfungsprozesses nur thermische Strahlung übrig, so wäre die Information über die ins Loch gefallenen Objekte endgültig verloren: Ob Teetasse, Notebook oder Enzyklopädie – am Ende bliebe nur Strahlung übrig. Allerdings gilt Hawkings Rechnung nicht mehr, wenn das Schwarze Loch sehr klein wird. Was also danach passiert, ist zunächst offen. Erst eine Theorie, die Quantentheorie und Relativitätstheorie konsistent vereinigt, kann dazu nachprüfbare Aussagen treffen. Wir werden daher im fünften Kapitel auf diese Frage zurückkommen. Dort wird auch zur Sprache kommen, inwieweit sich für die Entropie Schwarzer Löcher eine mikroskopische Begründung im Sinne Boltzmanns finden läßt. Zunächst einmal wollen wir aber ein Bild von der Entstehung und Entwicklung des Universums skizzieren, wie es sich aus Allgemeiner Relativitätstheorie und Teilchenphysik ergibt.

4
Kosmologie

Das Gewebe der Welt hat seinen Mittelpunkt
überall und seinen Umkreis nirgends.
Nikolaus von Kues

Das Kosmologische Prinzip

Johannes Kepler erhielt Galileis *Sternenboten* am 8. April 1610. Fasziniert von den darin geschilderten Beobachtungen mit dem Fernrohr machte er sich sofort daran, eine Antwort zu verfassen. Bereits am 19. April konnte er seine *Dissertatio cum Nuncio Sidero* (die Unterredung mit dem Sternenboten) an Galilei abschicken. Darin schreibt er zu den vielen neu entdeckten Sternen:

> Wenn das wahr ist, und wenn jene Sonnen von gleicher Beschaffenheit sind wie die unsrige, weshalb übertreffen dann alle jene Sonnen insgesamt an Glanz nicht unsere Sonne?

Wie schon im ersten Kapitel angesprochen, bezieht sich Kepler hier auf die potentielle Unendlichkeit des Universums. Wenn man bereits mit dem ersten und einfachsten Fernrohr viele neue Sterne sieht, sollte man dann nicht mit jedem technischen Fortschritt immer mehr Sterne sehen? Sollte das Universum dann nicht unendlich groß sein?

Diese Annahme führt aber sofort auf das von Kepler angesprochene Problem: Ein unendliches Universum, das gleichmäßig mit Sternen angefüllt ist, sollte zu einem gleißend hellen »Nachthimmel« führen. Blickt man in einen tiefen Wald, so sieht man in jeder Richtung einen Baum; analog sollte man in einem unendlichen Universum in jeder Richtung einen Stern sehen. Dieses begriffliche Problem ist unter dem Namen *Olberssches Paradoxon* bekannt, nach dem Bremer Arzt und Astronomen Heinrich Wilhelm Olbers (1758 bis 1840), der dieses Problem unabhängig von Kepler beschrieb. Im Rahmen der Newtonschen Kosmologie ungelöst, findet dieses Paradoxon in der Allgemeinen Relativitätstheorie seine natürliche Erklärung: Die Sterne haben vor endlicher Zeit zu leuchten begonnen, und ihr Licht erfährt durch die Expansion des Universums eine Abschwächung (Rotverschiebung). Die Belege hierfür werden wir weiter unten kennenlernen.

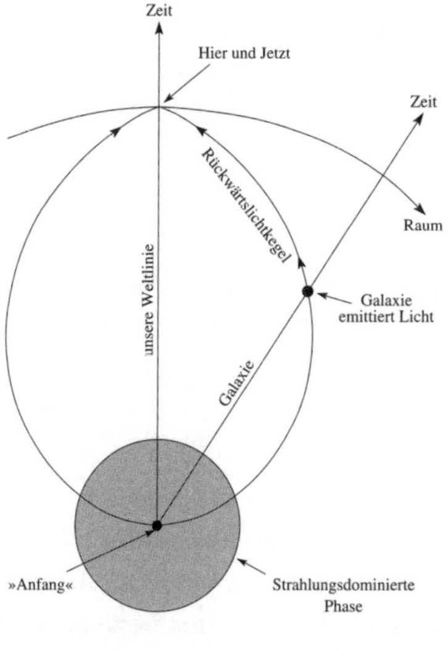

4.1 Der Rückwärtslichtkegel, von dem praktisch alle unsere Information aus der Vergangenheit stammt. Dargestellt sind auch unsere Weltlinie und die einer von uns beobachteten Galaxie.

Heute stoßen wir beim Blick in den Kosmos quasi an die Grenze des Sichtbaren. Dabei müssen wir uns vergegenwärtigen, daß das Licht mit endlicher Geschwindigkeit unterwegs ist, wir ein fernes Objekt also nicht im heutigen Zustand sehen, sondern in dem früheren Zustand, in dem das Licht ausgesandt wurde. Wir blicken also nicht nur in räumliche, sondern auch in zeitliche Fernen. Das ist in Abbildung 4.1 dargestellt: Dort sieht man den Rückwärtslichtkegel, der vom Hier und Jetzt in die Vergangenheit reicht. (Da wir nur eine Raumdimension darstellen, ist der »Rückwärtslichtkegel« nur eine Kurve, die gekrümmt ist, da das Universum expandiert.)

Fast alle Information über das Universum erreicht uns über diesen Kegel. Die wenigen Ausnahmen betreffen etwa die Untersuchung von Fossilien und Meteoritengestein auf der Erde sowie das Eintreffen von Teilchen der Kosmischen Höhenstrahlung. Wir können also nur einen winzigen Bruchteil der Raumzeit direkt beobachten! Wir sind also nur dann in der Lage, etwas aus der Beobachtung fremder Galaxien über den vergangenen Zustand unserer eigenen Milchstraße zu lernen, wenn wir annehmen, daß das Universum in etwa räumlich homogen ist. Dann ist unsere Milchstraße zu einer früheren Zeit ungefähr so beschaffen gewesen wie eine ähnliche Galaxie, deren zu eben diesem Zeitpunkt ausgesandtes Licht uns heute erreicht.

Abbildung 4.2 zeigt einen Blick in die Vergangenheit des Universums. Sie stellt das mit dem Weltraumteleskop Hubble in einer drei Monate dauernden Aufnahme gewonnene *Ultra Deep Field* dar. Quasi wie mit einer Bleistiftspitze richtet man sein Augenmerk auf einen winzigen Ausschnitt des Himmels: Man würde fünfzig solcher Aufnahmen benötigen, um die Oberfläche des Vollmondes abzudecken. Mit Ausnahme weniger Sterne, die an ihrem Funkeln zu erkennen sind, sieht man nur Galaxien. Man blickt zurück bis zu der Zeit, als die ersten Galaxien im frühen Universum entstanden sind. In diesem Sinne ist die Grenze des sichtbaren Universums erreicht, zumindest was das Sternenlicht betrifft.

Wir haben eben schon die räumliche Homogenität des Universums angesprochen. Ist das vernünftig? Schließlich sehen wir überall unterschiedliche Strukturen, die zunächst nicht darauf

4.2 Das vom Hubble-Teleskop aufgenommene *Ultra Deep Field.*

schließen lassen, daß das Universum überall gleich aussieht. Wenn man von einem homogenen Universum spricht, so meint man, daß das Universum auf sehr großen Skalen, wenn man über mehrere Galaxienabstände mittelt, in etwa homogen ist. Gibt es dafür eine empirische Grundlage?

Seit 1965 weiß man, daß die Erde von einer schwachen thermischen Strahlung umgeben ist, deren Temperatur mit etwa 2,7 Kelvin nur wenig oberhalb des absoluten Nullpunkts liegt. Diese Strahlung ist hochgradig isotrop, das heißt, sie sieht in allen Richtungen praktisch gleich aus. Die Abweichungen von der Isotropie betragen nur etwa ein Hunderttausendstel (was aber später noch von Bedeutung sein wird). Die Strahlung hat ihren Ursprung also nicht in diskreten Quellen, und man war sich schon früh sicher, daß sie kosmologischen Ursprungs sein müsse. Der Name *Kosmische Hintergrundstrahlung* trägt dem Rechnung. Es handelt sich um das Überbleibsel einer ursprünglich sehr heißen Strahlung, die sich mit der Ausdehnung des Universums auf kümmerliche 2,7 Kelvin abgekühlt hat. Die Existenz dieser Strahlung belegt die Isotropie des Universums, eine Tatsache, die durch die Verteilung schwacher Radiogalaxien und eines Hintergrundes hochenergetischer Gammastrahlung weitere Unterstützung erfährt. Nun bedeutet aber gleicher Anblick in alle Richtungen noch lange nicht, daß das Universum räumlich homogen ist. Wir könnten uns ja beispielsweise im Mittelpunkt eines inhomogenen, aber kugelsymmetrischen Weltalls befinden. Ohne ein zusätzliches Prinzip oder Postulat kommen wir also nicht weiter. So schrieb bereits Goethe an den Komponisten Zelter: »Die größte Kunst im Lehr- und Weltleben besteht darin, das Problem in ein Postulat zu verwandeln, damit kommt man durch.« Womit man hier durchkommt, ist das sogenannte *Kosmologische Prinzip*, auch als Kopernikanisches Prinzip bezeichnet. Wir postulieren, daß das Universum von jeder Stelle aus (und nicht nur von der Erde aus) in alle Richtungen den gleichen Anblick biete; die Erde nehme also keinen speziellen Platz im Universum ein. Ein von dem Mathematiker Friedrich Schur 1886 bewiesenes Theorem besagt dann, daß aus der Isotropie um jeden Punkt die räumliche Homogenität folgt. Wir nehmen also an, daß das Universum großräumig homogen sei.

Trotzdem lohnt sich zunächst ein Blick auf die im Universum beobachteten Strukturen. Die dabei üblicherweise gebrauchte Längeneinheit ist das Parsec, genauer: das Megaparsec (eine Million Parsec), abgekürzt Mpc. Wie oft in der Astronomie, ist das Parsec historischen Ursprungs, definiert als der Abstand von der Sonne, in dem man den Erdbahnradius unter einem Winkel von einer Bogensekunde wahrnehmen würde; ein Parsec sind etwas mehr als drei Lichtjahre oder etwa 31 Billionen Kilometer.

Die kleinsten Gebilde im kosmologischen Rahmen sind die Galaxien. Das Paradebeispiel ist unsere eigene Milchstraße, ein Spiralnebel. Es handelt sich um eine Scheibe mit einem Wulst in der Mitte und einer Gesamtmasse von über 100 Milliarden Sonnenmassen. (100 Milliarden ist auch ungefähr die Zahl der Neuronen im menschlichen Gehirn.) Der Durchmesser der Scheibe beträgt etwa 30 Kiloparsec (30 000 Parsec), wobei sich unser Sonnensystem ziemlich am Rande aufhält, knapp zehn Kiloparsec von der Mitte entfernt. Umgeben ist die Milchstraße von einem kugelförmigen sogenannten Halo, in dem sich hauptsächlich die Kugelsternhaufen befinden, die zu den ältesten Objekten unserer Galaxis gehören.

Im sichtbaren Teil des Universums gibt es wiederum etwa 100 Milliarden solcher Galaxien, die man zu Haufen und Superhaufen zusammenfaßt; die Haufen haben eine lineare Ausdehnung von grob 5 Mpc, die Superhaufen von grob 50 Mpc. Darüber gibt es keine erkennbare Superstruktur mehr. Mittelt man also über Entfernungen von ungefähr 10 bis 100 Mpc, so erscheint das Universum auf dieser Skala homogen zu sein. Die Ausdehnung des sichtbaren Universums beträgt etwa 4 000 Mpc. Zwischen den Superhaufen gibt es Leerräume (*Voids*) von etwa 100 bis 200 Mpc Ausdehnung. Unsere Milchstraße gehört zu einem *Lokale Gruppe* genannten Haufen, der über 30 Galaxien umfaßt, sowie zu einem Superhaufen namens *Virgohaufen*, dessen Zentrum sich in etwa 20 Mpc Entfernung von uns befindet. Da das gesamte von den Galaxien ausgefüllte Volumen weniger als ein Millionstel des Gesamtvolumens des Universums ausmacht, ist es im Rahmen der Kosmologie (und nur dort) gerechtfertigt, die einzelnen Galaxien als »Punkte« zu betrachten. In weiter Entfernung befinden sich schließlich noch die Quasare – Objekte mit hoher Strahlungsleistung, bei denen es sich vermutlich um Galaxien im Frühzustand handelt, also um die Vorläufer heutiger Galaxien. Die hohe Leistung rührt von der Wechselwirkung mit Materie her, die in ein supermassives Schwarzes Loch einströmt, das sich im Zentrum des Quasars befindet. Die Gravitationsenergie dieser Materie wird dann freigesetzt und abgestrahlt.

Lange dachte man, daß nur die Materie im Universum existiert, die man auch tatsächlich (durch die von ihr ausgesandte elektromagnetische Strahlung) sieht. Dem ist aber nicht so. Der schweizerisch-amerikanische Astronom Fritz Zwicky (1898 bis 1974) kam aufgrund der beobachteten Dynamik von Galaxienhaufen bereits in den dreißiger Jahren zu dem Schluß, daß es sehr viel Materie geben müsse, die man nicht sieht – »Dunkle Materie«. Man beobachtet nämlich bei Galaxien in solchen Haufen zu große Geschwindigkeiten, soll heißen, daß bei alleiniger Anwesenheit der sichtbaren Materie die Galaxien schon längst aus dem Haufen davongeflogen wären. Es muß also noch zusätzliche Materie geben, welche die Galaxien durch ihre Gravitation auf Umlaufbahnen um das Zentrum halten kann. Ähnliches folgt auch aus der Untersuchung von Sterngeschwindigkeiten in einzelnen Spiralgalaxien. Über die Natur der Dunklen Materie weiß man allerdings noch herzlich wenig – davon später mehr. Die Aufgabe der beobachtenden Astronomen ist es, eine genaue Kartographie des *cosmic web*, des kosmischen Gewebes aus sichtbarer und unsichtbarer Materie, anzufertigen; im Unterschied zu ihren seefahrenden Vorgängern müssen sie dazu nicht in Raumschiffe steigen, sondern immer bessere Teleskope konstruieren.

Die Erkenntnis, daß es sich bei Galaxien um Systeme außerhalb unserer Milchstraße handelt, ist noch gar nicht so alt. Sie hat sich erst in den zwanziger Jahren durchgesetzt, nachdem der amerikanische Astronom Edwin Hubble (1889 bis 1953) aus dem Nachweis von Veränderlichen Sternen im Andromedanebel und anderen Galaxien deren Entfernung bestimmen konnte. Derselbe Hubble stellte 1929 noch etwas anderes fest: Entfernte Galaxien weisen in ihren Spektren eine Rotverschiebung auf, und diese Rotverschiebung ist proportional zu deren Entfernung. Solche Rotverschiebungen konnte man nur als Doppler-Effekt deuten (vergleiche Kapitel 1), was bedeutet, daß sich diese Galaxien von uns wegbewegen. Befinden wir uns also doch im Mittelpunkt des Universums? Im Mittelalter hätte man diesen Befund sicher so gedeutet. Im Rahmen der Allgemeinen Relativitätstheorie interpretiert man den Zusammenhang von Rotverschiebung und Entfernung als Expansion des Raumes selbst; die Galaxien sind wie kleine Anstecker an festen Raumpunkten befestigt, und der Raum zwischen den Galaxien dehnt sich aus. Eine beliebte Analogie ist der aufgeblasene Luftballon, auf dem die Galaxien wie Punkte aufgemalt sind – von jedem Punkt aus betrachtet, entfernen sich beim Aufblasen alle anderen Punkte, und zwar um so schneller, je weiter entfernt diese sind. Das Universum expandiert.

Die Proportionalitätskonstante zwischen Rotverschiebung (oder scheinbarer Geschwindigkeit) und Entfernung nennt man zu Ehren Hubbles Hubble-Konstante. Es handelt sich dabei um eine der wichtigsten Größen in der Kosmologie, ist sie doch ein Maß für die Expansionsgeschwindigkeit des Universums. Eine der Hauptaufgaben der beobachtenden Kosmologie ist es, diese Größe zu bestimmen. Daß es einen Zusammenhang zwischen Rotverschiebung und Entfernung gibt, befand vor Hubble schon der deutsche Astronom Carl Wilhelm Wirtz (1876 bis 1939), der 1924 schrieb: »Es bleibt also schon so kein Zweifel, daß die positive Radialbewegung der Spiralnebel mit zunehmender Entfernung ganz erheblich anwächst.« Wirtz hatte aber im Unterschied zu Hubble keine leistungsstarken Teleskope zur Verfügung, so daß er den Zusammenhang nicht quantitativ ermitteln konnte.

Wenn das Universum expandiert, so muß es in der Vergangenheit kleiner gewesen und vor endlicher Zeit entstanden sein. Da es mit der Kosmischen Hintergrundstrahlung angefüllt ist, die mit der Ausdehnung abkühlt, muß es also in seiner Frühzeit heiß gewesen sein. Aus diesem Grund spricht man von dem »heißen Urknall«, mit dem das Universum seinen Anfang nahm. Eingeführt hat diesen Begriff 1949 der britische Astronom Fred Hoyle (1915 bis 2001); er verstand ihn aber als Schimpfwort für die von ihm ungeliebte Expansionstheorie. Die Rotverschiebung zusammen mit dem endlichen Alter des Universums führt zur Auflösung des eingangs erwähnten Olbersschen Paradoxons.

Das Bild des sich ausdehnenden Luftballons führt leicht zu einem Mißverständnis. Während sich der Ballon im normalen dreidimensionalen Anschauungsraum ausdehnt, ist es im Fall des Universums der Raum selbst, der sich ausdehnt. Ganz im

Sinne der geometrischen Entwicklung seit Gauß und Riemann zählt nicht die Einbettung in einen größeren Raum, sondern die innere Geometrie. Unabhängig davon, ob es einen größeren Raum gibt (wie beispielsweise bei Theorien mit höheren Dimensionen), beziehen sich alle Größen der Theorie und alle Beobachtungen alleine auf den Raum; wir können das Universum nicht verlassen und es von außen betrachten.

Bedeutet die Expansion des Universums, daß wirklich alle Skalen mitexpandieren, sich also auch zum Beispiel die Gegenstände in unserem Zimmer oder die Atome in unserem Körper voneinander entfernen? Mitnichten. Strukturen, die aneinander gebunden sind, behalten ihren gegenseitigen Abstand bei und nehmen nur als Einheit an der Expansion teil. So sind etwa die Galaxien in unserer Nachbarschaft (die Mitglieder der oben erwähnten Lokalen Gruppe) untereinander und an die Milchstraße gravitativ so stark gebunden, daß sie nur gemeinsam expandieren. Erst auf größeren Skalen führt die Expansion des Universums tatsächlich zu einer Abstandsvergrößerung zwischen den Galaxienhaufen.

Ein expandierendes Universum, das räumlich homogen und isotrop ist, muß vor endlicher Zeit aus einem »Urknall« heraus entstanden sein. In den Begriffen der Allgemeinen Relativitätstheorie entspricht dieser Zustand einer Singularität – einem Zustand mit unendlich großer Dichte und Krümmung. Man hat deshalb lange vermutet, daß die Singularität verschwindet, wenn man die Annahme von Homogenität und Isotropie, die ja im frühen Universum nicht mehr gelten muß, fallenläßt. Die im ersten Kapitel angesprochenen Singularitätentheoreme von Penrose, Hawking und anderen lehren jedoch, daß es unter ziemlich allgemeinen Bedingungen einen Urknall gegeben haben muß, unabhängig von jeder Symmetrieannahme. Beobachtungen sprechen dafür, daß diese allgemeinen Bedingungen erfüllt sind. Die Vergangenheit des Universums ist also relativ bekannt. Im Unterschied dazu ist (wie immer) die Zukunft schwieriger vorherzusagen. Wir werden darauf später noch zu sprechen kommen. Vorher diskutieren wir die Details der homogenen und isotropen Modelle, wie sie sich im Rahmen der Relativitätstheorie ergeben.

Das Friedmann-Lemaître-Universum

Die Geburtsstunde der modernen Kosmologie schlug mit Einsteins Arbeit »Kosmologische Betrachtungen zur allgemeinen Relativitätstheorie«, die er 1917 in den Sitzungsberichten der königlich-preußischen Akademie der Wissenschaften zu Berlin veröffentlichte. Hier wandte er seine Theorie zum erstenmal auf das Universum als Ganzes an. Wie bereits im ersten Kapitel diskutiert, hing Einstein zu jener Zeit dem Machschen Prinzip an, wonach der Materieinhalt des Universums die Geometrie des Raumes eindeutig festlegen sollte; insbesondere sollte es kein leeres Universum geben. Einstein machte schon damals die Annahme der Homogenität und Isotropie des Universums, die wir im letzten Abschnitt ausführlich begründet haben. Allerdings konnte er sich nur einen statischen Kosmos, also ein zeitlich unveränderliches Universum vorstellen. Als Modell für den Raum wählte er eine dreidimensionale Sphäre, das Analogon der zweidimensionalen Kugeloberfläche im gewöhnlichen dreidimensionalen Raum. Wie die Kugeloberfläche ist dieser Raum unbegrenzt, aber endlich; er besitzt ein endliches Volumen. Da er keinen Rand kennt, hat man auch keine Freiheit mehr, diese oder jene Randbedingung zu wählen. In diesem Sinne sollte das Machsche Prinzip implementiert werden; allein der Materieinhalt sollte für die Geometrie verantwortlich sein.

Es gab aber noch ein Problem. Einsteins Gleichungen in ihrer 1915 aufgestellten Form ließen kein statisches Universum zu; es mußte entweder expandieren oder kollabieren, was Einstein nicht akzeptieren wollte. Er stellte aber fest, daß seine Gleichungen noch nicht die allgemeinste Form aufwiesen; man konnte noch einen zusätzlichen Parameter einführen. Dieser Parameter ist die berühmte Kosmologische Konstante. Im Unterschied zur gewöhnlichen Gravitation führt sie zu einer Abstoßung, die allerdings erst auf sehr großen (eben kosmischen) Entfernungen spürbar wird. Deshalb kann die Kosmologische Konstante der anziehenden Wirkung der Materie Paroli bieten: Für einen bestimmten Wert halten sich Anziehung und Abstoßung die Waage, und das resultierende Universum ist statisch. Das ist Einsteins Weltmodell von 1917. Je weniger Materie es in diesem Universum gibt, desto kleiner ist es. Im Grenzfall einer leeren Welt verschwindet deren Radius; es konnte also keine leere Welt geben, ganz im Geiste des Machschen Prinzips.

Einsteins Modell war von kurzer Dauer. Noch im gleichen Jahr 1917 veröffentlichte der niederländische Astronom Willem de Sitter (1872 bis 1934) seine eigene Lösung der Einsteinschen Gleichungen mit Kosmologischer Konstante, die ohne Materie auskam und damit dem Geist des Machschen Prinzips widersprach. Einstein hat sehr bald festgestellt, daß das Prinzip in der von ihm postulierten Form nicht zutrifft, daß es also sehr viele verschiedene Lösungen der Einstein-Gleichungen mit und ohne Materie gibt, und wandte sich deshalb von ihm ab. Später bemerkte er, man solle von dem Machschen Prinzip eigentlich nicht mehr reden.

Einige Jahre später veröffentlichte der russische Physiker Alexander Friedmann (1888 bis 1925) in der *Zeitschrift für Physik* zwei bedeutende Arbeiten, in denen er Lösungen der Einstein-Gleichungen mit und ohne Kosmologische Konstante vorstellte, die ein homogenes und isotropes Universum beschreiben, welches entweder expandiert und rekollabiert oder für immer expandiert. Friedmanns Arbeiten sind 1922 und 1924 erschienen und haben noch keinen Bezug zu Beobachtungen hergestellt. Kurz darauf hat der belgische Kosmologe und katholische Priester Georges Lemaître (1894 bis 1966) diese Lösungen weiter untersucht und dabei insbesondere die Verbindung zu den beobachteten Rotverschiebungen der Galaxien geknüpft. Als erster ging er davon aus, daß sich das Universum in endlicher Zeit aus einem sehr dichten und heißen Anfangszustand heraus entwickelt hat; zu Recht nennt man ihn deshalb den Vater der Urknalltheorie.

Die von Friedmann und Lemaître diskutierten Lösungen nennt man zu deren Ehren meistens Friedmann-Lemaître-Lösungen oder -Universen (manchmal auch einfach nur Friedmann-Lösungen). Sie beschreiben im Sinne des Kosmologischen Prinzips ein räumliches Universum, das homogen und isotrop ist. Für den Rest dieses Abschnitts beschränken wir uns auf den einfacheren Fall, für den die Kosmologische Konstante verschwindet. Der allgemeinere Fall wird ausführlich im übernächsten Abschnitt behandelt.

Homogene und isotrope Räume sind Räume konstanter Krümmung – an jedem Raumpunkt sind die geometrischen Verhältnisse gleich. Welche Möglichkeiten gibt es hierfür überhaupt? Eine mathematische Untersuchung lehrt, daß man die Räume konstanter Krümmung in drei Klassen einteilen kann, und zwar in die Klassen mit verschwindender, mit positiver und mit negativer Krümmung; charakterisiert werden sie durch einen Parameter k, der die Werte 0, 1 oder –1 annehmen kann. Für jeden dieser drei Fälle gibt es unendlich viele Möglichkeiten. Fordert man allerdings noch eine weitere Eigenschaft, so gibt es für jeden Fall genau eine Lösung. Die Räume sollen die Eigenschaft besitzen, einfach zusammenhängend zu sein: Einfach zusammenhängende Räume sind dadurch charakterisiert, daß sich in ihnen jede geschlossene Kurve stetig auf einen Punkt zusammenziehen läßt. Anschaulich gesagt, soll der Raum keine Löcher und Henkel besitzen, an denen die Kurve »hängenbleiben« kann.

Was sind die drei dann verbleibenden Fälle? Im Falle $k = 0$ erhält man den flachen dreidimensionalen Raum, in dem die Gesetze der Euklidischen Geometrie gelten. Es gibt hier zu jeder Geraden und jedem Punkt außerhalb dieser Geraden genau eine zu ihr parallele Gerade. Für $k = 1$ findet man den Raum, den schon Einstein in seinem Modell von 1917 benutzt hat: die dreidimensionale Sphäre. Hier gibt es keine Parallele, da sich alle Geodätischen mit gleicher Anfangsrichtung einander annähern und schließlich schneiden. Dieser Fall ist wohl der aufregendste: er bietet die Denkmöglichkeit eines endlichen, aber räumlich unbegrenzten Universums. Im Fall $k = -1$, der sogenannten Pseudosphäre, entfernen sich die Geodätischen mit gleicher Anfangsrichtung hingegen; es gibt deshalb unendlich viele Parallelen. Das Volumen ist unendlich groß. In Abbildung 4.3 sind die drei Möglichkeiten skizziert.

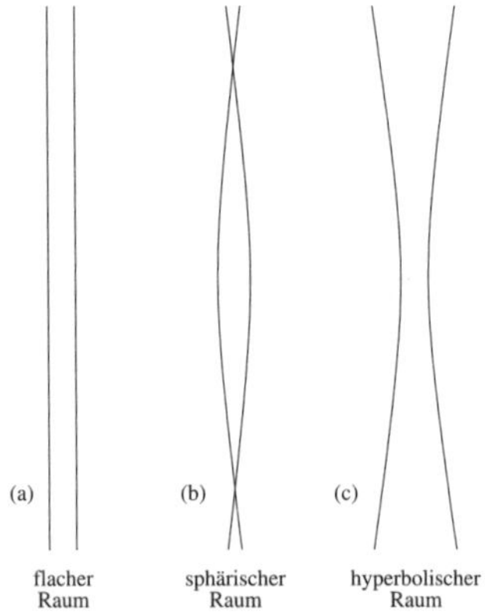

4.3 Parallelen in einem flachen Raum (a), sphärischen Raum (b) und hyperbolischen Raum (c). Im flachen Raum gibt es zu einer Geraden durch einen außerhalb liegenden Punkt genau eine Parallele, im sphärischen Raum keine und im hyperbolischen Raum unendlich viele.

Läßt man die Forderung des einfachen Zusammenhangs fallen, so ergeben sich unendlich viele, zum Teil sehr bizarre Räume konstanter Krümmung. Ihnen ist der nächste Abschnitt zur Topologie des Universums gewidmet. Hier wollen wir uns auf die drei einfachsten Möglichkeiten beschränken.

Diese Klassifizierung bezieht sich auf den rein räumlichen Aspekt, also den Zustand des Universums zu einer festen Zeit; sie folgt direkt aus dem Kosmologischen Prinzip. Kommt noch die Zeit ins Spiel, so entsteht ein dynamisches Bild: Aus den Einstein-Gleichungen ergibt sich, daß das Universum expandiert oder kontrahiert. Doch was expandiert oder kontrahiert? Betrachten wir Punkte (»Galaxien«), die an einem festen Raumpunkt angeheftet sind. Was expandiert oder kontrahiert, ist der Raum zwischen den Punkten. In einem homogenen und isotropen Universum erfolgt diese Raumdehnung überall gleichmäßig. Sie kann durch eine einzige Größe, den sogenannten Skalenfaktor, beschrieben werden. Dieser Skalenfaktor gibt an, wie sich der Abstand zwischen zwei Galaxien im Laufe der Zeit ändert. Etwas salopp spricht man auch vom »Radius des Universums«, doch ist diese Bezeichnung höchstens im Fall der Sphäre, bei der das Volumen endlich ist, angemessen. In den Fällen mit unendlichem Volumen ergibt der Begriff Radius keinen Sinn.

Verschwindet wie hier angenommen die Kosmologische Konstante, so entspricht jeder der drei räumlichen Krümmungen genau eine zeitliche Entwicklung. Der Fall der Sphäre ($k = 1$) liefert ein Universum, das von einem Urknall beginnend expandiert, sein Maximum erreicht, um dann wieder zu kontrahieren und nach endlicher Zeit einen zeitgespiegelten Urknall, den »Endknall« zu erreichen. Im Fall der Pseudosphäre ($k = -1$) expandiert das unendlich große Universum aus einem Urknall heraus für alle Zeiten, wobei der Skalenfaktor für große Zeiten linear mit der Zeit anwächst. Den Grenzfall zwischen Sphäre und Pseudosphäre bildet der flache Raum ($k = 0$): Das unendlich große Universum expandiert für alle Zeiten, wobei die Geschwindigkeit allerdings für große Zeiten verschwindet. Natürlich könnte in den beiden letzten Fällen das Universum die Entwicklung auch in der umgekehrten Zeitrichtung durchlaufen: Vom Unendlichen kommend, könnte es immerzu kontrahieren und schließlich in einem Endknall verschwinden. Die Einstein-Gleichungen zeichnen keine Zeitrichtung vor der anderen aus; es ist die beobachtete Expansion des Universums, die diesen Fall ausschließt.

In den drei behandelten Fällen klingt noch die Newtonsche Situation nach. Dort gibt es auch in der Himmelsmechanik drei Fälle: Umkreist ein Körper aufgrund der Schwerkraft einen anderen, den wir hier als sehr viel schwerer annehmen wollen, so kann das auf Ellipsen, Parabeln oder Hyperbeln geschehen, und zwar abhängig von der Energie des Körpers. Bei negativer Energie ist die Bewegung gebunden, und der Körper läuft auf einer Ellipse periodisch um den anderen Körper, realisiert etwa in der Planetenbewegung um die Sonne. Bei positiver Energie ist die Bewegung ungebunden: der Körper kommt aus dem Unendlichen an, läuft um den anderen und verschwindet dann wieder auf Nimmerwiedersehen ins All. Die Bahnkurve ist eine Hyperbel. Ein Beispiel im Sonnensystem sind gewisse Kometen, die uns wie der bereits im ersten Kapitel erwähnte Komet McNaught nur einmal besuchen. (Andere Kometen wie der berühmte Halleysche Komet laufen auf Ellipsen und besuchen uns deshalb in regelmäßigen Abständen.) Der Grenzfall zwischen Ellipse und Hyperbel ist die Parabel, bei der die Energie verschwindet und die Geschwindigkeit sich bei großen Abständen der Null nähert. Allerdings gibt es wichtige Unterschiede zwischen dem Newtonschen und dem Einsteinschen Fall der Kosmologie. Unterscheidet man bei Newton nach der Energie, so bei Einstein nach dem Vorzeichen der Krümmung, also nach einem rein geometrischen Kriterium. Zudem dehnt sich das Universum nicht *in* etwas aus; es ist der gesamte Raum selbst, der größer wird.

Man mag sich vielleicht etwas verwundert fragen, wie sich ein unendlich großer Raum ausdehnen kann. Auch wenn sich unsere Anschauung gegen das Unendliche sträubt, bereitet die mathematische Beschreibung kein Problem. Man stelle sich den unendlich großen Raum gleichmäßig mit unendlich vielen Galaxien gefüllt vor. Im Laufe der Zeit wird sich der Abstand zwischen zwei beliebigen Galaxien vergrößern, was in einem unendlich großen Raum ohne weiteres möglich ist. Das entspricht der Expansion des Universums. Selbst beim Urknall ist der Raum unendlich groß; der Abstand zwischen den Galaxien (so sie denn noch existieren würden) verschwindet dann, und der unendlich große Raum besteht aus einer einzigen Singularität. Nur im Falle der Sphäre besteht die Anfangssingularität aus einem einzigen Punkt. Freilich ist uns Beobachtern immer nur ein endlicher Bereich des Universums zugänglich.

Die Einstein-Gleichungen formulieren den Zusammenhang von Geometrie und Materie. Im Fall der Friedmann-Lemaître-Modelle führen sie auf eine einfache Beziehung zwischen der Materiedichte und der Größe k, welche die drei obigen Fälle charakterisiert. Natürlich ist die Materieverteilung in einem solchen Modell ebenfalls homogen, da sich sonst aus den Gleichungen eine inhomogene Geometrie ergeben würde – im Widerspruch zum Kosmologischen Prinzip. Es stellt sich nun heraus, daß eine sogenannte »kritische Dichte« existiert, für die sich gerade der Fall $k = 0$ ergibt, also der Fall des flachen Raumes. Ist die Dichte geringer, so liegt der Fall $k = -1$, ist sie höher, so liegt der Fall $k = 1$ vor. Aus der Beobachtung der Materieverteilung im Universum läßt sich also im Prinzip auf dessen Geometrie schließen und darauf, ob das Universum endlich oder unendlich groß ist. Es ist in diesem Zusammenhang bequem, den sogenannten Omega- (Ω-) Parameter des Universums einzuführen. Er ist definiert als das Verhältnis von Dichte zu kritischer Dichte. Ist er größer als eins, so liegt ein $k = 1$-Universum, ist er kleiner als eins, so liegt ein $k = -1$-Universum vor; im Grenzfall $\Omega = 1$ ist das Universum räumlich flach. Dieser Zusammenhang bleibt auch im Laufe der Zeit erhalten; der Parameter k und damit die geometrischen Verhältnisse bleiben konstant. Wir werden weiter unten erfahren, was man heute über den Parameter Ω weiß.

Im Rahmen der Friedmann-Lemaître-Modelle läßt sich das Hubblesche Gesetz, also der Zusammenhang zwischen Entfernung und Rotverschiebung, begründen. Bei kleinen Rotverschiebungen, also nahen Galaxien, findet man die von Hubble entdeckte lineare Beziehung zwischen diesen Größen: doppelte Entfernung entspricht doppelter Rotverschiebung. Abweichungen ergeben sich bei größeren Rotverschiebungen, also entfernteren Objekten. Der Grund dafür ist die zeitliche Entwicklung des Universums zwischen dem Zeitpunkt der Aussendung des Lichts und dem Zeitpunkt seines Empfangs auf der Erde. Kennt man die Entfernung eines Objektes, so kann man dieser Beziehung entnehmen, wie schnell das Universum expandiert. Das betrifft die Geschwindigkeit, die durch die Hubble-Konstante gegeben ist, aber auch die Änderung der Geschwindigkeit, also die Beschleunigung oder Verzögerung. Wie aber läßt sich die Entfernung von Galaxien bestimmen? Die naheliegendste Methode besteht darin, in den Galaxien einzelne Objekte aufzuspüren, deren intrinsische Leuchtkraft bekannt ist. Aus dem Vergleich mit der beobachteten Helligkeit kann man dann auf die Entfernung schließen. Wir werden später solche Objekte kennenlernen.

Wissen wir, wie groß das Universum ist? Den Beobachtungen können wir derzeit keine Antwort entnehmen; wir wissen nicht einmal, ob das Universum endlich oder unendlich groß ist. Eine einfachere Frage ist die nach der Größe des beobachtbaren Universums. Ist das Universum vor einer endlichen Zeit entstanden, so ist das Licht von entfernten Objekten erst eine endliche Zeit unterwegs. Wir können also nur bis zu den Objekten sehen, von denen aus das Licht in dieser endlichen Zeit zu uns gelangt ist. Die Grenze, bis zu der das möglich ist, nennt man *Horizont*. Er entspricht dem Horizont auf hoher See, der die Grenze unserer Beobachtungsmöglichkeiten definiert. In der Kosmologie spricht man genauer vom sogenannten »Teilchenhorizont«. Der Name ist historisch bedingt und sollte vielleicht eher »Weltlinienhorizont« heißen, da er sich auf eine gegebene Weltlinie in der Raumzeit bezieht, in diesem Fall auf unsere eigene Weltlinie. Der Teilchenhorizont ist also eine Kugeloberfläche im dreidimensionalen Raum, der die Objekte, die wir heute sehen können, von den Objekten trennt, die wir heute noch nicht sehen können.

Um den Teilchenhorizont genauer bestimmen zu können, müssen wir wieder den Rückwärtslichtkegel für den jetzigen Zeitpunkt bestimmen, also den Weg der Lichtstrahlen, die uns heute erreichen, durch die Raumzeit. Dieser »Kegel« wurde bereits in Abbildung 4.1 dargestellt; er ist gekrümmt zu sehen, da das Universum expandiert und in der Vergangenheit also kleiner war. Für die Diskussion von Horizonten ist es zweckmäßig, das Diagramm zu skalieren. Wir wollen die Raumkoordinate so wählen, daß die Weltlinien der an einem Raumpunkt fest sitzenden Galaxien senkrechte Linien sind. Die Zeitkoordinate sei so eingerichtet, daß Lichtkegel wie im flachen Raum verlaufen, also auf Geraden mit 45 Grad Neigung zu den Achsen (man spricht dann von »konformer Zeit«). In Abbildung 4.4 ist diese Darstellung zu sehen.

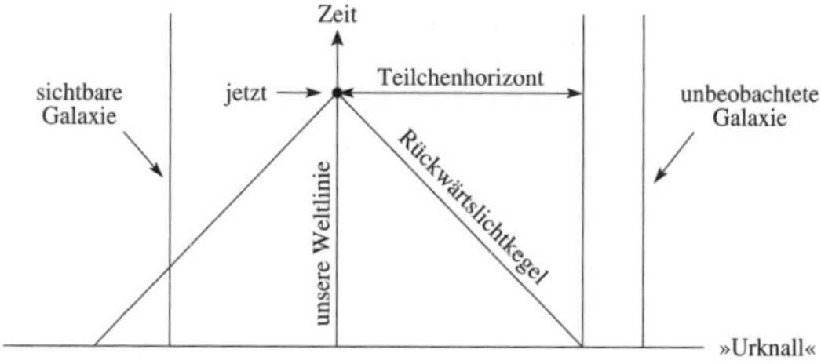

4.4 Der Teilchenhorizont gibt die Entfernung an, bis zu der man heute Galaxien sieht. In der Abbildung ist idealisierend angenommen, daß alle Galaxien bereits seit dem Urknall existieren.

Die waagrechte Achse entspricht dem Urknall. Wir können deshalb nur jene Galaxien wahrnehmen, deren Weltlinien den Lichtkegel schneiden. Mit fortschreitender Zeit bewegt sich der Lichtkegel nach oben, und die Weltlinien von neuen Galaxien geraten in unser Blickfeld. Der Teilchenhorizont selbst fegt mit Lichtgeschwindigkeit über die Galaxien hinweg. Man erkennt aus der

Abbildung, daß eine Galaxie, die einmal innerhalb des Teilchenhorizonts ist, immer innerhalb sein wird und so lange beobachtbar bleiben wird, wie sie existiert. Aus den Beobachtungen folgt für den Teilchenhorizont eine Größe von etwas über 14 Gigaparsec (Gpc); ein Gpc sind tausend Mpc.

Besonders interessant ist der Fall des geschlossenen Universums. Wie weit kann man dort schauen? Ist es denkbar, quasi den eigenen Hinterkopf zu sehen, mittels eines Lichtstrahls, der nach hinten einmal um das Universum läuft und von vorne wieder eintrifft? Wie sich herausstellt, ist das im geschlossenen Universum, das expandiert und wieder rekollabiert, nicht möglich. Im Zeitpunkt seiner maximalen Ausdehnung kann man gerade die Hälfte überblicken, und erst beim Endknall hätte es das Licht geschafft, einmal herumzusausen – dann ist es aber zu spät.

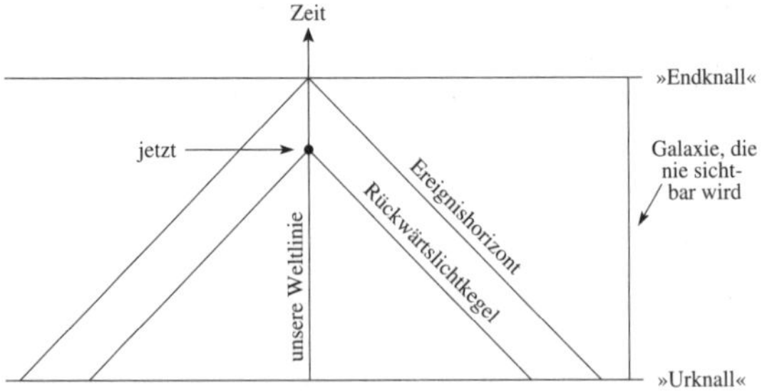

4.5 Der Ereignishorizont gibt die Entfernung an, bis zu der Galaxien während der Existenz des Universums sichtbar werden können. Auch hier ist idealisierend angenommen, daß alle Galaxien bereits seit dem Urknall existieren.

Neben dem Teilchenhorizont gibt es noch einen weiteren wichtigen Horizont – den »Ereignishorizont«. Ihn haben wir bereits im Zusammenhang mit Schwarzen Löchern kennengelernt. Dort ist er definiert als die Grenze, hinter der nichts, nicht einmal Licht, aus dem Schwarzen Loch entweichen kann. Ganz analog hier: Der kosmische Ereignishorizont trennt Ereignisse, die irgendwann einmal für uns sichtbar werden, von Ereignissen, die nie für uns sichtbar werden. Das ist in Abbildung 4.5 dargestellt. Man entnimmt ihr, daß ein Ereignishorizont existiert, wenn das Universum (bezogen auf die konforme Zeit!) ein Ende erreicht. In den hier diskutierten Friedmann-Lemaître-Modellen ohne Kosmologische Konstante besitzt nur das geschlossene Universum, das einem Endknall zustrebt, einen Ereignishorizont; das Universum wird dort einfach nicht alt genug, um es *allen* Objekten zu erlauben, Licht bis zu uns zu schicken.

Die Topologie des Universums

Das Titelblatt der *Nature*-Ausgabe vom 9. Oktober 2003 zeigte ein merkwürdiges, aus Fünfecken zusammengesetztes Gebilde, das entfernt an einen Fußball erinnert, und stellte die Frage: Ist das die Gestalt des Universums?

Was hat es mit dieser Frage auf sich? Im letzten Abschnitt haben wir gesehen, daß das Kosmologische Prinzip für den Raum drei Arten von Geometrien erlaubt, charakterisiert durch den Parameter k. Die Einstein-Gleichungen legen aber nur die lokale Geometrie fest; sie treffen keine Aussagen über die globale Struktur des Raumes. Letzteres betrifft das Gebiet der Topologie (nach dem griechischen Wort *topos* für Ort), einer mathematischen Disziplin, die schon auf Leibniz und Euler zurückgeht und die man früher Analysis situs nannte. Sie beschäftigt sich mit den Eigenschaften von Räumen, die sich unter stetigen Transformationen nicht ändern. Unter stetigen Transformationen versteht man beliebige Verformungen, aber kein Aufreißen oder Einfügen von Löchern. Dieselbe lokale Geometrie kann nun verschiedene Topologien erlauben, also Räume, die nicht durch reines Verformen (»Kneten«) auseinander hervorgehen können. Räume mit $k = 0$ nennen wir flach, mit $k = 1$ sphärisch und mit $k = -1$ hyperbolisch.

Wegen des Kosmologischen Prinzips interessieren uns hier

nur Räume mit konstanter Krümmung. In drei Dimensionen ist die Situation schon reichlich kompliziert. Es lohnt deshalb vorab ein Blick auf zwei Raumdimensionen. Beschränken wir uns auf Räume, die lokal Euklidisch sind, das heißt, bei denen lokal die Gesetze der Euklidischen Geometrie gelten, so gibt es genau fünf Möglichkeiten, die in Abbildung 4.6 dargestellt sind.

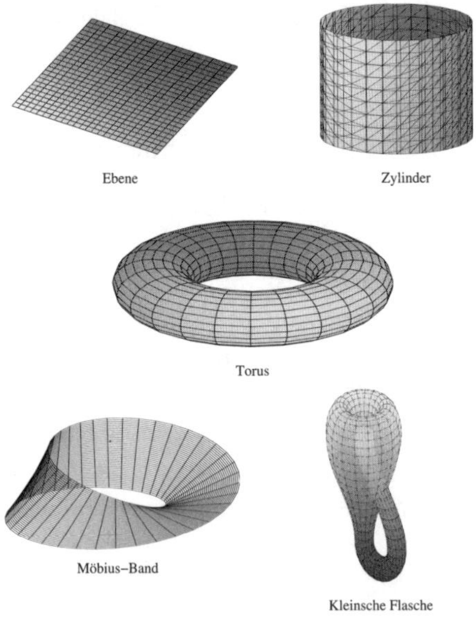

4.6 Die fünf möglichen flachen Räume in zwei Dimensionen

Der einfachste Fall ist die gewöhnliche zweidimensionale Ebene, die unendlich ausgedehnt ist. Der nächsteinfache Fall ist der Zylinder; man erhält ihn, indem man ein Blatt Papier an zwei Rändern zusammenklebt; hierdurch werden ursprünglich verschiedene Punkte miteinander identifiziert. Klebt man je zwei gegenüberliegende Ränder direkt zusammen, so findet man eine geschlossene Fläche – den Torus. Schließlich gibt es noch zwei kompliziertere Fälle. Verklebt man zwei gegenüberliegende Ränder, nachdem diese gegeneinander verdreht wurden, so erhält man ein sogenanntes Möbius-Band. Diese Fläche besitzt nur eine Seite: Läuft eine dreidimensionale Ameise in eine Richtung los, so wird sie quasi von der »Unterseite« her wieder ihren Ausgangspunkt erreichen. Das Möbius-Band ist auch »nicht orientierbar«: Darunter versteht man die Eigenschaft, daß eine zweidimensionale Ameise, die einmal um das Band herumgelaufen ist, ihren Ausgangspunkt spiegelverkehrt erreicht. Wie merkwürdig! Am bizarrsten ist aber der letzte Fall – die nach dem Mathematiker Felix Klein (1849 bis 1925) benannte Kleinsche Flasche. Sie entsteht, wenn man bei dem Blatt Papier zwei gegenüberliegende Ränder normal und die beiden anderen verdreht miteinander verklebt. Die Kleinsche Flasche vereinigt quasi Eigenschaften des Torus mit solchen des Möbius-Bandes. Es handelt sich um eine geschlossene Fläche, die nicht orientierbar ist. Im dreidimensionalen Raum läßt sich die Kleinsche Flasche nur mit Hilfe einer Selbstdurchdringung skizzieren (Abbildung 4.6). Als Fläche an sich ist sie aber völlig regulär. Von den vorgestellten Fällen hat nur die Ebene die Eigenschaft, daß sie einfach zusammenhängend ist: Nur auf ihr kann eine Schlaufe stetig auf einen Punkt geschrumpft werden. Analog zu diesen Fällen mit Euklidischer Geometrie gibt es auch eine überschaubare Menge von Flächen mit negativer und positiver Krümmung (von letzteren allerdings nur ganz wenige).

Wir interessieren uns hier für dreidimensionale Räume mit konstanter Krümmung. Im letzten Abschnitt haben wir die drei Fälle flacher Raum, Sphäre und Pseudosphäre kennengelernt. Verlangt man einfach zusammenhängende Räume, so sind hiermit alle Möglichkeiten ausgeschöpft. Daß die Sphäre tatsächlich der einzige endlichgroße einfach zusammenhängende dreidimensionale Raum ist, konnte erst Anfang des 21. Jahrhunderts bewiesen werden. Es handelt sich um die berühmte Poincarésche Vermutung, für deren Beweis der russische Mathematiker Grigori Perelman 2006 die renommierte Fields-Medaille zugesprochen bekam.

Läßt man die Forderung des einfachen Zusammenhangs fallen, so ergeben sich unendlich viele weitere Möglichkeiten für die Topologie. Sphärische Geometrien erfreuen sich allgemeiner Beliebtheit, wie schon Einsteins Modell von 1917 zeigte. Räume, die nicht einfach zusammenhängend sind, erhält man wie im zweidimensionalen Fall durch Identifikation von Punkten. Identifiziert man beispielsweise (das heißt, klebt man aneinander) gegenüberliegende Punkte in der dreidimensionalen Sphäre, so erhält man den sogenannten projektiven oder elliptischen Raum. Er wurde von einigen Kosmologen, beispielsweise Arthur Eddington, als natürlicher als die dreidimensionale Sphäre angesehen, da man pro zwei Punkte auf der Sphäre jetzt nur noch einen Punkt hat, die »unnatürliche Verdoppelung« der Sphäre also vermeidet. Während der projektive Raum in der Kosmologie hauptsächlich von historischem Interesse ist, genießt ein weiterer sphärischer Raum größere Aufmerksamkeit: der Poincarésche Dodekaeder-Raum. Es ist genau dieser Raum, der das eingangs erwähnte Titelblatt von *Nature* ziert. Den Dodekaeder haben wir bereits als einen der fünf Platonischen Körper kennengelernt; er besteht aus zwölf regelmäßigen Fünfecken. Identifiziert man nun nach einer Drehung um 36 Grad jedes dieser Fünfecke mit dem gegenüberliegenden (klebt man sie zusammen), so erhält man das Poincarésche Dodekaeder-Universum (Abbildung 4.7). Sein Volumen ist 120mal kleiner als das der Sphäre. In dem *Nature*-Artikel wurde dieser Raum als mögliches Modell für unser Universum diskutiert. Der Äther des Aristoteles findet hier sein modernes Analogon.

Wie sieht es mit den anderen Möglichkeiten für die Krümmung aus? Der einfachste Fall für die hyperbolische Geometrie ist die bereits erwähnte Pseudosphäre. Ihre zweidimensionale Verwandte ist in Abbildung 4.8 skizziert.

Man entnimmt der Figur, daß die Pseudosphäre nicht als Ganzes glatt in den dreidimensionalen Raum eingebettet werden kann (es gibt in der Mitte eine Kante). Die in populärwissen-

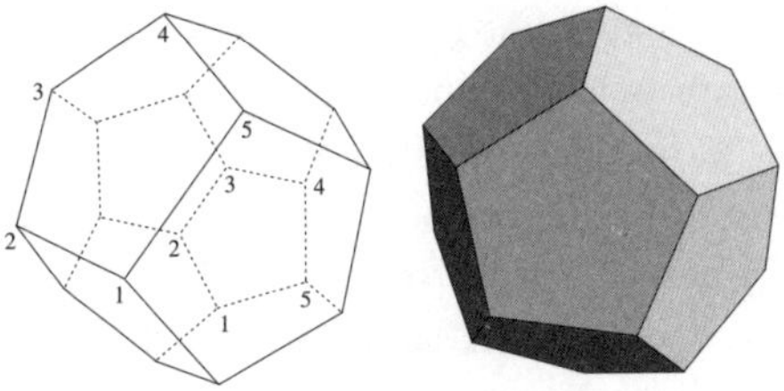

4.7 Der Poincarésche Dodekaeder; gegenüberliegende Fünfecke werden identifiziert.

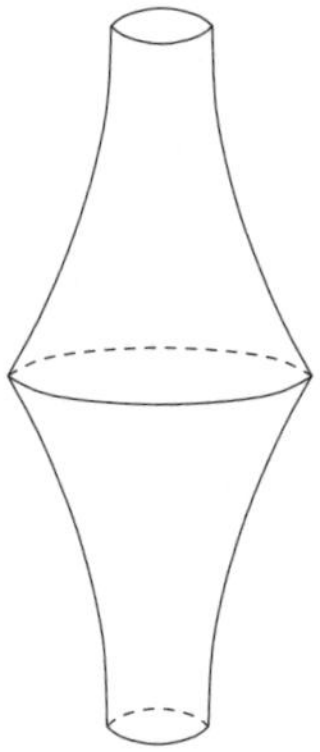

4.8 Die Pseudosphäre

schaftlichen Büchern als Modell für den hyperbolischen Raum oft dargestellte glatte Satteloberfläche sieht nicht homogen aus, weil sie es nicht ist; ihre Krümmung variiert von Punkt zu Punkt. Allerdings ist die Frage nach der Einbettbarkeit in einen flachen Raum eine sekundäre und nur für die Veranschaulichung von Interesse; was zählt, ist die innere Geometrie eines Raumes. Tatsächlich läßt sich jeder Raum (die Mathematiker sprechen genauer von einer Riemannschen Mannigfaltigkeit) in einen höherdimensionalen flachen Raum einbetten; das hat der US-amerikanische Mathematiker John Nash in den fünfziger Jahren bewiesen. Im allgemeinen ist die Zahl der Dimensionen des Einbettungsraumes jedoch sehr viel größer als die Dimension des eingebetteten Raumes. Auch der oben erwähnte zweidimensionale Torus (siehe Abbildung 4.6), der eine flache Geometrie aufweist, läßt sich nicht flach in den dreidimensionalen Raum einbetten; der ähnlich aussehende Doughnut ist nicht flach, sondern gekrümmt. Allerdings läßt sich der Torus in einen vierdimensionalen flachen Raum als flache Geometrie einbetten.

Von den drei einfach zusammenhängenden Räumen Sphäre, Pseudosphäre und flacher Raum hat nur die Sphäre ein endliches Volumen. Wie steht es mit dem Volumen für allgemeine Räume konstanter Krümmung? Während das einer sphärischen Geometrie zugrundeliegende immer endlich ist, gibt es bei flachen und hyperbolischen Geometrien Fälle mit endlichem und unendlichem Volumen. Ein geschlossener dreidimensionaler Raum ist beispielsweise der dreidimensionale Torus, ein Verwandter des obigen Torus mit einer zusätzlichen Dimension. Geschlossene hyperbolische Räume sind weniger bekannt, obwohl es unendlich viele davon gibt. Wie der US-amerikanische Mathematiker William Thurston beweisen konnte, erlauben tatsächlich die meisten geschlossenen dreidimensionalen Modelle eine hyperbolische Geometrie.

Wie sieht nun unser Universum tatsächlich aus? Läßt sich aus Beobachtungen feststellen, ob wir in einer Sphäre, einem Dodekaeder-Universum oder in einem anderen Raum leben? Schon Karl Schwarzschild spekulierte im Jahr 1900 über die Möglichkeit, daß wir in einem geschlossenen Universum mit komplizierter Topologie leben. Natürlich bezogen sich seine Untersuchungen zu jener Zeit ausschließlich auf unsere Milchstraße. Da diese Räume durch Identifikation (Zusammenkleben) von gegenüberliegenden Flächen entstehen können, kann man quasi auf der einen Seite hinausgehen und automatisch wieder auf der anderen Seite eintreten. Lichtstrahlen von entfernten Objekten können dort auf mehr als einem Weg zu uns gelangen, und wir wären in der Lage, sehr viele Bilder des gleichen Objektes zu sehen. Wäre der Raum zudem nicht orientierbar (wie die Kleinsche Flasche), so könnten wir durch das Universum reisen und würden spiegelverkehrt an unserem Ausgangspunkt zurückkehren – eine verrückte Vorstellung. Schwarzschild schloß, daß die Skala, auf der mögliche Wiederholungen erfolgen, auf jeden Fall größer als das Milchstraßensystem sein müsse, da man von diesem keine Mehrfachbilder wahrnehme. In der eingangs zitierten *Nature*-Arbeit wurden Beobachtungen angeführt, die angeblich zu einem Dodekaeder-Universum passen. Diese Beobachtungen betreffen die schwachen Anisotropien der Kosmischen Hintergrundstrahlung, die wir weiter unten noch diskutieren werden. Andere Autoren konnten dies nicht bestätigen, so daß die Frage nach der Topologie des Universums noch unbeantwortet ist. Schwarzschild merkt in seiner Arbeit zu den vielen Möglichkeiten an: »Man befindet sich da – wenn man will – in einem geometrischen Märchenland, aber das Schöne an diesem Märchen ist, dass man nicht weiss, ob es am Ende doch Wirklichkeit ist.«

Kosmologische Konstante und Dunkle Energie

Die Kosmologische Konstante, Formelzeichen Λ (Lambda), hat eine bewegte Geschichte hinter sich. Sie kam und ging, erfreute sich insgesamt aber nie großer Beliebtheit. Wir haben bereits erwähnt, daß Einstein die Konstante 1917 eingeführt hatte, um ein statisches Universum zu beschreiben, das dem Machschen Prinzip genügt. Nachdem die Rotverschiebungen der Galaxien entdeckt worden waren, hielt er nicht mehr an ihr fest. So schrieb er bereits 1923 auf einer Postkarte an Hermann Weyl: »Wenn schon keine quasi-statische Welt, dann fort mit dem kosmologischen Glied.« Nach einem Bericht von George Gamow soll Einstein die Einführung von Λ gar als seine größte Eselei bezeichnet haben. Sowohl Friedmann als auch Lemaître diskutierten die Gleichungen für ein homogenes und isotropes Universum mit und ohne Λ, hatten in dieser Hinsicht also eine offene Einstellung.

Was ändert sich in der zeitlichen Entwicklung des Universums, wenn man einen Λ-Term berücksichtigt? Ist Λ positiv, so bewirkt er eine abstoßende Gravitation, im Gegensatz zur anziehenden Natur der normalen Materie. Es ist ja gerade diese Eigenschaft, die es Einstein 1917 ermöglicht hatte, ein statisches Universum zu konstruieren, bei dem der abstoßende Effekt von Λ der Anziehung der Materie die Waage hält. Der Grund für die Abstoßung liegt daran, daß Λ formal einem negativen Druck, also einer Spannung, entspricht. In Einsteins Theorie ist auch der Druck Quelle eines Gravitationsfeldes, nicht nur die Energie (Masse) wie bei Newton. Die dem Λ-Term entsprechende Energiedichte ist positiv – und konstant: Sie hat also unabhängig von der Größe des Universums immer den gleichen Wert. In der Sprache der Thermodynamik (Kapitel 3) kann man auch sagen, daß die Arbeit, die nötig ist, um das Volumen des Universums um einen gewissen Betrag zu erhöhen, gerade gleich dem Betrag ist, um den sich die Energie des Universums bei konstanter Energiedichte erhöht. Normale Materie hingegen verdünnt sich mit der Expansion des Universums und führt deshalb zu einer abnehmenden Energiedichte. Wegen der konstanten Energiedichte des Λ-Terms wird die Kosmologische Konstante ab einer bestimmten Größe des Universums daher immer dominieren. Für das Schicksal des Universums ist die Frage nach der Kosmologischen Konstante somit von grundlegender Bedeutung. Ist der Λ-Term negativ, so entspricht er einer zusätzlichen Anziehung, die für ein großes Universum immer dominiert.

Bei der Diskussion der Friedmann-Lemaître-Modelle für verschwindendes Λ haben wir gesehen, daß es einen eindeutigen Zusammenhang zwischen der Geometrie des Universums (ob flach, sphärisch oder hyperbolisch) und dem Schicksal des Universums (ob es für immer expandiert oder ob es rekollabiert) gibt. Dieser Zusammenhang geht bei Anwesenheit von Λ verloren. Nur für ein negatives Λ ist der Fall klar: Ein solches Universum wird unabhängig von der Geometrie immer zu einem

Endknall rekollabieren. Bei flacher ($k = 0$) und hyperbolischer ($k = -1$) Geometrie gilt weiterhin, daß das Universum auch bei Anwesenheit einer positiven Kosmologischen Konstante für immer expandiert; die sowieso schon vorhandene ewige Expansion wird durch die zusätzliche Abstoßung noch verstärkt. Komplizierter wird es bei der sphärischen Geometrie ($k = 1$). Hier hängt es von der genauen Größe von Λ ab, ob das Universum für immer expandiert oder ob es schließlich umkehrt und rekollabiert: Ist Λ groß genug, so überwiegt die Abstoßung, und das Universum expandiert für alle Zeiten. Ist Λ kleiner als ein kritischer Wert, so obsiegt der Einfluß der Materie, und das Universum rekollabiert. Für diesen Fall gibt es sogar eine Lösung der Gleichungen, die ein singularitätsfreies Universum beschreibt: Ursprünglich unendlich groß, kontrahiert das Universum, erreicht einen minimalen Radius und expandiert dann wieder ins Unendliche.

Die Existenz eines kritischen Λ-Werts bietet die Möglichkeit, die Expansion des Universums beliebig zu »verlangsamen«. Nähert man in Gedanken den Wert der Kosmologischen Konstante von einem leicht höheren Wert dem kritischen an, so verlängert sich die Phase, in der das Universum seine Größe kaum ändert; in einem gewissen Sinn schwankt es zwischen Expansion und Rekollaps, bevor es sich für die weitere Expansion entscheidet. (Am kritischen Wert selbst hat man ja gerade das statische Einstein-Universum.) Historisch bot dieses quasistatische Modell die Möglichkeit, scheinbare Widersprüche zwischen Beobachtungen und Modellen ohne Λ zu beheben. Zum einen glaubte man, daß es Kugelsternhaufen gebe, deren Alter größer sei als das Weltalter in den Λ-losen Modellen. Durch das quasistatische Modell konnte man das Weltalter beliebig vergrößern, und der Widerspruch verschwand. Zum anderen schien es bei einer bestimmten Rotverschiebung eine ungewöhnliche Häufung von Quasaren zu geben, die man verstehen konnte, wenn das Universum in der Phase der Bildung dieser Objekte lange genug verweilte.

Man hat später das quasistatische Modell wieder aufgegeben, nachdem man die Beobachtungen auch im herkömmlichen Modell erklären konnte.

Was weiß man aus heutigen Beobachtungen über den Wert von Λ? Wie oben erwähnt, benötigt man dazu für Objekte in kosmischen Entfernungen den Zusammenhang zwischen absoluter Helligkeit und Rotverschiebung. Hierzu eignet sich besonders eine bestimmte Klasse von Supernovae, die man als Typ Ia bezeichnet. Diese entstehen, wenn in einem Doppelsternsystem, das aus einem Weißen Zwerg und einem gewöhnlichen Stern besteht, Materie von dem gewöhnlichen Stern auf den Zwerg strömt; erhöht sich dadurch die maximal mögliche Masse des Weißen Zwergs (die durch die Relativitätstheorie festgelegt ist), so kann dieser explodieren und als leuchtkräftige Supernova in Erscheinung treten. Ihre Helligkeit ist so groß, daß der Glanz der Supernova heller als diejenige der Galaxie sein kann, zu der sie gehört. Wegen der immer gleichen Physik dieses Ausbruchs erwartet man in etwa immer die gleiche Leuchtkraft; Beobachtungen der Spektren und des zeitlichen Helligkeitsverlaufs bestätigen das. Da die Supernovae also immer gleich hell sind, ist die beobachtete Helligkeit ein Maß für die absolute Helligkeit.

Bei einem Universum mit Kosmologischer Konstante erscheinen nun die Supernovae im Vergleich zu einem Universum ohne Λ schwächer, da sie sich in größerer Entfernung befinden. Und genau das beobachtet man! Zwei Gruppen in den USA haben 1998 dieses Ergebnis zum erstenmal verkündet; weitergehende Beobachtungen haben dies erhärtet. Das Universum befindet sich heute bereits in der Phase, wo es beschleunigt expandiert. Abbildung 4.9 zeigt die Entwicklung des Skalenfaktors mit der Zeit: Das Universum expandiert zunächst verzögert, durchläuft einen Wendepunkt und expandiert dann beschleunigt. Die Wende erfolgt bereits zu einer Zeit, zu der die in Λ steckende konstante Energiedichte die abnehmende Dichte der Materie noch nicht überschritten hatte. Die beobachteten Supernovae decken dabei einen Bereich ab, der noch in der verzögerten Phase beginnt und fast bis zum heutigen Zeitpunkt reicht; weiter entfernte Sterne sieht man ja in einem früheren Zustand.

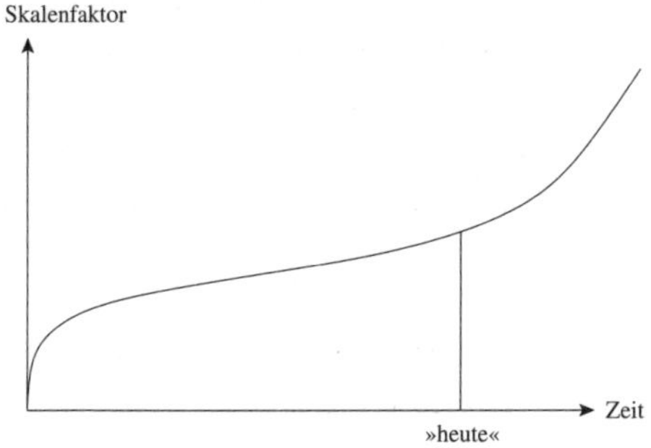

4.9 Zeitliche Entwicklung der Größe unseres Universums (gegeben durch den Skalenfaktor); wir befinden uns heute bereits in der beschleunigten Phase.

Aus dem durch die Beobachtungen gedeckten Modell lernt man weiter, daß unser Universum knapp 14 Milliarden Jahre alt ist. Man kann auch die Entfernung bis zur Grenze des beobachtbaren Teils des Universums berechnen: Sie beträgt heute die bereits erwähnten etwa 14 Gpc. Freilich läßt sich dieser Bereich jetzt noch nicht überblicken; es handelt sich vielmehr um die heutige Entfernung bis zu den fernsten Objekten, die wir noch sehen können – in dem Zustand, in dem sie waren, als das Universum noch jünger und kleiner war.

Man kann Abbildung 4.9 noch etwas anderes entnehmen: Der Übergang zwischen verzögerter und beschleunigter Expansion hat sich vor einigen Milliarden Jahren ereignet, kosmologisch gesehen also vor relativ kurzer Zeit. Warum nicht früher, warum nicht erst in ferner Zukunft? Anders gefragt: Warum gerade in der Zeit der Entstehung des Lebens? Zufall oder nicht Zufall? Man spricht in diesem Zusammenhang gerne von dem Koinzidenzproblem der Kosmologie. Vielleicht läßt sich diesem Problem nur mit dem anthropischen Prinzip begegnen (Kapitel 6).

Unser Universum enthält natürlich Materie. Dennoch ist es instruktiv, sich ein Universum genauer anzuschauen, das nur eine Kosmologische Konstante, aber keine Materie aufweist. Die entsprechende Lösung der Einsteinschen Gleichungen bezeichnet man zu Ehren ihres Entdeckers, des bereits oben erwähnten Astronomen de Sitter, als de-Sitter-Raum (genauer: Raumzeit). Sie spielt insbesondere bei Betrachtungen des sehr frühen Universums (siehe unten) eine große Rolle. Wie kann man sich diesen Raum veranschaulichen? Es stellt sich heraus, daß man ihn

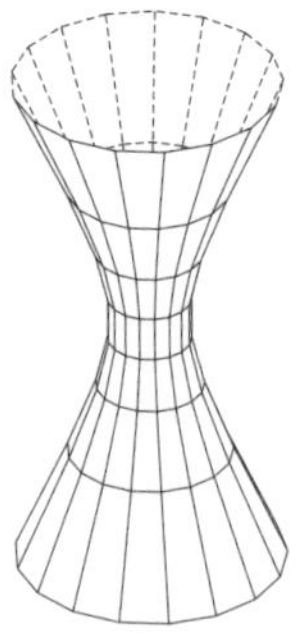

4.10 Zweidimensionales Modell für den de-Sitter-Raum

durch ein vierdimensionales Hyperboloid darstellen kann, das im fünfdimensionalen flachen Minkowski-Raum eingebettet ist. Reduziert man die Darstellung um zwei Dimensionen, so gelangt man zu dem in Abbildung 4.10 gezeigten Gebilde; das Hyperboloid erhält man durch Drehung einer Hyperbel um eine Achse. In der Zeichnung ist der Raum zu einer festen Zeit einfach ein Kreis; denkt man sich die beiden vernachlässigten Raumdimensionen wieder hinzu, so ergibt sich eine dreidimensionale Sphäre. Die de Sittersche Raumzeit kann man sich also vorstellen als eine Sphäre, die kontrahiert, ein Minimum erreicht und dann wieder expandiert. Sie enthält keine Singularität, also insbesondere auch keinen Urknall.

Bisher haben wir immer nur angenommen, daß Λ positiv sei; so wird es ja auch durch die Beobachtungen nahegelegt. Natürlich gibt es auch eine exakte Lösung der Einstein-Gleichungen zu negativer kosmologischer Konstante. Etwas phantasielos nennt man sie Anti-de-Sitter-Raum. Auch sie kann durch ein Hyperboloid veranschaulicht werden, wobei allerdings im Unterschied zu Abbildung 4.10 Zeit- und Raumrichtung vertauscht sind. Der Anti-de-Sitter-Raum spielt eine gewisse Rolle in der Stringtheorie, auf die wir im nächsten Kapitel zu sprechen kommen.

Was genau hat es nun mit der Kosmologischen Konstante auf sich? Wie insbesondere der russische Astrophysiker Yakov Zel'dovich (1914 bis 1987) im Jahre 1968 betont hat, ist Λ direkt mit der Energie des Vakuums verknüpft. Im Rahmen der Quantenfeldtheorie ist die Vakuumenergie etwas ganz Natürliches. Sie manifestiert sich beispielsweise im Casimir-Effekt, der Anziehungskraft zwischen zwei ungeladenen Platten im leeren Raum (Kapitel 2). Solange man die Gravitation außen vor läßt, sind eigentlich nur Energiedifferenzen von Bedeutung. Erst die Gravitation schreibt Energien absolute Bedeutung zu; das folgt aus Einsteins berühmter Formel $E = mc^2$, wonach jede Energie einer Masse äquivalent ist und jede Masse ein Gravitationsfeld erzeugt. Woher stammt also die Vakuumenergie, die sich als Kosmologische Konstante äußert? Betrachtet man die in der Quantenfeldtheorie erscheinenden Vakuumenergien (auch Nullpunktenergien genannt), so erhält man einen Wert für Λ, der den beobachteten um viele Größenordnungen übersteigt. Vermutlich gibt es in der gesamten Physik keinen zweiten Fall, wo Beobachtung und theoretische Erwartung derart weit auseinanderklaffen. Das hat bereits Pauli verblüfft. So soll er sich gefragt haben, welchen gravitativen Einfluß die Nullpunktenergie des elektromagnetischen Feldes hat. Er berechnete zum Spaß die sich daraus ergebende Kosmologische Konstante und fand, daß das zugehörige statische Einstein-

Universum einen Radius von kümmerlichen 30 Kilometer hätte. Er soll sarkastisch bemerkt haben, daß dieses Universum ja nicht einmal bis zum Mond reiche.

Vielleicht gibt es in der Natur eine verborgene Symmetrie, die gerade bewirkt, daß sich alle Nullpunktenergien zu null aufsummieren. Abgesehen davon, daß man eine solche Symmetrie bisher nicht kennt, sollte man dann ein Λ erwarten, das exakt verschwindet. Das ist aber nicht der Fall: Λ verschwindet nicht, ist aber im Vergleich zu den Erwartungen winzig klein. Manche Wissenschaftler sehen in diesem Problem das größte Rätsel der modernen Physik.

Vielleicht verschwindet die Summe aller Nullpunktenergien tatsächlich, und der beobachtete Rest hat eine andere Ursache? Es könnte beispielsweise eine neue Energieform vorliegen, die eine Kosmologische Konstante nur simuliert. Eine solche neue Energieform nennt man *Dunkle Energie*. Sie darf nicht mit der Dunklen Materie verwechselt werden. Im Unterschied zu dieser bezeichnet jene eine Energieform, die gleichförmig ausgebreitet ist und nicht klumpt. Dazu muß sie wie das Λ einen negativen Druck aufweisen. Ein Kandidat wäre ein Quantenfeld mit einer neuartigen Form von Selbstwechselwirkung, das man bisher (abgesehen von seinen Auswirkungen als Dunkle Energie) noch nicht beobachtet hat. Als Ausdruck dieses Nichtwissens nennt man dieses neue Feld meistens »Quintessenz«, in Anlehnung an die Äthersubstanz des Aristoteles.

Woher stammt die Quintessenz? In den bekannten und getesteten Theorien der Teilchenphysik kommt ein solches Feld nicht vor. In spekulativen Erweiterungen des Standardmodells gibt es indes eine Vielzahl von neuen Feldern, die im Prinzip als Kandidaten für die Dunkle Energie dienen könnten. Allerdings scheint keines davon die passenden Eigenschaften zu besitzen. Es werden deshalb zur Zeit eine Vielzahl von unterschiedlichen Modellen ersonnen, die dann mit den Beobachtungen der Supernovae verglichen werden. Ob sich damit eine Entscheidung herbeiführen läßt, ist aber offen. Im Unterschied zu einem reinen Λ-Term entwickelt sich ein Quintessenzfeld in der Zeit. Das bietet die Möglichkeit, das oben erwähnte Koinzidenzproblem zu lösen.

Seit etwa fünf Milliarden Jahren dominiert die Dunkle Energie, davor dominierte die Dunkle Materie. Das Quintessenzfeld mag so beschaffen sein, daß es an die kosmologische Entwicklung von Materie und Strahlung auf eine Weise koppelt, daß es zumindest für eine große Klasse von Anfangsbedingungen ungefähr immer zur gleichen Zeit beginnt zu dominieren. Offen ist jedenfalls, ob die Kosmologische Konstante oder die Dunkle Energie von einer grundlegenden Theorie festgelegt werden oder ob es eine große Freiheit durch die Wahl geeigneter Anfangsbedingungen gibt. Ist letzteres der Fall, muß man sich tatsächlich überlegen, woher die Koinzidenz kommt. Vielleicht hilft dann wirklich nur noch ein anthropisches Prinzip. Wir werden sehen.

Die Zukunft des Universums

Läßt sich die Zukunft des Universums voraussagen? Natürlich wäre es vermessen, dies für eine unendliche Zukunft (oder auch nur für eine beliebig lange endliche Zeit) zu versuchen. Dazu kennen wir die gegenwärtige Zusammensetzung des Universums an den verschiedenen Materieformen und mögliche Umwandlungsvorgänge nicht gut genug. Auch sind die räumlichen Inhomogenitäten nicht ausreichend bekannt.

Für eine nicht zu ferne Zukunft sind aber durchaus vernünftige Prognosen möglich. Am einfachsten (und langweiligsten) ist die Lage, wenn die gegenwärtige Beschleunigung nur durch eine Kosmologische Konstante Λ, also nicht durch eine zeitabhängige Dunkle Energie, verursacht wird. Man kann dann zeigen, daß sich die Raumzeit zumindest lokal der oben diskutierten de-Sitter-Raumzeit (Abbildung 4.10) annähern wird. Das erinnert etwas an die im ersten Kapitel diskutierte »Haarlosigkeit« von Schwarzen Löchern, womit hier gemeint ist, daß alle zusätzlichen Freiheitsgrade (»Haare«) im Laufe der Zeit völlig ausgedünnt werden und nur die Vakuumenergie übrigbleibt. Das Universum würde dann für immer und ewig mit konstanter Beschleunigung expandieren. Wegen dieser Beschleunigung werden sich alle Galaxien schneller von uns wegbewegen, als dies in einem Modell ohne Λ der Fall wäre. Es gibt deshalb eine Grenze, jenseits derer wir die Galaxien weder physikalisch (mit einem Raumschiff) erreichen noch ihnen Signale schicken könnten. Rechnungen belegen, daß wir heute sehr viele Galaxien beobachten, die jenseits dieser Grenze liegen, die wir also zwar sehen, mit denen wir aber niemals Kontakt aufnehmen könnten. Im Laufe der Zeit werden alle Galaxien, die nicht gravitativ an unsere Lokale Gruppe gebunden sind, aus unserem Blickfeld verschwinden. Ähnlich wie bei der Annäherung eines Sterns an den Ereignishorizont eines Schwarzen Loches erfahren diese Objekte eine immer größere Rotverschiebung; tatsächlich gibt es in der de-Sitter-Raumzeit auch einen Ereignishorizont. Zwar werden wir nie beobachten können, wie eine Galaxie den Horizont verläßt, doch wird die mit zunehmender Rotverschiebung einhergehende Intensitätsabnahme die Galaxie unsichtbar werden lassen. Numerische Simulationen haben ergeben, daß wir in einem solchen reinen Λ-Universum in 100 Milliarden Jahren im wesentlichen nur noch unsere Milchstraße und den Andromedanebel sehen könnten, die dann beide aufgrund ihrer Anziehung zu einer Galaxie verschmolzen sein werden. Schon nach etwa 30 Milliarden Jahren, also etwa dem Doppelten des heutigen Weltalters, werden sich Strukturen (Galaxien, Galaxienhaufen) nicht mehr weiterentwickeln können, sondern quasi wegen der dominierenden Expansion des Universums eingefroren sein. Die Verschmelzung von Milchstraße und Andromedanebel zu einer massiven Supergalaxie wird sich schon vorher vollzogen haben. Zukünftigen Beobachtern, so es sie geben sollte, bliebe dann das in Abbildung 4.2 gezeigte faszinierende Bild mit seinen vielen fernen Galaxien verborgen; ihr Blick wäre auf die eigene kosmische Heimat beschränkt.

Das Leben auf der Erde wird freilich schon lange vor diesen fernen Zeiten zu einem Ende gekommen sein. So wird sich die Sonne in der Zukunft zu einem Roten Riesen aufblähen und aller Voraussicht nach die Erde verschlucken. Modellrechnungen zufolge soll dies in etwa 7,6 Milliarden Jahren der Fall sein. Aber schon in etwa einer Milliarde Jahren wird es durch die vergrößerte Sonne auf der Erde für Leben zu heiß werden.

Wir wissen nicht, ob tatsächlich ein Λ-Term für die beschleunigte Ausdehnung des Universums verantwortlich ist oder ob es sich um eine zeitlich veränderliche Dunkle Energie handelt. Dann wäre es nämlich denkbar, daß die Dunkle Energie auch wieder abnehmen, das Universum seine Expansion umkehren und zu einem Endknall kollabieren könnte. Eine konservative Schätzung aufgrund der heutigen Beobachtungen lehrt aber, daß die Expansion noch mindestens 20 Milliarden Jahre anhalten wird.

Abhängig von der genauen Natur der Dunklen Energie, ergeben sich unterschiedliche Szenarien für die Zukunft unseres Universums. Eine Möglichkeit bezeichnet man als »Großen Riß«. Dabei kann das Universum in endlicher Zeit unendlich groß werden, quasi »auseinanderreißen«. Eine andere Möglichkeit ist die »Große Bremse«. Dort bremst das Universum in der Zukunft unendlich schnell ab und ändert seine Größe dann nicht mehr. Während die Materiedichte dann verschwindet, wird der Materiedruck hingegen unendlich groß – es liegt also eine Singularität vor. Beim Großen Riß kann man sehr konservativ abschätzen, daß es noch mindestens 20 Milliarden Jahre dauern wird, bis solche Singularitäten, falls überhaupt, auftreten werden. Im Gegensatz dazu könnten Singularitäten wie die Große Bremse in viel näherer Zukunft eintreten. Auf der Basis der gegenwärtigen Beobachtungen hat man berechnet, daß dies »schon« in etwa 10 Millionen (nicht Milliarden) Jahren passieren könnte. Auch wenn diese Zahl wohl niemandem schlaflose Nächte bereitet, hätte ein solches Szenario doch weitreichende Auswirkungen – würde es doch bedeuten, daß das Universum die längste Zeit seiner Existenz bereits hinter sich gelassen hätte. Soviel zu den Spekulationen über unsere kosmische Zukunft. Doch wie sieht es mit der Vergangenheit des Universums aus?

Die Vergangenheit des Universums

Wie können wir etwas über die Vergangenheit unseres Universums lernen? Hierzu müssen wir ein stimmiges Bild aus Theorie und Beobachtung entwerfen. Die zuständige Theorie ist Einsteins Allgemeine Relativitätstheorie, ergänzt durch die modernen Theorien der Teilchen- und Kernphysik. Damit können wir die Geschichte des Universums bis zu einer Zeit zurückverfolgen, zu der es weit weniger als eine Sekunde alt war. Für den eigentlichen Anfang müssen wir allerdings eine Quantentheorie der Gravitation heranziehen, die wir erst im nächsten Kapitel eingehend studieren.

An Beobachtungen haben wir bereits wichtige Beispiele kennengelernt. So kann man aus den Helligkeiten der Supernovae in kosmischen Entfernungen auf die beschleunigte Expansion des Universums schließen. Freilich ergibt sich ein eindeutiges Ergebnis erst durch Hinzunahme von anderen Beobachtungen. Aus der Verteilung von Galaxien und Galaxienhaufen sowie deren Dynamik kann man insbesondere auf den Materieinhalt schließen. Selbst konservative Astronomen sind sich darin einig, daß der Ω-Parameter für Materie wesentlich unter eins liegt, daß also die Materiedichte unterhalb (etwa bei 30 Prozent) der kritischen Dichte des Universums liegt.

Ein wesentlicher Baustein ergibt sich aus den Beobachtungen der Kosmischen Hintergrundstrahlung. Wir haben bereits erwähnt, daß diese Strahlung hochgradig isotrop ist und eine Temperatur von knapp drei Kelvin aufweist. Tatsächlich gibt es aber, wenn man genauer hinschaut, kleine Schwankungen in der Temperatur. Zunächst ist da die schon länger bekannte sogenannte »Dipolanisotropie«: In einer bestimmten Richtung ist die Temperatur leicht erhöht, in der entgegengesetzten Richtung leicht erniedrigt; die Erhöhung beziehungsweise Erniedrigung ist von der Größenordnung Millikelvin (Tausendstel Kelvin). Es handelt sich hier um einen Doppler-Effekt, der nichts anderes als die Bewegung relativ zu dem durch die Hintergrundstrahlung definierten kosmischen Bezugssystem widerspiegelt. Es geht um die Bewegung, die sich zusammensetzt aus der Bewegung der Erde um die Sonne, der Sonne um das Milchstraßenzentrum sowie der Bewegung der Milchstraße und der Lokalen Gruppe. Die Messungen deuten auf eine Geschwindigkeit von etwa 600 Kilometer pro Sekunde in bezug auf das kosmische Bezugssystem hin.

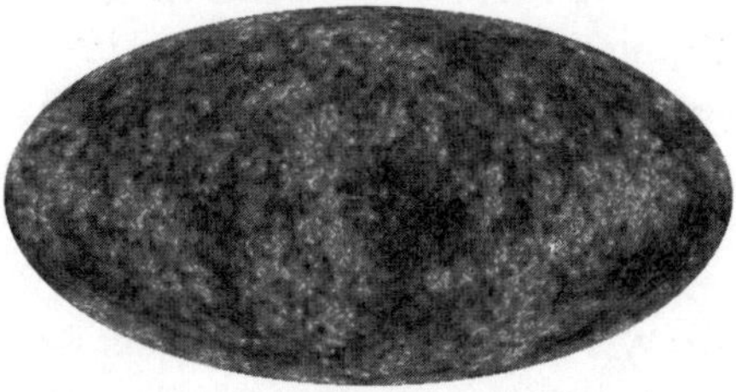

4.11 Die Fluktuationen in der Kosmischen Hintergrundstrahlung, wie sie sich aus Beobachtungen des WMAP-Satelliten nach fünf Jahren Datenauswertung ergeben.

Sieht man von dieser Dipolanisotropie ab, so gibt es auf einer noch kleineren Temperaturskala (Mikrokelvin, also Millionstel Grad) Schwankungen in der Temperatur, die rein statistisch verteilt sind. Die erste Messung dieser Schwankungen aus dem Jahr 1992 stammt von dem COBE-Satelliten; neuere Ergebnisse werden von einer Vielzahl weiterer Projekte geliefert, zuletzt von dem 2001 gestarteten WMAP-Satelliten der Nasa. (Die Abkürzung steht für »Wilkinson Microwave Anisotropy Probe«.) Im

Jahr 2008 soll der von der Esa betriebene Satellit PLANCK starten, der diese Anisotropien in der Strahlung noch genauer untersuchen wird. Abbildung 4.11 zeigt ein Bild des Himmels mit den von WMAP beobachteten Anisotropien der Hintergrundstrahlung.

Wozu dieser immense Aufwand? Die Daten mit den Temperaturschwankungen enthalten eine Fülle von Informationen über unser Universum. Viele kosmologische Parameter können aus ihnen bestimmt werden. So findet man zum Beispiel, daß der Ω-Parameter insgesamt ungefähr gleich eins sein muß, das Universum sich also ziemlich nahe an der kritischen Dichte befindet. Da die Materie nur etwa 30 Prozent liefert, fehlen also noch 70 Prozent – das sind gerade die fehlenden Anteile der Dunklen Energie. So ergibt sich aus der Kombination dieser Messungen mit den Supernova-Daten ein konsistentes Bild über Materie- und Energiedichte des Universums.

Von dem etwa 30 Prozent großen Materieanteil setzt sich der Hauptteil aus der Dunklen Materie zusammen, deren wahre Natur noch buchstäblich im Dunkeln liegt. Die sichtbare Materie, also im wesentlichen die gewöhnlichen Sterne, liefern nur etwa fünf Promille. Was könnte der Rest sein? Man weiß immerhin, daß er aus mindestens zwei sehr unterschiedlichen Bestandteilen besteht. Ein Teil muß nämlich von baryonischer Natur, der andere von nichtbaryonischer Natur sein. Als Baryonen bezeichnet man Teilchen, die aus drei Quarks zusammengesetzt sind. Die weitaus wichtigsten Beispiele sind die Teilchen, aus denen wir selbst bestehen – Protonen und Neutronen, die Bestandteile des Atomkerns. Für den baryonischen Anteil berechnet man einen Ω-Wert von etwa fünf Prozent. Die dazugehörige Dunkle Materie könnte sich aus kalten Sternen oder dunklen Gaswolken zusammensetzen. Was ist aber mit den anderen 25 Prozent? Dieser Teil der Dunklen Materie kann also nicht aus der Materie bestehen, die wir kennen; man spricht von »exotischer Dunkler Materie«. Vielleicht handelt es sich um ungeladene Teilchen aus einer umfassenderen Theorie der Teilchenphysik, die man noch nicht direkt beobachtet hat. Ein heißer Kandidat ist das sogenannte Neutralino, das leichteste von der Theorie der Supersymmetrie (vergleiche Kapitel 2 und 5) vorhergesagte Teilchen. Es könnte im frühen Universum entstanden sein und seither im wesentlichen ungestört das Universum bevölkern. Teilchenbeschleuniger wie der LHC am CERN fahnden nach solchen Teilchen. Bisher handelt es sich freilich um reine, wenn auch begründete Spekulation.

Was können wir über die frühe Geschichte des Universums aussagen? Hierzu liefert wieder die Hintergrundstrahlung den Schlüssel. Im heutigen Universum ist sie schwach und wird vom Energiebeitrag her von der Materie bei weitem übertroffen. Man spricht deshalb von der materiedominierten Phase des Universums. Dem war aber nicht immer so. Die Energie der Strahlung nimmt mit der Expansion des Universums stärker ab als die Energie der Materie; zusätzlich zur normalen Verdünnung kommt hier noch die durch die Abkühlung bewirkte Energieabnahme. Rechnet man also nur in der Geschichte des Universums weit genug zurück, so war die Energie der Strahlung irgendwann einmal größer als die der Materie – das Universum war dann strahlungsdominiert. Man kann abschätzen, daß das Universum damals jünger als etwa 50 000 Jahre war.

In gewissem Sinne ist die Situation in einem strahlungsdominierten Universum einfach. Man kann den Zustand durch seine Temperatur charakterisieren, die über die Gleichungen von Friedmann und Lemaître mit dem Weltalter verknüpft wird. Die Thermodynamik ordnet zudem jeder Temperatur auch eine Energie zu. Man muß darüber hinaus nur noch wissen, welche Teilchen und welche Wechselwirkungen vorliegen. Nach Einsteins Formel $E = mc^2$ ist mit der Masse m eines Teilchens ja die Energie E verknüpft. Ist nun die Temperatur des Universums so hoch, daß die zugehörige Energie größer als dieses E ist, so können die Teilchen aus der Strahlung entstehen und mit ihr ins Gleichgewicht kommen; das besagt die im zweiten Kapitel diskutierte Quantenfeldtheorie. Die Geschichte des Universums spiegelt also die verschiedenen Energiebereiche der Teilchenphysik wider; andererseits können wir aus unseren Kenntnissen dieser Physik im Labor die Geschichte des Universums rekonstruieren. Das frühe Universum wirkt also wie ein Teilchenbeschleuniger, zum Teil mit Energien, die das irdisch Mögliche bei weitem übersteigen.

Rekonstruieren wir die Geschichte des strahlungsdominierten Universums von hinten her. Zur Zeit des Übergangs in die materiedominierte Phase bestand das Universum im wesentlichen aus den Kernen der leichtesten Atome, freien Elektronen und Strahlung. Bei den Atomkernen handelte es sich um die von Wasserstoff (also das Proton), von Helium und Spuren der Elemente Lithium, Beryllium und Bor. Alle schwereren Elemente wurden erst viel später in Supernovaexplosionen gebildet. Bei einem Weltalter von etwa einer Minute lagen die Bestandteile des Atomkerns, Protonen und Neutronen, noch ungebunden vor. Erst danach war das Universum so weit abgekühlt, daß sich Protonen und Neutronen zu den leichtesten Atomkernen zusammenfügen konnten. Die Bildung der Atomkerne heißt *Nukleosynthese*. Beobachtungen bestätigen die Elementhäufigkeiten, die sich aus den Rechnungen ergeben; beispielsweise entstand ungefähr ein Viertel des beobachteten Heliums im frühen Universum. Es sei auch betont, daß das erfolgreiche Szenario der Nukleosynthese einen weiteren Test der Allgemeinen Relativitätstheorie liefert. Aus der Nukleosynthese ergibt sich auch der oben erwähnte Baryonengehalt des Universums, der mit etwa fünf Prozent der gesamten Energiedichte zu Buche schlägt.

Was geschah vor der Nukleosynthese, in der ersten Minute der Welt? Bei einem Alter von weniger als einer Sekunde reichte die Energie des Universums aus, um Elektronen und Positronen aus der Strahlung entstehen zu lassen; mit diesen in Wechselwirkung standen zudem die Neutrinos. Kurz hintereinander passierten zwei wichtige Ereignisse. Zuerst entkoppelten sich die Neutrinos von den anderen Teilchen und entwickelten sich seither unabhängig vom Rest der Welt. Sie kühlten im wesentlichen ab und sind wie die Kosmische Hintergrundstrahlung auch heute noch vorhanden; ihr direkter Nachweis steht allerdings noch aus.

Nach der Neutrinoentkopplung unterschritt die Energie des Universums die Schwelle der Elektronmasse; die meisten Elektronen und Positronen annihilierten sich zu Strahlung, und nur ein winziger Rest an Elektronen verblieb – allerdings ein bedeutender Rest, da er sich später mit den Protonen und Neutronen zu Atomen verband und so die Grundlage zu unserer Existenz legte. Bei dieser Annihilation heizte sich das Universum etwas auf. Deshalb stieg die Temperatur über die Temperatur der bereits entkoppelten Neutrinos, weshalb der heute noch vorhandene Neutrinohintergrund etwas kühler als die Kosmische Hintergrundstrahlung ist (knapp unter zwei Kelvin).

Die kosmischen Neutrinos durchdringen ähnlich wie die Photonen der Kosmischen Hintergrundstrahlung das heutige Universum und sind auch um uns herum in großer Zahl vorhanden. Wegen ihrer schwachen Wechselwirkung erscheint ein direkter Nachweis auf absehbare Zeit aussichtslos. Indirekt gibt es allerdings starke Evidenz für das Vorhandensein eines kosmischen Neutrinosees, wie von dem Team des WMAP-Satelliten im März 2008 verkündet werden konnte. Die Neutrinos tragen nämlich zu den strukturellen Details der Anisotropien in der Kosmischen Hintergrundstrahlung bei.

Protonen und Neutronen bestehen jeweils aus drei Quarks. Die Quarks sind so fest aneinander gebunden (durch Austauschteilchen, die man Gluonen nennt), daß sie normalerweise nicht als freie Teilchen vorkommen können. Bei einem Weltalter von einer Hunderttausendstel Sekunde und darunter ist die Energie des Universums jedoch so groß, daß Quarks und Gluonen als freie Teilchen existieren. Natürlich gab es zu einer frühen Zeit auch die Antiteilchen der Quarks, die Antiquarks. Nachdem die

Temperatur des Universums entsprechend gesunken war, annihilierten Quarks und Antiquarks zu Strahlung. Warum dann überhaupt noch Quarks vorhanden sind? Der Grund ist der gleiche wie bei den Elektronen. Es gab eine winzige Menge mehr Quarks als Antiquarks – pro einer Milliarde Antiquarks etwa eine Milliarde plus drei Quarks. Nur der kleine Rest an Quarks ist übriggeblieben. Die Natur besitzt also eine fundamentale Asymmetrie zwischen Baryonen und Antibaryonen – zu unserem Glück. Der Grund für diese Asymmetrie ist vermutlich in fundamentalen Theorien der Teilchenphysik zu suchen, die bei sehr hohen Energien relevant werden. Die Details sind uns noch verborgen. Eine Baryonenasymmetrie läßt sich auch im Standardmodell der Teilchenphysik beschreiben; allerdings reicht diese nicht aus, um die Entstehung der Baryonenasymmetrie im frühen Universum erklären zu können.

Kehren wir wieder in die spätere Zeit zurück, als das Universum in die materiedominierte Phase eintrat, etwa 50 000 Jahre nach dem Urknall. Natürlich ist zu dieser Zeit die Materie noch ionisiert, die Atomkerne sind also noch von den Elektronen losgelöst. Beide wechselwirken intensiv mit der Strahlung, die dadurch an die Teilchen gebunden ist. Mit Materie ist hier die »normale Materie« gemeint. Tatsächlich gibt es aber noch die bereits erwähnte Dunkle Materie, die eine bedeutende Rolle bei der Strukturentstehung spielt. Während die normale Materie noch an die Strahlung koppelt, kann die Dunkle Materie aufgrund ihrer Eigengravitation bereits Klumpen (Inhomogenitäten) – die Keime der Struktur – bilden.

Etwa 380 000 Jahre nach dem Urknall, als die Temperatur durch die Expansion auf ungefähr 3000 Kelvin abgekühlt war, konnten sich endlich neutrale Atome durch die Vereinigung der Elektronen mit den Atomkernen bilden. Diese Atome wurden dann von den bereits existierenden Inhomogenitäten der Dunklen Materie angezogen, was die Strukturbildung wesentlich beschleunigt hat. Die elektromagnetische Strahlung wurde freigesetzt und läuft seither im wesentlichen ungehindert durch das Universum. Man spricht deshalb auch von der Epoche der »Entkopplung«. Es ist diese freigesetzte Strahlung, die wir heute – abgekühlt auf winzige 2,7 Kelvin – als Kosmische Hintergrundstrahlung beobachten. In dieser Strahlung sehen wir quasi einen Schnappschuß des Universums, wie es im Alter von 380 000 Jahren aussah (Abbildung 4.11). Wesentliche Informationen über das frühe Universum stecken in den kleinen Temperaturschwankungen dieser Strahlung – dem Gegenstand des nächsten Abschnitts. Die Epoche der Entkopplung von Strahlung und Materie läutet die »dunkle Phase« in der Geschichte des Universums ein: Die Strahlung kühlt sich auf Wellenlängen im nichtsichtbaren Bereich ab, und die Materie hat noch nicht zu leuchten begonnen. Erst die Bildung der ersten Sterne und Galaxien – bei einem Weltalter von etwa 500 Millionen Jahren – brachte wieder Licht ins Universum. Diese ersten Galaxien können wir auf dem Photo des Weltraumteleskops Hubble bereits sehen (Abbildung 4.2). Bei einem Weltalter von etwa neun Milliarden Jahren bildete sich unser Sonnensystem (und begann die Dominanz der Vakuumenergie im Universum). Bei einem Alter von etwa zehn Milliarden Jahren war die Galaxienbildung abgeschlossen; wir sind beim heutigen Universum angelangt.

Das inflationäre Universum

Wie wir gesehen haben, gibt es starke Hinweise dafür, daß unser Universum heute beschleunigt expandiert. Es spricht aber auch einiges dafür, daß das Universum in seiner extremen Frühzeit schon einmal ein ähnliches Verhalten an den Tag legte. Die Beschleunigung sollte auch in dieser Frühzeit von einer Art Vakuumenergie verursacht worden sein, welche wie eine Kosmologische Konstante wirkte und das Universum für eine kurze Zeit mit Wucht auseinandertrieb. Als Zeitskala für diese beschleunigte Phase stellt man sich etwa 10^{-36} bis 10^{-34} Sekunden nach dem

Urknall vor, also tatsächlich eine äußerst frühe Zeit in der Geschichte des Kosmos. Da die Ausdehnung des Universums ähnlich schnell wie die Geldentwertung bei einer galoppierenden Inflation erfolgt (man denke an das Jahr 1923 in Deutschland), hat es sich eingebürgert, hier von der inflationären Phase, dem inflationären Universum oder kurz: der Inflation zu sprechen. Wegen der zunehmenden Dominanz der Kosmologischen Konstante (beziehungsweise Dunklen Energie) im heutigen Universum steht uns in gewissem Sinne wieder eine solche Inflation bevor. Es ist eine große offene Frage, ob beide Phasen denselben physikalischen Ursprung haben.

Welche Gründe gibt es, eine solche inflationäre Phase anzunehmen? Das erste ausformulierte Modell hierfür wurde 1980 von dem russischen Physiker Alexei Starobinsky diskutiert. Starobinsky wollte ein Modell entwickeln, das ein Universum ohne Anfangssingularität beschreibt; bei Anwesenheit einer Kosmologischen Konstante oder einer Vakuumenergie sind nämlich die Voraussetzungen für die Singularitätentheoreme von Hawking und Penrose nicht mehr notwendigerweise erfüllt. Großer Popularität erfreut sich das inflationäre Universum seit einer Arbeit des US-amerikanischen Physikers Alan Guth aus dem Jahr 1981, die das Bild der modernen Kosmologie wesentlich verändert hat. Guth hat nicht nur den Begriff »Inflation« für diese frühe beschleunigte Phase geprägt, er hat auch darauf hingewiesen, daß hierdurch mindestens drei Probleme des alten Urknallmodells behoben werden. Was sind das für Probleme? Das erste ist gewissermaßen ein hausgemachtes, hat aber direkt mit Guths Motivation für die Inflation zu tun. Spekulative Theorien der Teilchenphysik, die eine Vereinheitlichung aller nichtgravitativen Wechselwirkungen betreffen (siehe zweites Kapitel), sagen nicht nur neue Teilchen voraus, sondern auch die Existenz magnetischer Monopole mit großer Masse. Bisher hat man solche Monopole noch nicht gesichtet; stimmten aber die vereinheitlichten Theorien, so wären bei den hohen Energien im frühen Universum zahlreiche Monopole entstanden, und zwar so viele, daß es auch heute noch von diesen Objekten nur so wimmeln müßte (im Widerspruch zur Erfahrung). Nimmt man aber an, daß es nach der Phase der Monopolerzeugung eine beschleunigte Expansion des Universums gab, so würden dadurch all diese Monopole auseinandergetrieben und so verdünnt worden sein, daß man kaum je einen zu Gesicht bekommen sollte. Die Inflation löst also ein Problem, das man sich in spekulativen Theorien, quasi auf dem Papier, eingehandelt hat. Andererseits werden solche Theorien benötigt, um die Existenz der Inflation überhaupt begründen zu können: Sie könnten nämlich die Vakuumenergien bereitstellen, welche die Beschleunigung des Universums bewirken.

Ernsthafter sind zwei andere Probleme: das Flachheits- und das Horizontproblem. Zunächst zum Flachheitsproblem. Die oben geschilderten Beobachtungen zeigen ja, daß der Dichteparameter Ω sehr nahe bei eins liegt, das Universum also in guter Näherung räumlich flach ist. Warum ist das ein Problem? Expandiert das Universum nicht beschleunigt, sondern verzögert, so entfernt sich im Laufe der Zeit der Ω-Parameter immer weiter von eins; das lehren die Gleichungen von Friedmann und Lemaître. Wenn also bei unserem knapp 14 Milliarden Jahre alten Universum dieser Parameter immer noch nahe bei eins liegt, so muß er in der Vergangenheit noch näher bei eins gelegen haben – oder aber exakt gleich eins gewesen sein. Das ist natürlich kein logischer Widerspruch; das Universum kann einfach von Anfang an so »eingestellt« worden sein. Freilich stößt eine solche Feineinstellung bei den meisten Physikern auf wenig Gegenliebe, zumindest solange sich kein Grund dafür abzeichnet. Wir werden sehen, daß der Einbau einer inflationären Phase das Problem behebt.

Das Horizontproblem ist von ähnlicher Natur. Auch es beinhaltet keinen logischen Widerspruch des alten Urknallmodells, sondern bereitet nur Kopfzerbrechen, wenn man annimmt (wie man es in der Physik tut), daß Bedingungen in der Vergangenheit die Gegenwart »erklären« können, wenn man also von einer Art intuitiver Kausalität ausgeht. Das Problem hat mit der hohen Isotropie der Hintergrundstrahlung zu tun. Diese Strahlung ist ja das Relikt der heißen Frühphase des Universums und wurde 380 000 Jahre nach dem Urknall von der Materie entkoppelt und freigesetzt. Zur Zeit dieser Entkopplung konnten aber viele Bereiche dieser Strahlung noch nichts voneinander wissen; seit dem Urknall war nicht genügend Zeit verflossen, um alle Teile der Strahlung in Kontakt zu bringen. So war zum Beispiel die Strahlung, die wir heute in entgegengesetzten Richtungen am Himmel wahrnehmen, zur Zeit der Entkopplung ungefähr 86 Millionen Lichtjahre voneinander entfernt, was viel mehr als die erreichbaren 380 000 Lichtjahre ist. Woher also diese verblüffende Isotropie? Man sollte meinen, daß sie durch eine intensive Wechselwirkung zustande kam. Wie aber konnte sich die Temperatur ohne Wechselwirkung auf einen gemeinsamen Wert einpendeln?

Das Problem des kausalen Zusammenhangs hat mit dem Horizont zu tun, also der Grenze des Bereichs, den das Licht seit dem Urknall durchlaufen konnte. Wann immer es einen solchen Horizont, genauer: Teilchenhorizont gibt, besteht im Prinzip auch ein Horizontproblem. Betrachten wir eine Situation ähnlich der in Abbildung 4.4 dargestellten, skizziert in Abbildung 4.12. Nach oben ist die Zeit (genauer: die konforme Zeitkoordinate) aufgetragen, nach rechts der Raum (genauer: eine der drei Raumdimensionen). Die Weltlinien der Objekte (»Galaxien«) sind senkrechte Linien; das Licht bewegt sich auf Geraden, die um 45 Grad zu den Achsen geneigt sind. Betrachten wir zwei Galaxien A und B, die von uns aus betrachtet gleichweit in entgegengesetzter Richtung stehen. Wir sehen heute von Galaxie A das Licht, das sie beim Ereignis I, und von Galaxie B das Licht, das sie beim Ereignis II ausgesandt hat. Zu der Zeit, als das Licht der beiden Galaxien ausgestrahlt wurde, standen die beiden aber noch nicht in kausalem Kontakt (beziehungsweise kamen gerade eben in Kontakt), da die beiden Weltlinien nicht im Rückwärtskegel der jeweils anderen Weltlinie liegen. Sehen die Galaxien ähnlich aus, so fragt man sich, wie dies möglich ist, obwohl es keinen gemeinsamen Entstehungsprozeß durch direkte Wechselwirkung gibt. Im Falle der Hintergrundstrahlung sehen wir die Strahlung aus entgegengesetzten Richtungen, die zu einem weit früheren Zeitpunkt als die zu I und II gehörende Zeit ausgesandt wurde. Es bestand damit keine Möglichkeit, sich auf eine gemeinsame Temperatur »abzusprechen«; man müßte in diesem Fall einfach hinnehmen, daß die Isotropie der Strahlung von Anfang an bestand, daß es also keine kausale Erklärungsmöglichkeit gibt. Das ist das Horizontproblem.

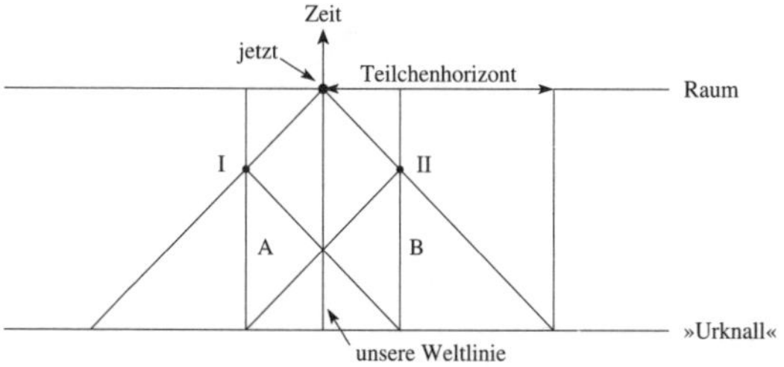

4.12 Zum Horizontproblem; das Diagramm entspricht Abbildung 4.4.

Das Horizontproblem hat noch eine weitere Facette. Nach gängigen Vorstellungen sind die Galaxien aus Dichteschwankungen im frühen Universum entstanden. Im alten Urknallmodell haben diese Schwankungen aber wegen des Horizontproblems keinen Kontakt miteinander; man kann dort also die Galaxienentstehung nicht kausal erklären – eine unbefriedigende Situation.

Diese Probleme lassen sich lösen, wenn man annimmt, daß es im frühen Universum eine inflationäre Phase gab. Betrachten wir kurz nach dem Urknall ein Raumgebiet, das so klein ist, daß alle Punkte in diesem Gebiet bereits in kausalem Kontakt stehen konnten. Die Energie zu dieser sehr frühen Zeit soll so groß gewesen sein, daß spekulative Theorien der Teilchenphysik zur Beschreibung herangezogen werden müssen. Natürlich wird es viele solcher Gebiete geben. Nehmen wir weiter an, daß zumindest in einigen dieser Gebiete die Vakuumenergie dominiert, was zu Effekten wie bei einer Kosmologischen Konstante führt: Das entsprechende Gebiet wird sich sehr schnell (»exponentiell«) aufblähen. Ein kleiner Teil eines aufgeblähten Bereichs wird sich dann zu dem von uns heute beobachtbaren Universum entwickeln. Das ist in Abbildung 4.13 skizziert.

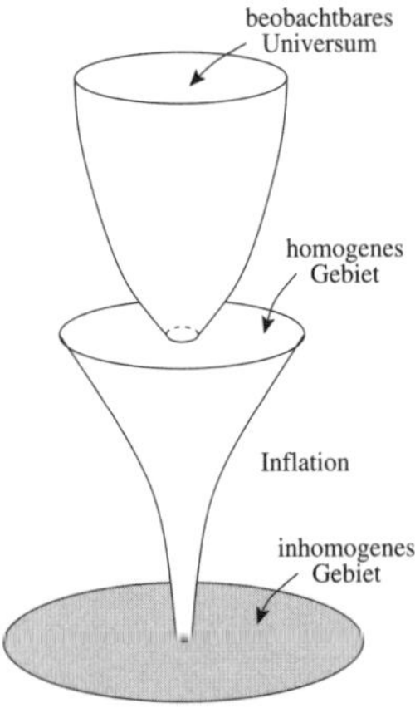

4.13 Winzige homogene Bereiche in der Phase vor der Inflation blähen sich während der Inflation enorm auf. Aus einem kleinen Teil dieses aufgeblähten Bereichs entwickelt sich das heutige beobachtbare Universum, das ungefähr homogen ist.

Demnach würden wir heute nur einen sehr kleinen Teil des Universums überblicken, und zwar einen Teil, der annähernd homogen ist. Jetzt wird auch klar, warum die Inflation das Flachheits- und Horizontproblem auflöst. Ein weit aufgeblasener Ballon sieht für ein zweidimensionales Wesen auf dem Ballon lokal immer flach aus; das gleiche trifft auf einen menschlichen Beobachter zu, der lokal die Erde als Scheibe wahrnimmt. Unabhängig davon, wie groß die Krümmung des Universums in unsichtbaren Fernen ist, überblicken wir nur den lokalen flach aussehenden Teil; aus diesem Grund messen wir einen Dichteparameter in der Nähe von eins.

Das Horizontproblem wird durch die Inflation gelöst, weil das ganze beobachtbare Universum jetzt *einem* kausal zusammenhängenden Bereich entstammt. Die Regionen, aus denen die Kosmische Hintergrundstrahlung zu uns kommt, waren früher alle einmal in Kontakt gewesen; dadurch konnte sich eine gemeinsame Temperatur für die Strahlung einstellen. Auch die Entstehung und Entwicklung der Galaxien läßt sich mit Hilfe des inflationären Szenarios auf befriedigende Weise kausal erklären.

Soweit die allgemeine Idee der Inflation. Läßt sie sich durch ein physikalisches Modell realisieren? Hier sieht die Lage nicht mehr ganz so rosig aus. Tatsächlich gibt es viele Modelle, die das leisten können. Sie werden im allgemeinen so konstruiert, daß sie zu einer ausreichenden Dauer für die Inflation führen. Die wenigsten dieser Modelle lassen sich aber im Rahmen einer grundlegenden Theorie begründen. Wie bei der Dunklen Energie zieht man eines oder mehrere Quantenfelder heran (Inflatonfelder genannt), die eine geeignete potentielle Energie besitzen, um die Wirkung einer Kosmologischen Konstante zu simulieren. Die meisten der heutzutage diskutierten Modelle sind eine Variante der sogenannten »chaotischen Inflation«, die der russische Physiker Andrei Linde 1983 entwickelt hat. Der Begriff »chaotisch« soll zum Ausdruck bringen, daß das Szenario bei beliebigen, also in gewissem Sinne chaotischen Anfangsbedingungen funktionieren soll. Am Anfang kann eine extrem inhomogene Verteilung des Inflatons und der Raumkrümmung vorliegen; beispielsweise wird kein thermisches Gleichgewicht benötigt. Die Parameter in der potentiellen Energie müssen freilich sorgfältig ausgewählt werden, damit es auch wirklich zur Inflation kommt.

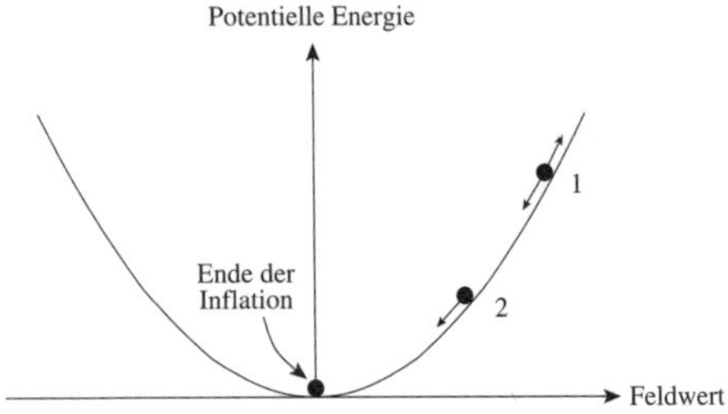

4.14 Zu Lindes Modell der chaotischen Inflation

In Abbildung 4.14 ist ein typisches Beispiel für die chaotische Inflation skizziert. Aufgetragen ist die potentielle Energie eines Inflatonfelds gegen den Feldwert. Nehmen wir an, am Anfang liege ein großer Feldwert vor, im Bild durch 1 gekennzeichnet. Die Quantenfeldtheorie lehrt dann, daß es große Quantenfluktuationen gibt und sich das Inflaton im Potential mit kleinen Zufallsschwankungen nach oben und nach unten bewegt. Solange der Feldwert ungefähr konstant bleibt, simuliert das Inflaton eine Vakuumenergie – das Universum dehnt sich beschleunigt aus. Bei etwas niedrigeren Anfangswerten (Stelle 2) sind die Quantenfluktuationen kleiner; das Feld bewegt sich wie in einer zähen Flüssigkeit langsam nach unten. Dabei simuliert es noch immer eine Vakuumenergie, die aber allmählich abnimmt. Ist das Feld unten angekommen, so schwingt es um seinen Gleichgewichtswert; die Vakuumenergie hat sich aufgelöst, und die Phase der Inflation ist beendet. Nach der Quantenfeldtheorie haben diese Schwingungen die Erzeugung von vielen Teilchen zur Folge, welche durch ihre Bewegungsenergie das Universum aufheizen können. Das bewirkt den Übergang in die strahlungsdominierte Phase des Universums. Praktisch alle Materie im Universum entsteht bei diesem Übergang. Von nun an (also etwa von 10^{-34} Sekunden nach dem Urknall an) läuft die Entwicklung wie im alten Urknallmodell und wie oben geschildert weiter. Die Details des Aufheizens sind freilich noch ungeklärt.

Bei den mehr oder weniger beliebigen Anfangsbedingungen der chaotischen Inflation werden die unterschiedlichen Feldwerte alle irgendwo angenommen. Allerdings erleben nur diejenigen Bereiche eine Inflation, in denen das Feld groß genug ist; diese Bereiche werden dann gewaltig aufgebläht und dominieren das gesamte Volumen. Jeder dieser Bereiche wird homogen, und der beobachtbare Teil unseres Universums entspringt einem dieser homogenen Bereiche. Dieses Bild mutet zweifellos barock an: ein Universum, dessen wahre Größe wir nicht kennen und das aus vielen kausal unzusammenhängenden Bereichen besteht, von denen wir niemals mehr als einen winzigen Teil eines dieser Bereiche kennenlernen können. Manchmal spricht man hier von einem »Multiversum«, das aus vielen voneinander unabhängigen Universen besteht. Entwicklungen in der Quantengravitation (siehe nächstes Kapitel) unterstützen in gewissem Sinn dieses Bild. Es gibt für dieses gewaltige Universum (oder Multiversum) weder einen gemeinsamen Urknall noch einen gemeinsamen Endknall, da es ja nicht mehr homogen ist. Einige Bereiche werden für immer expandieren, andere irgendwann einmal kollabieren.

In den Bereichen mit großen Anfangswerten für das Inflatonfeld (Bereich 1 in Abbildung 4.14) können die Quantenfluktuationen in einem Teilbereich so groß werden, daß das Feld im Potential noch weiter nach oben getrieben wird. In diesen Teilbereichen verstärkt sich die Expansion weiter. Auch dort gibt es wieder Teilbereiche mit noch höheren Feldwerten und so fort. Es wird also immer Bereiche geben, die sich inflationär ausdehnen. Linde spricht hier von der ewigen Selbstreproduktion des inflationären Universums.

Im Vergleich zum alten Urknallmodell bietet dieses Szenario ein reichlich bizarres Bild. Unwillkürlich fühlt man sich an den kastilischen König Alfons den Weisen erinnert, der gesagt haben soll, daß er Gott für die Einrichtung des Weltalls besser hätte beraten können, wenn er bei der Schöpfung dabeigewesen wäre – und damit meinte er nur das im Vergleich hierzu nachgerade einfach wirkende Ptolemäische Weltsystem.

Ob ein solches Bild von der Welt der Realität entspricht, wissen wir freilich nicht. Die Existenz einer inflationären Phase läßt sich allerdings durch Beobachtungen stützen oder widerlegen. So folgen aus der Annahme der Inflation eine räumliche Geometrie, die mit hoher Genauigkeit flach ist, sowie bestimmte Eigenschaften für die kleinen Anisotropien in der Kosmischen Hintergrundstrahlung. Beides wird bisher von den Beobachtungen nahegelegt. Was die Anisotropien mit Inflation sowie mit Quantentheorie zu tun haben, wird im nächsten Abschnitt aufgeklärt. Realistische Alternativen zur Inflation sind zur Zeit nicht in Sicht. In Lindes Worten: Inflation ist das beste Pferd im Stall; es ist aber auch im Augenblick das einzige.

Strukturentstehung aus Quantenfluktuationen

Die Kosmische Hintergrundstrahlung zeigt uns einen Schnappschuß des Universums 380 000 Jahre nach dem Urknall. Diese Strahlung ist hochgradig isotrop. Sie erreicht uns aus jeder Richtung mit einer Temperatur von ungefähr 2,7 Kelvin. Es gibt allerdings kleine Abweichungen (Anisotropien), die weniger als ein Hunderttausendstel Kelvin betragen, vergleiche Abbildung 4.11. Diese winzigen Anisotropien sind der Ursprung für alle Inhomogenitäten im Universum, angefangen von den Galaxienhaufen und Galaxien bis hinunter zu den Sternen und Planeten. Bei einer exakt isotropen Strahlung wäre die Strukturbildung undenkbar; das Universum wäre und bliebe homogen und damit äußerst langweilig (es gäbe dann aber auch keinen, der sich langweilen könnte).

Die Ursache für diese kleinen Temperaturschwankungen sind Fluktuationen in der Dichte der Materieverteilung zur Zeit der

Photonenentkopplung. Damit verbunden sind unweigerlich Fluktuationen im Gravitationsfeld und damit in der Raumgeometrie; der Raum besteht aus einer Vielzahl von statistisch verteilten kleinen Tälern und Hügeln. Es kommt daher für Photonen, die uns aus diesen Gebieten erreichen, zu der im ersten Kapitel diskutierten Rot- beziehungsweise Blauverschiebung. Ein Photon, das uns aus einem Tal erreicht, legt im Gravitationsfeld einen längeren Weg zurück und ist deshalb im Vergleich zu einem Photon aus der »Ebene« (dem gemittelten Gravitationsfeld) rotverschoben; entsprechend ist ein aus einem Hügel stammendes Photon blauverschoben. Rotverschiebung entspricht einer Temperaturabsenkung, Blauverschiebung einer Temperaturerhöhung, was zu dem in Abbildung 4.11 dargestellten Flekkenteppich der kleinen Temperaturdifferenzen führt. Es handelt sich also um einen Effekt der Allgemeinen Relativitätstheorie, wie er auch dem Positionierungssystem GPS zugrunde liegt.

Eine genauere Untersuchung der Temperaturdifferenzen zeigt, daß bei kleineren Winkelskalen einige Regelmäßigkeiten vorliegen. So gibt es ausgeprägte Spitzen (*Peaks*) in der Temperaturanisotropie, die von Schwingungen ähnlich der von Schallwellen herrühren; man nennt sie deshalb auch akustische Peaks. Sie stammen aus der Zeit vor der Entkopplung, als Photonen und Baryonen noch aneinander gekoppelt sind. Während der Druck der Photonen nach außen gerichtet ist und die Anisotropien auswischen will, wollen die Baryonen aufgrund der Gravitationsanziehung kollabieren; es ergeben sich gemeinsame Schwingungen. Zum Zeitpunkt der Entkopplung werden die verschiedenen Wellenlängen der »Photon-Baryon-Flüssigkeit« in ihrem jeweiligen Schwingungszustand eingefroren. Diejenigen Wellenlängen, die sich zu diesem Zeitpunkt gerade im Zustand maximaler Verdichtung oder Verdünnung befinden, führen zu einem Maximalwert für die Temperaturanisotropie, da die losgelösten Photonen dann eine maximale Rot- oder Blauverschiebung erleiden. Das ergibt die akustischen Peaks.

Die in Abbildung 4.11 zu sehende Verteilung der Temperaturschwankungen enthält eine Fülle von Informationen. Ihre genaue Form hängt nämlich von allen relevanten kosmologischen Parametern ab. Die präzise Ausmessung der Temperaturverteilung ergibt zusammen mit den oben geschilderten Beobachtungen insbesondere der Supernovae das stimmige Bild eines Universums, das räumlich annähernd flach ist, heute beschleunigt expandiert, einen gewichtigen Anteil von Dunkler Materie und Dunkler Energie enthält und ungefähr 13,7 Milliarden Jahre alt ist.

Woher kommen aber die kleinen Fluktuationen, aus denen schließlich die Galaxien entstanden sind? In dem alten Urknallmodell ohne Inflation blieb dies ein Rätsel. Wie im Zusammenhang mit dem Horizontproblem geschildert, ist im alten Modell der größte Teil des Universums zur Zeit der Strahlungsentkopplung seit dem Urknall ohne kausale Wechselwirkungsmöglichkeit gewesen; sowohl die Gleichförmigkeit in der Temperatur als auch die winzigen Schwankungen bleiben unerklärt.

Auch für die Erklärung der Fluktuationen erweist sich die Annahme einer inflationären Phase als rettender Anker. Der Bereich des Universums, aus dem die Hintergrundstrahlung stammt, war zu einer extremen Frühzeit (am Anfang der Inflation) in kausalem Kontakt gewesen. Man nimmt an, daß es in dieser Frühzeit noch keine Materie oder Strahlung im üblichen Sinne gab. Außer dem Gravitationsfeld lag, neben eventuell noch vorhandenen anderen unbekannten Feldern, nur das Inflatonfeld vor, das ja für das Auftreten der inflationären Phase verantwortlich zeichnet. Die vorherrschende Meinung ist, daß Gravitationsfeld und Inflatonfeld in ihrem Grundzustand, ihrem quantentheoretischen Vakuumzustand, vorlagen. Es gäbe dann nur die von der Heisenbergschen Unbestimmtheitsrelation vorhergesagten unvermeidbaren Quantenfluktuationen – virtuelle Teilchen, die permanent vernichtet und wieder erzeugt werden. Warum der Vakuumzustand? Könnte nicht ein komplizierterer Quantenzustand vorliegen? Gewiß, es gibt aber triftige Gründe für diese Annahme. Zum einen wird sie von Überlegungen im Rahmen der Quantenkosmologie nahegelegt (siehe Kapitel 6). Zum anderen ist der Vakuumzustand der einfachste und symmetrischste Zustand – und ästhetische Gesichtspunkte spielen in der Physik eine nicht zu unterschätzende Rolle.

Die Dichtefluktuationen zur Zeit der Strahlungsfreisetzung sind aber keine Quantenfluktuationen mehr; es handelt sich um Schwankungen, die im Rahmen der Klassischen Physik beschrieben werden können. Wie entstehen diese klassischen Fluktuationen aus den Quantenfluktuationen des extrem jungen Universums? Hier schließt sich der Kreis zu den im zweiten Kapitel diskutierten Grundlagenfragen der Quantentheorie. Dort haben wir gesehen, wie klassische Eigenschaften entstehen – durch Dekohärenz, die irreversible und unvermeidliche Wechselwirkung mit der Umgebung. Die Dekohärenz ist auch dafür verantwortlich, daß die Quantenfluktuationen im frühen Universum (auch primordiale Quantenfluktuationen genannt) zu klassischen Dichtefluktuationen werden. Wie kann das geschehen? Wo soll die Umgebung herkommen?

Umgebung ist nur eine Metapher für Freiheitsgrade, die mit dem interessierenden System wechselwirken, selbst aber unzugänglich (irrelevant) sind. Die Wechselwirkung verursacht einen verschränkten Zustand zwischen System und Umgebung und führt dazu, daß die quantenmechanischen Eigenschaften des Systems in Korrelationen mit der Umgebung abwandern; am System selbst sind sie dann nicht mehr sichtbar. Kandidaten für die Umgebung der primordialen Fluktuationen können andere Felder von noch unbekannter Natur sein, aber auch Teile des Systems (Gravitation und Inflaton) selbst, die unbeobachtbar sind. Das können etwa kleine Wellenlängen sein, die mit den sichtbaren Wellenlängen wechselwirken, aber nicht selber in Erscheinung treten; es können auch die Teile der Wellenlängen sein, die jenseits des Horizonts liegen und aus diesem Grund unsichtbar sind. Während der Inflation wird aus dem Vakuumzustand ein komplizierter angeregter Quantenzustand. Die jeweiligen Rechnungen zeigen dann, daß die Dekohärenz während der Inflation wirksam wird und aus den primordialen Quantenfluktuationen Dichtefluktuationen macht, die sich klassisch verhalten und die zu den Temperaturschwankungen in der Kosmischen Hintergrundstrahlung führen.

Der ursprünglich angenommene hochsymmetrische Vakuumzustand ist homogen. Daran ändert sich auch nach der Dekohärenz nichts. Der Gesamtzustand ist eine Überlagerung (Superposition) von inhomogenen Einzelzuständen, insgesamt aber homogen. Um zu verstehen, warum wir klassische Inhomogenitäten beobachten, müssen wir den Bezug zu den Interpretationen der Quantentheorie herstellen. Gibt es einen Kollaps der Wellenfunktion, so bleibt von der Überlagerung nur ein inhomogener Einzelzustand übrig, den wir beobachten. Halten wir hingegen an der Vielwelten- oder Everett-Interpretation fest, so existiert der Beobachter in zahlreichen Varianten, die jeweils nur einen inhomogenen Einzelzustand in der homogenen Überlagerung wahrnehmen. Das beobachtete Ergebnis ist jedesmal das gleiche und interpretationsunabhängig. Wir begegnen also auch in der Physik des frühen Universums dem Meßproblem der Quantentheorie.

Nach diesem Szenario (und ein besseres gibt es derzeit nicht) entstanden die im Universum beobachteten Strukturen, also Galaxienhaufen und Galaxien, aus den wegen der Unbestimmtheitsrelation unvermeidbar vorhandenen Quantenfluktuationen im frühen Universum. Die entsprechende quantenmechanische Wahrscheinlichkeitsverteilung spiegelt sich in der räumlichen Verteilung dieser Strukturen wider. Nur der Quantenkosmos läßt uns verstehen, woher wir kommen.

5
Quantengravitation

Das Wissen gründet sich am Schluß auf die Anerkennung.
Ludwig Wittgenstein

Warum ist die Gravitation nicht klassisch?

Im Juli 1955 trafen sich in Bern 89 Wissenschaftler, um das fünfzigjährige Jubiläum der Speziellen Relativitätstheorie zu feiern. Dabei sollte es auch um eine Art Bestandsaufnahme darüber gehen, welche Fortschritte die Arbeit auf dem Gebiet der Speziellen und Allgemeinen Relativitätstheorie aufzuweisen hatte und welches die dringlichsten offenen Probleme waren. Einstein selbst konnte an dem Treffen nicht mehr teilnehmen; er war drei Monate zuvor in Princeton gestorben.

Der Präsident der Konferenz war Wolfgang Pauli, von vielen als eine Art Einstein-Nachfolger gehandelt. In seinem Schlußwort gelangt er schließlich »an die Grenze unseres Wissens, an die Fragen der Quantisierung des Feldes«, deren Schwierigkeiten er beschreibt. Gemeint ist damit die Quantisierung des Gravitationsfeldes und die Konstruktion einer Theorie, die Quantentheorie und Relativitätstheorie konsistent miteinander vereinigt – einer Theorie der *Quantengravitation*. Darunter versteht man nicht eine Quantentheorie für Teilchen und Felder *in* einer äußeren (im allgemeinen gekrümmten) Raumzeit, sondern eine Quantentheorie für die Raumzeit selbst; die Geometrie der Raumzeit ist ja gerade die Manifestation der Gravitation. In einer Quantengravitation sollten Raum und Zeit nicht mehr die Rolle eines unbeweglichen Hintergrundes spielen, sondern gleichberechtigt teilhaben am Geschehen der Teilchen und Felder. In dieser dynamischen Rolle von Raum und Zeit sieht Pauli die Hauptschwierigkeit bei der Quantisierung der Gravitation.

Der aus Deutschland stammende und in die USA emigrierte Physiker Peter Bergmann (1915 bis 2002), der selbst Wesentliches zu dieser Frage beigetragen hat, sagt in seinem Berner Vortrag: »Auf die Frage, ob ich das Gravitationsfeld quantisieren kann, muß ich leider noch immer mit einem ›Noch nicht‹ antworten. Aber auf die Frage, ob es überhaupt möglich ist, denke ich, kann man ehrlich sagen: ›Höchstwahrscheinlich ja‹.« Doch auch heute noch, mehr als fünfzig Jahre nach dieser Konferenz, gilt die Konstruktion einer Quantentheorie der Gravitation als ungelöstes Problem. Was ist der Grund dafür? Und warum ist dieses Problem so bedeutsam, daß sich mehrere Generationen von Theoretikern um dessen Lösung bemüht haben und noch immer bemühen?

Ein wichtiger Grund, wenn nicht gar der wichtigste, ist der Glaube an die Vereinheitlichung aller Wechselwirkungen. Das entspricht der Position eines Reduktionismus, wonach sich die Physik auf immer weniger Theorien mit immer weniger Wechselwirkungen reduziert – am Ende auf eine einzige »Theorie für alles« oder *Alltheorie*, aus der dann die einzelnen Wechselwirkungen und Erscheinungen zumindest im Prinzip abgeleitet werden können. Die Geschichte der Wissenschaft scheint dieser Idee recht zu geben. Was ursprünglich einmal getrennte Theorien für Optik, Magnetismus und Elektrizität waren, haben sich später als verschiedene Aspekte einer Theorie des Elektromagnetismus entpuppt; ein modernes Beispiel für einen erfolgreichen Reduktionismus ist die Vereinigung von elektromagnetischer und schwacher Kraft zur elektroschwachen Wechselwirkung, die neben der starken Wechselwirkung Teil des Standardmodells der Teilchenphysik ist.

Warum sollte sich nicht auch die Gravitation in ein einheitliches Bild einfügen lassen? Immerhin koppelt die Gravitation universell an jede Form von Energie, da jeder Energie eine Masse entspricht und eine Masse ein Gravitationsfeld erzeugt. Da alle anderen Wechselwirkungen bereits erfolgreich durch Quantentheorien beschrieben werden, sollte dies auch für die Gravitation möglich, wenn nicht gar notwendig sein.

Die Einbeziehung der Gravitation könnte sich auch für die anderen Quantenfeldtheorien als hilfreich erweisen. Wie im zweiten Kapitel geschildert, sind diese von Unendlichkeiten durchsetzt, die man mühevoll in Parameter stecken muß, die nur dem Experiment entnommen werden können, sich also nicht berechnen lassen. Diese Unendlichkeiten (*Divergenzen*) treten auf, weil man es mit beliebig kleinen Längen und nach der Unschärferelation damit mit beliebig hohen Impulsen und Energien zu tun hat. Eine Quantisierung von Raum und Zeit könnte da vielleicht Abhilfe schaffen. Insbesondere Heisenberg und Pauli haben schon früh über diese Möglichkeit spekuliert. Wir werden in den folgenden Abschnitten sehen, inwieweit sich solche Spekulationen tatsächlich realisieren lassen.

Vielleicht mögen einen diese allgemeinen Gründe unbekümmert lassen. Ist es nicht müßig, nach einer neuen Theorie zu suchen, solange sich alle bekannten Beobachtungen und Experimente im Rahmen der bewährten Theorien beschreiben lassen? Durchaus nicht. In den bewährten Theorien gibt es nämlich begriffliche Lücken. So haben wir bereits die Singularitätentheoreme der Allgemeinen Relativitätstheorie kennengelernt: Unter allgemeinen Bedingungen kann man zeigen, daß es Grenzen in der Raumzeit gibt, über die hinweg Einsteins Theorie keine Aussagen treffen kann. Und diese Grenzen existieren in physikalisch wichtigen Situationen! Das Innere von Schwarzen Löchern sowie deren Verdampfungsphase gehören ebenso dazu wie der Anfang des Universums. Will man auch diese Bereiche verstehen, so benötigt man eine umfassendere Theorie. Da es historisch die Quantenmechanik war, die analoge Probleme der klassischen

Elektrodynamik (wie die Instabilität der Atome) beseitigen konnte, nimmt man allgemein an, daß es eine Quantengravitation sein werde, welche ohne Singularitäten auskommen und ein eindeutiges Bild vom Anfang des Universums und der Entwicklung Schwarzer Löcher zeichnen könne.

Daß das Gebäude der Physik noch nicht vollendet sein kann, zeigt sich vielleicht nirgends deutlicher als bei dem »Problem der Zeit«. Allgemeine Relativitätstheorie und Quantentheorie weisen jeweils einen Zeitbegriff auf, wie er unterschiedlicher nicht sein könnte. Die Quantenmechanik hat direkt Newtons absolute Zeit übernommen. Die Zeit ist dort ein äußerer Parameter, der unbeeinflußt vom physikalischen Geschehen ist, aber dennoch unverzichtbar für die Interpretation der Quantentheorie. So entwickeln sich die Wellenfunktionen in der Zeit, wobei die gesamte Wahrscheinlichkeit erhalten bleibt, also zeitunabhängig ist. Auch mit der Speziellen Relativitätstheorie ändert sich daran wenig; zwar vereinigen sich dort Raum und Zeit zur vierdimensionalen Raumzeit, diese bietet aber nur die feste Bühne für eine Dynamik, die das Gefüge der Raumzeit nicht antastet. Erst die Allgemeine Relativitätstheorie befreit die Raumzeit von diesen Fesseln und unterwirft sie dynamischen physikalischen Gleichungen – den Einstein-Gleichungen. Somit wird die Zeit als Teil der Raumzeit dynamisch. Da die Zeit nun nicht sowohl absolut (wie in der Quantentheorie) als auch dynamisch (wie in der Relativitätstheorie) sein kann, muß die gegenwärtige Physik unvollständig sein. Man erwartet, daß eine vereinigte Theorie der Quantengravitation den Zeitbegriff harmonisiert; wie das genau geschehen könnte, werden wir später sehen.

Im zweiten Kapitel haben wir gesehen, daß alles auf eine universelle Gültigkeit der Quantentheorie hindeutet. Insbesondere scheint sich das Superpositionsprinzip zu bewähren, wann immer es die experimentelle Kunst erlaubt. Natürlich läßt sich diese Universalität nicht mathematisch beweisen, sondern nur empirisch erhärten. Nimmt man freilich deren Gültigkeit an, so *muß* auch das Gravitationsfeld selbst von Quantennatur sein. Eine quantenmechanische Superposition eines Objektes an verschiedenen Orten ist immer auch eine Superposition von dessen Masse und damit des von ihm erzeugten Gravitationsfeldes. Also genügt auch das Gravitationsfeld dem quantenmechanischen Überlagerungsprinzip – es sei denn, man nimmt an, daß die Quantentheorie dann nicht mehr gilt. Das wäre beispielsweise der Fall, wenn es einen dynamischen Kollaps der Wellenfunktion gäbe.

Falls das Gravitationsfeld wie erwartet tatsächlich ein Quantenfeld ist, hat das weitreichende Auswirkungen für den Kosmos als Ganzen – er wird zum Quantenkosmos. Da die Gravitation die einzige Wechselwirkung ist, die auf großen Skalen dominiert, kann nämlich das Universum auf fundamentaler Ebene nur mit Hilfe der Quantengravitation verstanden werden. Wie Quantenkosmologie funktioniert und welche Einsichten sie bereithält, werden wir im nächsten Kapitel sehen.

Einer der frühen Pioniere bei der Suche nach einer Quantengravitation war Matvei Bronstein (1906 bis 1938). Anfang der dreißiger Jahre gehörte er, zusammen mit Lew Landau, George Gamow und anderen, zu den brillantesten Theoretikern der Sowjetunion. Sein Schicksal war tragisch: 1938 fiel er dem stalinistischen Terror zum Opfer. Bronstein befaßte sich unter anderem mit Gedankenexperimenten zur Messung eines quantisierten Gravitationsfeldes. Solche Gedankenexperimente waren in der Quantentheorie allgemein in Mode gekommen, nachdem Heisenberg und später Bohr und Einstein im Zusammenhang mit den Unbestimmtheitsrelationen davon häufigen Gebrauch gemacht hatten. Nach diesen Relationen waren ja konjugierte Größen wie Ort und Impuls nicht gleichzeitig meßbar; einzelne Größen wie der Ort alleine oder der Impuls alleine konnten im Prinzip aber beliebig genau bestimmt werden. In der Quantenelektrodynamik schienen sich jedoch viel drastischere Einschränkungen zu ergeben. So behaupteten 1931 Landau und der aus

Deutschland stammende Physiker Rudolf Peierls (1907 bis 1995), daß auch einzelne Größen, beispielsweise das quantisierte elektrische Feld, nicht beliebig genau gemessen werden können. Hätte eine solche Theorie mit derart fundamentalen Beschränkungen noch eine Bedeutung? Gemeinsam mit dem belgischen Physiker Léon Rosenfeld (1904 bis 1974) widmete sich Bohr 1933 dem Problem in einer ausführlichen Arbeit. Die beiden kamen zu dem Schluß, daß es für die Elektrodynamik keine prinzipiellen Beschränkungen der Meßbarkeit einzelner Feldgrößen gebe, sondern nur die sowieso von den Unbestimmtheitsrelationen vorhergesagten Beschränkungen an konjugierte Größen. (In der Elektrodynamik sind elektrisches und magnetisches Feld analog zu Ort und Impuls konjugierte Größen, können also nicht gleichzeitig beliebig genau gemessen werden.) In den Gedankenexperimenten kam das dadurch zum Ausdruck, daß über die elektrische Ladung von Probekörpern im Prinzip frei verfügt werden konnte.

Hier knüpfte nun Bronstein an. Er übertrug das von Bohr und Rosenfeld diskutierte Gedankenexperiment auf die Messung des Gravitationsfeldes. Dort spielt statt der Ladung die Masse die entscheidende Rolle. Über diese kann aber nicht mehr frei verfügt werden. Wird sie nämlich zu groß, kann der Schwarzschild-Radius eines Körpers dessen Dimensionen übersteigen – der Körper wird zu einem Schwarzen Loch (ein Begriff, den Bronstein freilich noch nicht kannte). Bronstein forderte nun, daß die Masse eines Probekörpers diese Grenze nicht übersteigen dürfe. In seinem Gedankenexperiment fand er dann, daß das Gravitationsfeld nicht mehr mit beliebiger Genauigkeit gemessen werden konnte. Er schloß daraus, daß es eine fundamentale Beschränkung an die Gültigkeit der Riemannschen Geometrie geben müsse; schließlich ist Gravitation nichts anderes als Geometrie. Bronstein schrieb, daß man möglicherweise die gewohnten Vorstellungen von Raum und Zeit über Bord werfen und sie durch fundamentalere und völlig unerwartete Begriffe ersetzen müsse. Natürlich ist durch Bronsteins Untersuchung nicht bewiesen, daß es keine Situation gibt, in der das Gravitationsfeld nicht genau meßbar ist; sie zeigt aber, daß man zumindest mit herkömmlichen Methoden an eine Grenze stößt. Wir werden später sehen, wie aktuelle Zugänge zur Quantengravitation nahelegen, daß es eine kleinste Länge im Raum gibt, unterhalb derer die klassische Geometrie ihre Bedeutung verliert.

Auch wenn viele Argumente für eine Quantisierung der Gravitation sprechen, folgt daraus noch nicht deren logische Notwendigkeit. So haben immer wieder einzelne Autoren versucht, eine fundamentale Theorie zu konstruieren, in der die klassische Natur des Gravitationsfeldes unangetastet bleibt, während alle anderen Freiheitsgrade durch Quantenfelder beschrieben werden; man bezeichnet solche Theorien zuweilen als »semiklassisch«. Bisher war solchen Versuchen kein Erfolg beschieden. Die einfachste Möglichkeit kann man sogar mit einem Experiment (das in einer analogen Form tatsächlich durchgeführt wurde) widerlegen. Wie lautet die einfachste semiklassische Theorie? Einsteins Feldgleichungen der Gravitation enthalten ja zwei Teile (Kapitel 1), einen die Geometrie und einen die Materie (alle nichtgravitativen Freiheitsgrade) betreffend. Beide Teile sind in diesen Gleichungen als klassisch zu verstehen. Da wir aber wissen, daß die Materie der Quantentheorie genügt, können diese Gleichungen fundamental so nicht richtig sein. Eine Möglichkeit, von diesen Gleichungen möglichst viel zu retten, besteht darin, den Materieteil durch den quantenmechanischen Mittelwert über alle möglichen Meßergebnisse zu ersetzen, die ein quantenmechanischer Zustand erlaubt. Ein solcher Mittelwert ist ja wieder eine klassische Größe, und diese könnte als Quelle eines klassischen Gravitationsfeldes dienen.

Die US-amerikanischen Physiker Don Page und C. D. Geilker haben 1981 ein Experiment ersonnen, um diese semiklassische Theorie zu testen. Man betrachte dazu eine Anordnung, die entfernt an das Gedankenexperiment mit Schrödingers Katze erinnert (Abbildung 5.1). Im Innern eines Kastens befinde sich eine radioaktive Quelle zusammen mit zwei Massen, die durch eine Feder verbunden sind. Am Anfang soll es zusätzlich noch eine starre Verbindung zwischen den Massen geben. Erfolgt nun in der Quelle ein radioaktiver Zerfall, so werde die starre Verbindung mittels Sprengstoff aufgelöst, und die Massen können frei schwingen. (Die Auflösung der starren Verbindung ist in der Abbildung durch ein gestricheltes Kreuz angedeutet.) Außerhalb des Kastens befinde sich eine sogenannte Cavendish-Waage, mit der sich das Gravitationsfeld der Massen und somit die Massenverteilung messen läßt.

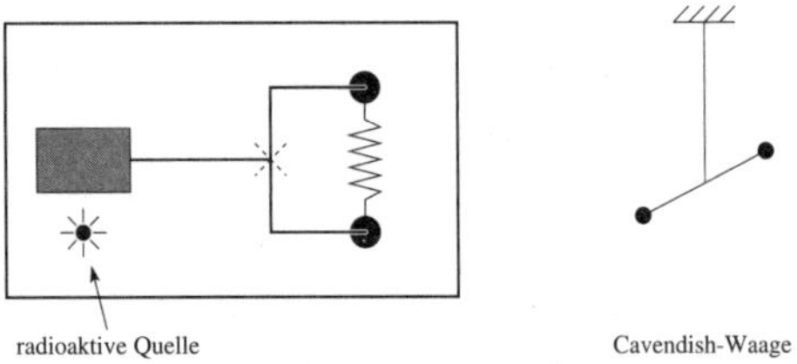

5.1 Zum Experiment von Page und Geilker

Nach der semiklassischen Theorie hängt das Gravitationsfeld von allen Komponenten der Wellenfunktion ab, durch welche die Massen beschrieben werden; schließlich ist ja ein Mittelwert über alle möglichen Meßergebnisse zu bilden. Dieser Mittelwert enthält sowohl den Zustand »Quelle radioaktiv zerfallen« als auch »Quelle radioaktiv nicht zerfallen«. Die Anzeige der Cavendish-Waage würde diesem Mittelwert der Massenverteilung folgen, der sich nur allmählich mit der Zeit ändert. In einer Theorie der Quantengravitation würde die Waage hingegen auf die einzelnen Komponenten »zerfallen« oder »nicht zerfallen« ansprechen, zumindest solange man an der linearen Natur der Quantentheorie, also an der Gültigkeit des Superpositionsprinzips, nichts ändert. (Das entspricht der Annahme einer Everett-Interpretation; ein Kollaps der Wellenfunktion würde zu Konsistenzschwierigkeiten führen.) Auch die Waage und jeder ihrer Beobachter würden dann auf die Komponenten »zerfallen« oder »nicht zerfallen« ansprechen. Man würde dann irgendwann einen Ausschlag der Waage beobachten, der die Auflösung der starren Verbindung zwischen den Massen durch den radioaktiven Zerfall anzeigt. Genau dieses Verhalten wurde im Experiment beobachtet!

Dieses Ergebnis mag einen nicht besonders berühren, da es auch der naiven Erwartung vom Ausgang des Experiments entspricht (Ausschlag bei Bewegung der Massen). Im Zusammenhang mit theoretischen Ideen hat es aber durchaus eine gewisse Brisanz, zeigt der Ausgang doch, daß die Erfahrung im Widerspruch zu harmlos erscheinenden Gleichungen wie den semiklassischen Einstein-Gleichungen steht. Ein Beweis für die Quantengravitation liefert das Experiment sicher nicht; einen indirekten Hinweis freilich schon.

Wie quantisiert man die Gravitation?

Es ist eine Sache, die Notwendigkeit einer Quantengravitation einzusehen, eine andere, diese tatsächlich zu konstruieren. Der größte Nachteil bei der Suche nach einer solchen Theorie besteht darin, daß experimentelle Hinweise weitgehend fehlen. Das birgt natürlich die Gefahr, daß man sich in theoretischen Konstruktionen verliert, die keinen Bezug mehr zur Natur haben. Die Quantentheorie etwa wäre nie entdeckt worden, wenn man ihrer nicht zur Erklärung von experimentellen Fakten (Hohlraumstrahlung, Spektren) bedurft hätte. Man muß sich daher bei der Suche von begrifflichen und mathematischen Gesichtspunkten leiten lassen, ohne freilich die mögliche Aussicht auf experimentelle Tests aus den Augen zu verlieren.

Wegen der angenommenen Universalität der Quantentheorie sollten Effekte der Quantengravitation im Prinzip auf jeder Skala möglich sein. Das trifft ja bereits auf die Quantenmechanik zu, für die das Superpositionsprinzip zunächst keiner Einschränkung unterliegt. Daß man dennoch im makroskopischen Bereich zumeist eine klassische Welt wahrnimmt, liegt an der Dekohärenz (siehe zweites Kapitel): Die unvermeidbare Wechselwirkung mit der Umgebung läßt es nicht zu, lokal am beobachteten Objekt quantenmechanische Interferenzeigenschaften wahrzunehmen. Das sollte insbesondere auch auf die Gravitation zutreffen, die ja an alle vorhandenen Freiheitsgrade koppelt. Man sollte also für die Gravitation ein besonders ausgeprägtes klassisches Verhalten erwarten.

Dennoch gibt es eine ausgezeichnete Skala, bei der Quanteneffekte der Gravitation unausweichlich sein sollten. Wie kommt diese zustande? Einsteins Allgemeine Relativitätstheorie enthält zwei fundamentale Parameter: die Lichtgeschwindigkeit c und die Gravitationskonstante G. Wenn man sich deren Einheiten genauer anschaut, stellt man fest, daß sich daraus keine Größe mit der Einheit einer Länge konstruieren läßt; die Allgemeine Relativitätstheorie zeichnet für sich genommen also keine Längenskala aus. Die Situation ändert sich, wenn man die Quantentheorie berücksichtigt. Mit Hilfe des Planckschen Wirkungsquantums h läßt sich tatsächlich zusammen mit c und G eine fundamentale Länge konstruieren. Da Max Planck als erster darauf hingewiesen hat, nennt man sie ihm zu Ehren »Planck-Länge«.

Man ist zunächst etwas überrascht, wenn man erfährt, daß Planck diese Länge bereits 1899, also ein Jahr vor der Geburt der Quantentheorie, eingeführt hat. Wie war das möglich? Planck war zu jener Zeit verzweifelt darum bemüht, die Hohlraumstrahlung zu verstehen (siehe Kapitel 2). Das Spektrum dieser Strahlung besitzt bei einer bestimmten Wellenlänge ein Maximum, das experimentell genau bekannt, aber theoretisch unverstanden war. Erst die Einführung des Wirkungsquantums im Jahr 1900 brachte die Erklärung. Planck erkannte aber schon 1899 aus den experimentellen Daten, daß eine bisher unbekannte physikalische Größe ins Spiel kommen mußte, und zwar eine Größe mit der physikalischen Dimension einer Wirkung (darunter versteht man das Produkt aus Energie und Zeit). Planck nannte diese Größe damals *b*; sie stimmt aber mit dem ein Jahr später eingeführten Wirkungsquantum überein.

Mithilfe von h, G und c läßt sich nun tatsächlich eine fundamentale Länge, die Planck-Länge, konstruieren. Allerdings ist diese winzig klein; sie beträgt nur etwa 10^{-35} Meter! Um sich diese Kleinheit vorzustellen, blähe man in Gedanken die Größe eines Atoms (etwa 10^{-10} Meter) auf die Größe der Mondbahn auf (die einen Radius von knapp 400 000 Kilometern aufweist). Auf dieser Skala entspräche die Planck-Länge gerade einmal etwa 10^{-17} Meter, der kleinsten heute noch in den größten Beschleunigern auflösbaren Längenskala. Wenn also die Planck-Länge die Skala der Quantengravitation angibt, dann macht dieser Vergleich verständlich, warum diese Theorie bisher keine empirische Rolle spielt, liegt diese Skala doch weit unter den bisher erforschten Dimensionen von Atom-, Kern- und Teilchenphysik. Gäbe es ein Teilchen mit Planck-Dimensionen, so wäre die von ihm erzeugte Raumkrümmung nicht mehr vernachlässigbar; Gravitation *und* Quantentheorie spielten dann beide eine gleichgroße Rolle.

Neben der Planck-Länge kann man mit den drei erwähnten Größen auch Einheiten der Zeit und der Masse (und somit auch der Energie) bilden, die man Planck-Zeit und Planck-Masse nennt. Auch die Planck-Zeit ist unvorstellbar winzig; sie liegt in der Größenordnung von 10^{-44} Sekunden. Die Planck-Masse hingegen sieht auf den ersten Blick nicht so exotisch aus. Sie liegt bei etwa einem Hundertmillionstel (10^{-8}) Kilogramm, was zum Beispiel weit über der Masse von Viren liegt. Auf der Skala von Teilchenmassen handelt es sich tatsächlich aber um eine riesige Masse: So ist die Planck-Masse etwa 10^{19}-mal so groß wie die Masse eines Protons! Entsprechend groß ist die Energie, die benötigt wird, um ein Teilchen mit einer solchen Masse in einem Beschleuniger zu erzeugen. Sie ist so groß, daß man einen Beschleuniger von galaktischen Ausmaßen bauen müßte, um diese Energien zu erzeugen – gewiß würde keine Regierung einen solchen finanzieren wollen. Selbst ein Beschleuniger um den Mond herum, wie ihn sich Enrico Fermi erträumte, wäre bei weitem unzureichend.

Da die Naturgesetze überall im Universum die gleichen sind, handelt es sich bei den Planck-Einheiten um wahrhaft universelle Größen. Dessen war sich auch Planck bewußt. Am Ende seiner Arbeit von 1899 schreibt er: »Diese Grössen behalten ihre natürliche Bedeutung so lange bei, als die Gesetze der Gravitation, der Lichtfortpflanzung im Vacuum und die beiden Hauptsätze der Wärmetheorie in Gültigkeit bleiben, sie müssen also, von den verschiedensten Intelligenzen nach den verschiedensten Methoden gemessen, sich immer wieder als die nämlichen ergeben.« Welche Weitsicht offenbart sich in diesen Worten!

Wir haben im letzten Kapitel die Strukturen im Universum diskutiert. Deren Größen und Massen werden im wesentlichen durch die Protonenmasse festgelegt, da dieser in Atom- und Kernphysik eine zentrale Bedeutung zukommt. Diese große Abweichung der Protonenmasse von der Planck-Masse ist dann daran schuld, daß letztere in astrophysikalischen Anwendungen normalerweise keine Rolle spielt. Ansonsten würde Quantengravitation schon in den ersten Semestern eines Physikstudiums gelehrt werden. So aber benötigt man diese Theorie einerseits nur für exotische Situationen wie die Verdampfung Schwarzer Löcher und den Urknall, andererseits aber für das Verständnis dafür, warum die Welt überhaupt so ist, wie sie ist.

Als Vorstufe zur Quantengravitation sei hier noch kurz referiert, was wir überhaupt über das Verhältnis von Gravitation und Quantentheorie von experimenteller Seite her wissen. Die erste Stufe betrifft die Quantenmechanik von Atomen und Teilchen im Gravitationsfeld der Erde. Dort geht es zwar nicht um die Quantisierung des Gravitationsfeldes selbst, es ist aber immerhin die Ebene, auf der bereits Experimente existieren. So kann man Interferenzerscheinungen studieren, die dadurch zustande kommen, daß man ein einzelnes Atom oder Neutron in zwei Teilstrahlen aufspaltet, die auf unterschiedlicher Höhe im Erdfeld laufen, bevor sie wieder vereinigt werden, siehe Abbildung 5.2. Auf diese Weise gehen in das Interferenzmuster Details des Gravitationsfeldes der Erde ein. (Mit diesem Experiment kann man selbst die Erddrehung nachweisen, man muß also nicht mehr auf das in Abbildung 1.14 dargestellte Foucaultsche Pendel zurückgreifen.) Man stellt dann insbesondere fest, daß das Äquivalenzprinzip (also die Gleichheit von träger und schwerer Masse) auch in diesem Quantenrahmen erfüllt ist, was ja von vornherein nicht der Fall sein muß. Andere Experimente waren in der Lage, die von der Quantenmechanik vorhergesagten diskreten Energiezustände von Neutronen im Gravitationsfeld direkt zu beobachten.

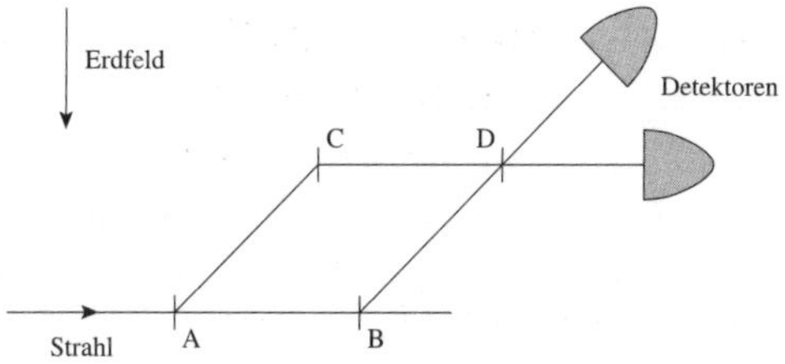

5.2 Prinzip eines Interferenzexperiments von Atomen oder Neutronen im Erdfeld: Das Teilchen läuft von links ein und wird in A durch einen Strahlteiler aufgespalten. Die beiden Teilstrahlen laufen auf unterschiedlicher Höhe im Erdfeld, bevor sie in D wieder vereinigt werden; B und C symbolisieren weitere Strahlteiler. Das Interferenzmuster wird in den Detektoren nachgewiesen.

Auf der nächsten Ebene gibt es zwar noch keine Experimente, aber immerhin konkrete Vorhersagen. Gemeint ist der im zweiten Kapitel diskutierte Hawking-Effekt für Schwarze Löcher und sein Verwandter im flachen Raum – der ebenfalls dort erwähnte Unruh-Effekt. Es handelt sich hier um die Ebene von Quantenfeldern in einer fest vorgegebenen, im allgemeinen gekrümmten Raumzeit. Erst wenn man diese Raumzeit nicht mehr als Hintergrund betrachtet, sondern selbst der Quantisierung unterwirft, gelangt man zur vollen Ebene der Quantengravitation.

Wie schon oben erwähnt, ist aber gerade die Abwesenheit eines Hintergrundes der springende Punkt. In den nichtgravitativen Theorien sind Felder immer auf einer nichtdynamischen Raumzeit definiert; in Einsteins Allgemeiner Relativitätstheorie ist die Geometrie der Raumzeit das Gravitationsfeld und somit selbst dynamisch. Schon Einstein bereitete das Kopfzerbrechen. So verzögerte sich die Aufstellung seiner Theorie um zwei Jahre, weil er zunächst noch an dem Glauben festhielt, daß die Punkte in einer Raumzeit eine Bedeutung unabhängig vom Gravitationsfeld hätten. Für einen Mathematiker mag das sinnvoll sein, für einen Physiker aber nicht. Das durch die Geometrie der Raumzeit definierte Gravitationsfeld ist bereits alles; zusätzliche nackte Punkte gibt es nicht. Bei einer Koordinatentransformation sind Punkte, Metrik und alle Materiefelder gleichermaßen zu transformieren; man kann sich Felder nicht von den Punkten losgelöst denken. Erst nachdem Einstein seinen ursprünglichen Fehler erkannt hatte, konnte er im Jahre 1915 zu den korrekten Feldgleichungen der Gravitation gelangen. Für die Quantengravitation ist dieser Punkt von großer Wichtigkeit, da er nach ganz neuen Methoden der Quantisierung verlangt – nach der Quantisierung der Raumzeit selbst.

Wie also quantisiert man die Gravitation? Hier gibt es zwei Hauptrichtungen. Zunächst könnte man daran denken, Einsteins Allgemeine Relativitätstheorie zu quantisieren, ohne sich um die Vereinheitlichung mit anderen Wechselwirkungen zu kümmern. Das ist die Route, die in den nächsten drei Abschnitten besprochen wird. Manche Physiker vermuten allerdings, daß man nur zum Ziel komme, wenn man von vornherein von einer vereinheitlichten Quantentheorie aller Wechselwirkungen startet, in der sich die Gravitation noch nicht von den anderen

Wechselwirkungen abgesondert hat. Das ehrgeizigste und derzeit einzige Programm zur Verwirklichung dieses Gedankens ist die Stringtheorie, die wir danach kennenlernen werden. Alle Zugänge haben ihre Stärken und Schwächen. Wir werden sehen, was sie zu den brennendsten offenen Problemen zu sagen haben.

Gravitonen, Unendlichkeiten, Pfadintegrale

Die zwanziger Jahre waren auch für die Physik eine sehr aufregende Zeit. Im Jahre 1927 lag die Quantenmechanik im wesentlichen vollendet vor, und ihre Pioniere kümmerten sich nicht nur um aufregende Anwendungen im Bereich der Atome und Moleküle, sondern auch um die Verallgemeinerung auf das elektromagnetische Feld – die später in der Quantenelektrodynamik gipfeln sollte (siehe Kapitel 2). Einen wichtigen Schritt auf diesem Weg stellte die Arbeit »Zur Quantendynamik der Wellenfelder« dar, die Heisenberg und Pauli 1929 in der Zeitschrift für Physik veröffentlichten. Nachdem sie den für die Elektrodynamik benötigten Formalismus vorgestellt haben, schreiben sie dort: »Erwähnt sei noch, daß auch eine Quantelung des Gravitationsfeldes, die aus physikalischen Gründen notwendig zu sein scheint, mittels eines zu dem hier verwendeten völlig analogen Formalismus ohne neue Schwierigkeiten durchführbar sein sollte.«

Pauli bat seinen Assistenten Léon Rosenfeld in Zürich, sich um die Quantisierung des Gravitationsfeldes zu kümmern. Dabei sollte auch eine Frage behandelt werden, die Heisenberg und Pauli Kopfzerbrechen bereitet hatte. Bei der Berechnung von elektromagnetischen Prozessen hatte sich manchmal merkwürdigerweise das Ergebnis Unendlich ergeben, also ein sinnloses Resultat, mit dem man nichts anfangen kann. Heisenberg mutmaßte, daß vielleicht das Elektron als Punktteilchen schuld an diesem Verhalten sei. So beauftragte Pauli Rosenfeld, direkt die Gravitationsenergie des Lichtes, also einen Fall ohne Materie, zu betrachten. Nach der Einsteinschen Formel $E = mc^2$ ist die

Energie des Lichts zu einer Masse äquivalent, die ein Gravitationsfeld erzeugt. Aber Rosenfeld fand aus seinen Überlegungen auch für die Energie des erzeugten Feldes den Wert unendlich; es kann also nicht alleine am Elektron liegen, daß sich ein unsinniges Resultat ergibt, sondern muß tieferliegende Gründe haben. Tatsächlich ist man hier auf ein allgemeines Problem von Quantenfeldtheorien gestoßen, das uns schon im zweiten Kapitel beschäftigt hat und auf das wir unten zurückkommen werden.

Wir haben schon im zweiten Kapitel das Photon als Quant des elektromagnetischen Feldes kennengelernt. Es besitzt den Spin 1 (ist also ein Boson) und hat die Ruhemasse null; es vermittelt die Wechselwirkung zwischen elektrischen Ladungen. Gibt es ein analoges Quant für das Gravitationsfeld, ein *Graviton*? Anfang der dreißiger Jahre erwogen Physiker wie Bohr und Fermi zeitweise, das von Pauli postulierte Neutrino als Gravitationsquant zu interpretieren. Allerdings kann das nicht funktionieren. Das Neutrino ist ein Fermion, besitzt also Spin ½; das Graviton sollte in Analogie zum Photon als Vermittler einer langreichweitigen Wechselwirkung aber ein Boson sein. Das sah auch Bronstein so, der in seiner bereits erwähnten, in der Physikalischen Zeitschrift der Sowjetunion 1936 erschienenen Arbeit schwache Gravitationswellen quantisierte. Bronstein konnte zeigen, daß sich das Newtonsche Gravitationsgesetz aus der durch Gravitonen vermittelten Wechselwirkung zwischen Massen als Näherung ergibt, in Analogie zur approximativen Gültigkeit des Coulomb-Gesetzes durch Photonenaustausch zwischen Ladungen.

Es scheint in dieser Beziehung also eine enge Analogie zwischen Gravitation und Elektromagnetismus zu geben. Allerdings existiert ein wichtiger Unterschied: Massen ziehen sich aufgrund der Gravitation immer nur an, Ladungen können sich abstoßen oder anziehen. Tatsächlich gibt es nur positive Massen, während Ladungen positiv oder negativ sein können; im Unterschied zu Massen ziehen sich gleichnamige Ladungen nicht an, sondern stoßen sich ab. Der Unterschied liegt darin begründet, daß das

Graviton im Unterschied zum Photon den Spin 2 besitzt. Diesen Punkt stellten Pauli und Fierz 1939 in einer wichtigen Arbeit heraus: Die Gleichungen, die man für ein masseloses Teilchen mit Spin 2 findet, sind gerade die Einstein-Gleichungen in linearer Näherung. Heisenberg war so begeistert davon, daß er kurz vor Ausbruch des Zweiten Weltkrieges aus seinem Urlaubsort am Walchensee an Pauli schrieb: »Die Gravitationsquanten vom Spin 2 haben mir Spaß gemacht.« Danach gab es erst einmal andere Sorgen...

Was ist nun mit den merkwürdigen Unendlichkeiten (den Divergenzen), auf die Heisenberg, Pauli und Rosenfeld gestoßen sind? Sie haben direkt mit der bereits im zweiten Kapitel erwähnten Eigenschaft von Quantenfeldern zu tun, unendlich viele Freiheitsgrade zu besitzen, da ein Feld an jedem Raumzeitpunkt einen separaten Wert hat und es natürlich unendlich viele Punkte gibt. Die Theorie enthält also beliebig kleine Abstände und damit – nach der Unbestimmtheitsrelation – auch beliebig hohe Impulse und Energien. Es sind diese beliebig hohen Energien, die für das Auftreten der Divergenzen verantwortlich sind. Obwohl Unendlichkeiten in praktisch allen Quantenfeldtheorien auftreten, gibt es aber wichtige Unterschiede: Es gibt *renormierbare* und *nichtrenormierbare* Theorien. Bei den renormierbaren Theorien hat man die Unendlichkeiten quasi unter Kontrolle. Ein typischer Fall ist die Quantenelektrodynamik; dort kann man durch ein ausgeklügeltes mathematisches Verfahren alle Divergenzen in die Umdefinition (»Renormierung«) von zwei Parametern stecken: der Masse und der Ladung des Elektrons. Diese Parameter kann man natürlich nicht berechnen; sie müssen experimentell bestimmt werden und dienen nur dazu, die Unendlichkeiten aufzunehmen. Die Theorien der starken und elektroschwachen Wechselwirkung, also das Standardmodell der Teilchenphysik, sind ebenfalls renormierbar, was mit ein Grund für dessen Erfolg ist.

Bei nichtrenormierbaren Theorien ist die Lage viel schlimmer. Es gibt derart viele Arten von Unendlichkeiten, daß man praktisch unendlich viele Parameter bräuchte, um diese zu absorbieren – also unendlich viele zu messende Größen, was die Theorie zweifelhaft erscheinen läßt. Leider findet man, daß die in Analogie zur Quantenelektrodynamik konstruierte Quantengravitation eine nichtrenormierbare Theorie ist. Was soll man mit einer solchen Theorie anfangen?

Die eben diskutierten Unendlichkeiten erscheinen alle in der sogenannten »Störungstheorie«; darunter versteht man den Grenzfall, in dem die quantisierten Felder kleine Störungen um einen als fest angegebenen Hintergrund sind. In den meisten Quantenfeldtheorien ist man an diesen Grenzfall gebunden, da sie einfach zu schwierig sind, um die Untersuchung von beliebig großen Feldern zu gestatten. Wie wir oben diskutiert haben, widerspricht aber die Annahme eines Hintergrundes dem Geist der Relativitätstheorie; schließlich wird die Raumzeit selbst quantisiert. Man hat deshalb vermutet, daß für die Quantengravitation eine Störungstheorie sowieso nicht sinnvoll ist und man von vornherein eine Formulierung aufstellen muß, die ohne Hintergrund auskommt. Solche Formulierungen werden wir im Detail diskutieren. Dennoch sieht man heutzutage nichtrenormierbare Theorien nicht mehr so kritisch wie früher. Der Grund ist, daß sich auch aus solchen Theorien unter Umständen eindeutige Vorhersagen extrahieren lassen, wenn man nur zu genügend kleinen Energien geht. So konnte man beispielsweise für die Quantengravitation kleine Korrekturen zum Newtonschen Potential ausrechnen, die proportional zum Wirkungsquantum h sind. Zwar sind diese Abweichungen zu winzig, um auf absehbare Zeit im Labor beobachtet werden zu können (man bräuchte dazu Abstandsmessungen auf der Planck-Skala), doch handelt es sich um konkrete Effekte der Quantengravitation, die berechnet und zumindest *im Prinzip* nachgemessen werden können.

Zur Berechnung solcher Effekte benutzt man die im zweiten Kapitel erwähnten Feynman-Diagramme, die es gestatten, komplizierte quantentheoretische Prozesse in eine intuitiv faßbare Zeichensprache zu übersetzen. Abbildung 5.3 zeigt beispielhaft zwei Diagramme, die in der Störungstheorie der Quantengravitation zu berücksichtigen sind. Man erkennt links ein virtuelles Graviton, das mit dem in der Störungstheorie vorhandenen Hintergrund wechselwirkt. Aber was ist das virtuelle Teilchen, das in der Schleife rechts zu sehen ist? Tatsächlich ist es gar kein »Teilchen«, sondern nur eine Umschreibung für bestimmte Terme, die bei der Berechnung berücksichtigt werden müssen; man nennt das Teilchen prosaisch deshalb auch »Geist«. Das ist der Vorteil der Feynman-Sprache: Man kann unanschauliche Größen in mathematischen Gleichungen so formulieren, daß sie wie virtuelle Teilchen wirken – Teilchen, die es gar nicht gibt.

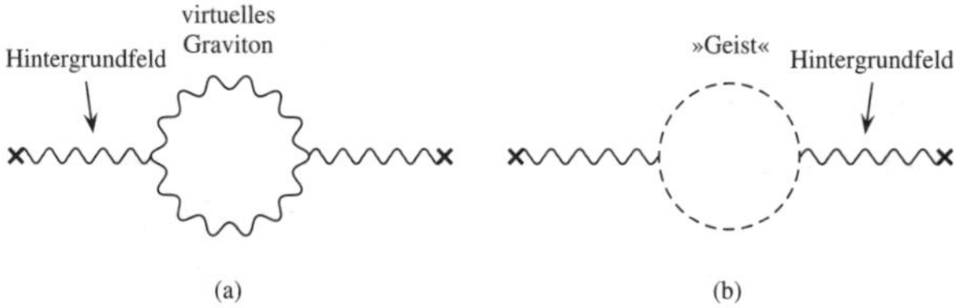

5.3 Zwei Feynman-Diagramme, die bei der Berechnung quantengravitativer Prozesse eine Rolle spielen

Richard Feynman ist nicht nur der Urheber der nach ihm benannten Diagramme, er zeichnet auch für eine weittragende Umformulierung der Quantentheorie verantwortlich. Er konnte nämlich zeigen, daß sich die quantenmechanische Wellenfunktion auch anders berechnen läßt als durch Schrödingers Gleichung. Man muß dazu nur alle möglichen Wege (die man in diesem Zusammenhang *Pfade* nennt) aufsummieren, die ein Teilchen zwischen zwei vorgegebenen Orten und Zeiten zurücklegen könnte; statt eines Teilchens kann es sich natürlich auch um viele Teilchen oder um Felder handeln. In der Summe muß jeder Pfad noch mit einem bestimmten mathematischen Faktor gewichtet werden. Man nennt diese Summe auch »Pfadintegral«. Natürlich handelt es sich um rein fiktive Pfade; schließlich gibt es in der Quantentheorie keine Bahnen mehr. Man kann aber so tun, *als ob* zum Beispiel ein Elektron alle Wege gleichzeitig durchläuft, um auf diese Weise das im Experiment beobachtete (und zum Beispiel in Abbildung 2.2 dargestellte) Interferenzmuster zu erklären.

Pfadintegrale kann man auch in der Quantengravitation anwenden. Statt über alle möglichen Wege eines Teilchens muß man hier über alle möglichen Raumzeiten mit ihren Metriken summieren – wahrlich kein einfaches Unterfangen. Allerdings gelangt man auf diese Weise zumindest im Prinzip über die Störungstheorie hinaus, also zu einer Formulierung ohne Hintergrund.

Wie kann man ein Pfadintegral in der Quantengravitation ausrechnen? Eine vielversprechende Möglichkeit besteht darin, die Raumzeiten, über die man summieren muß, in diskrete Teile zu zerlegen und diese dann aufzusummieren. In einem Zugang handelt es sich bei den Teilen um gleichseitige Simplexe. Was ist das? Ein Simplex ist die Verallgemeinerung eines Dreiecks auf höhere Dimensionen; in unserem Fall besteht die Oberfläche eines Simplexes aus gleichseitigen Dreiecken. In zwei Dimensionen handelt es sich direkt um ein Dreieck, in drei Dimensionen um ein Tetraeder, also eine dreieckige Pyramide, die aus vier Dreiecken zusammengesetzt ist. Ein vierdimensionales Simplex oder kurz 4-Simplex erhält man, indem man zu dem Tetraeder einen Punkt hinzufügt, der in der vierten Dimension liegt und diesen Punkt mit den vier Punkten des Tetraeders verbindet; man erhält dann ein Polytop mit fünf Ecken, zehn Dreiecksflächen und fünf Tetraedern. Abbildung 5.4 zeigt ein reguläres 4-Simplex, genauer: dessen Projektion in die Papierebene. Die Auswertung des quantengravitativen Pfadintegrals reduziert sich dann auf ein kombinatorisches Problem, also auf die korrekte Summation aller in Frage kommenden 4-Simplexe.

5.4 Projektion eines regulären 4-Simplexes in die Papierebene

Das ist alles andere als trivial. Trotzdem kann man mit Computerhilfe explizite Berechnungen durchführen. Am Ende würde man natürlich gerne die Länge der Seitendreiecke immer kleiner machen und den Grenzfall betrachten, wo diese gegen null geht; die tatsächlichen Raumzeiten, über die man summiert, sollen ja keine Ecken und Kanten haben. Bisher ist es nicht gelungen, diesen Grenzfall durchzuführen; ansonsten hätte man das Problem der Quantengravitation mit dieser Methode gelöst. Dennoch gibt es bereits interessante Ergebnisse. So scheint die Raumzeit auf kleinsten Skalen – bei Annäherung an die Planck-Skala – nicht mehr vier- sondern zweidimensional zu sein. Unsere Intuition versagt bei solch kleinen Abständen.

Kanonische Quantengravitation und das Problem der Zeit

Das Hauptproblem bei der Quantisierung der Gravitation ist die Suche nach einer Formulierung, die ohne Hintergrund auskommt, das heißt ohne den Rahmen einer fest vorgegebenen Raumzeit. Ein Zugang, der von seinen zentralen Begriffen her diesem Punkt besonders angemessen scheint, ist die kanonische Quantengravitation. Was ist darunter zu verstehen? Das Wort Kanon bezeichnete im Griechischen ursprünglich einen Rohrstab, der als Längenmaß diente. Später verstand man darunter ein Regelwerk, das der Norm entspricht. In der Quantentheorie bezeichnet man mit kanonisch die gängige Formulierung, die mit Orten und Impulsen arbeitet und mit Quantenzuständen (Wellenfunktionen), die vom Ort *oder* dem Impuls abhängen (beides zusammen ist ja wegen der Unschärferelation nicht möglich). Eine kanonische Formulierung gibt es auch für Felder, wobei anstelle des Ortes der Feldwert tritt.

Wenn man nun kanonische Quantengravitation betreiben will, so muß man zunächst eine Formulierung der Allgemeinen Relativitätstheorie entwickeln, die mit den kanonischen Begriffen operiert. Das ist nicht so einfach. Einsteins Theorie arbeitet ja ganz wesentlich mit dem Begriff der Raumzeit als Ganzes, da deren Geometrie das Gravitationsfeld beschreibt. Was soll da den verallgemeinerten Orten und Impulsen entsprechen? In der Klassischen Mechanik ist die Bahn eines Teilchens die Abfolge von Orten in der Zeit. Analog kann man die Raumzeit auch als Abfolge von dreidimensionalen Räumen auffassen. Die Teilchenbahn entspricht also der Raumzeit, der Teilchenort dem Raum. In der kanonischen Formulierung der Relativitätstheorie übernimmt somit der Raum die Rolle der Variable, von der die Wellenfunktion abhängt. Genauer gesagt, ist diese Variable die Metrik des dreidimensionalen Raumes (kurz: 3-Metrik). Was entspricht dem Impuls? Es stellt sich heraus, daß dieser durch eine geometrische Größe gegeben wird, die man als »äußere Krümmung« bezeichnet (vergleiche Kapitel 1): Sie gibt an, wie der dreidimensionale Raum in die vierte Dimension eingebettet ist.

Im Falle von Flächen, die in den Raum eingebettet sind, entsprechen den konjugierten Größen 3-Metrik und äußere Krümmung gerade die von Gauß eingeführten Größen der inneren und äußeren Krümmung. Wegen der Einbettung der Fläche in den Raum können beide nicht voneinander unabhängig sein, da sich nicht jede beliebige Fläche in den Raum einbetten läßt. Die Beziehung zwischen innerer und äußerer Krümmung bezeichnete Gauß als *Theorema egregium*; es ist uns bereits im ersten Kapitel begegnet. Im Zusammenhang mit der Relativitätstheorie, bei der ein dreidimensionaler Raum in eine vierdimensionale Raumzeit eingebettet wird, nennt man die entsprechende Version dieses Theorems die »Hamiltonsche Zwangsbedingung«.

William Rowan Hamilton (1805 bis 1865) war ein irischer Mathematiker und Physiker mit weitgespannten Interessen. Eine seiner bleibenden Leistungen war die Umformulierung der Klassischen Mechanik, für die er ein neues und weittragendes mathematisches Gewand webte. Erstaunlicherweise war die Mathematik dieser Hamiltonschen Mechanik die gleiche wie die der geometrischen Optik. Die geometrische Optik ist der Grenzfall der Wellenoptik, in dem es ausreicht, mit Lichtstrahlen zu arbeiten; dieser Grenzfall liegt vor, wenn die Wellenlänge viel kleiner als die Abmessungen einer Apparatur ist, mit der das Licht wechselwirkt, die Wellennatur also nicht ins Gewicht fällt. Diese Analogie zwischen Optik und Mechanik war eines der wichtigsten Leitmotive Schrödingers bei der Aufstellung seiner quantenmechanischen Gleichung. Wenn die geometrische Optik nur ein Grenzfall der Wellenoptik ist, sollte dann nicht auch die Klassische Mechanik ein Grenzfall einer tieferliegenderen Theorie, einer Wellenmechanik, sein? Dieser Gedanke führte Schrödinger zu seiner Wellenfunktion, und er konnte die zentrale Gleichung der Quantenmechanik aufstellen – die Schrödinger-Gleichung.

Auch wenn die Details komplizierter sind, liegt die begriffliche Situation bei der Relativitätstheorie nicht so viel anders. Allerdings mit einem wichtigen Unterschied – in Mechanik und Quantenmechanik gibt es die absolute Zeit t, in Einsteins Theorie nicht. Aus diesem Grund erscheint ja in der Schrödingerschen Wellenfunktion das t zusätzlich zu den Orten. In der Quantengravitation fehlt dieses t, da es ja keine absolute Zeit gibt; als Argument der Wellenfunktion erwarten wir also einzig die Variable, welche die Rolle des Ortes spielt – die dreidimensionale Metrik. Das ergibt sich auch aus dem kanonischen Formalismus. Der Zeitparameter t ist verlorengegangen!

Wie läßt sich das Verschwinden der Zeit verstehen? Natürlich folgt es aus dem Formalismus, aber gibt es auch eine anschauliche Erklärung? Es gibt sie. Die Quantenmechanik kennt ja wegen der Unschärferelation keine Teilchenbahnen mehr, nur noch Wellenfunktionen. In der Relativitätstheorie entspricht der Teilchenbahn eine ganze Raumzeit, interpretiert als Abfolge von Räumen. Folglich verschwindet in der Quantengravitation die Raumzeit ebenso wie die Teilchenbahn in der Quantenmechanik. Da es zudem keine absolute Zeit t mehr gibt, bleibt nur der Raum übrig.

Tatsächlich benötigt man für diese Argumentation nicht die Details der Einsteinschen Theorie; jede andere klassische Gravitationstheorie (so wir uns denn für sie interessieren würden), die ohne absolute Zeit auskommt, liefert eine zeitlose Quantengravitation.

Kehren wir noch einmal zur kanonischen Formulierung der Allgemeinen Relativitätstheorie zurück. Wie bereits betont, spielt dort die Verallgemeinerung von Gauß' Theorema egregium, die Hamiltonsche Zwangsbedingung, eine zentrale Rolle. Sie drückt aus, daß ein dreidimensionaler Raum in eine vierdimensionale Raumzeit eingebettet werden kann. Tatsächlich herrscht eine enge Verknüpfung zwischen drei und vier Dimensionen. Man kann nämlich folgendes beweisen: Gilt die Hamiltonsche Zwangsbedingung für jeden der Räume in einer vierdimensionalen Raumzeit, so muß die Raumzeit automatisch den Einstein-Gleichungen genügen. (Die Zwangsbedingung selbst ist bereits eine der Einstein-Gleichungen.) Verlangt man umgekehrt, daß die Einstein-Gleichungen gelten und die Hamiltonsche Zwangsbedingung für einen der Räume gilt, so muß die Zwangsbedingung für jeden der Räume gelten. Man kann das prosaisch so ausdrücken, daß aus dem »Gesetz des Augenblicks« (der Zwangsbedingung für den Raum) die dynamischen Gesetze (die Einstein-Gleichungen für die Raumzeit) folgen. In gewissem Sinne reicht also die Zwangsbedingung völlig aus. (Tatsächlich gibt es noch drei weitere Zwangsbedingungen, die wir hier nicht weiter diskutieren.) In Abbildung 5.5 ist symbolisch gezeigt, wie sich eine klassische Raumzeit in eine Abfolge dreidimensionaler Räume aufblättern läßt, wobei freilich die Räume im allgemeinen viel komplizierter aussehen, als in der Abbildung gezeigt. Die Auffächerung der Raumzeit in Räume ist im wesentlichen beliebig – im drastischen Unterschied zur Newtonschen Vorstellung (Abbildung 1.1), in der es eine absolute Auffächerung in flache Räume gibt.

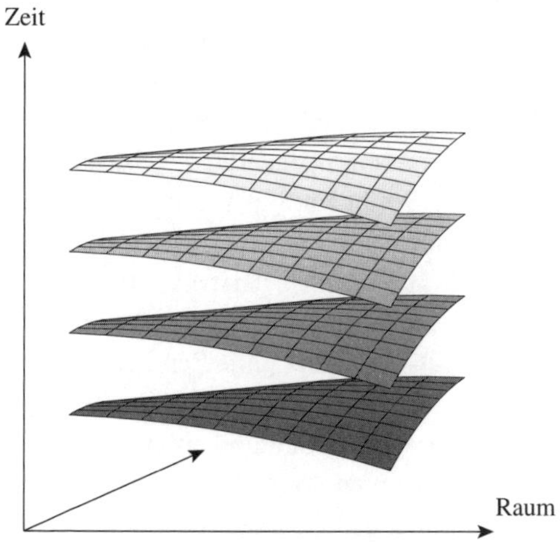

5.5 Schematische Darstellung der Auffächerung einer Raumzeit in eine Abfolge von Räumen

In der Quantengravitation sind Raumzeit und Zeit verschwunden; es gibt nur noch den Raum. Alles, was verbleibt, ist die Zwangsbedingung. Wie ist sie in der Quantengravitation zu behandeln? Hier hat Paul Dirac einen entscheidenden Anstoß gegeben. Er schlug vor, die Zwangsbedingung direkt in eine Zwangsbedingung für die Wellenfunktion der kanonischen Quantengravitation zu übersetzen. Was sich dann ergibt, sieht auf den ersten Blick aus wie eine Schrödinger-Gleichung ohne

Zeit. Das ist nicht weiter erstaunlich, da die Zeit t in der Quantengravitation ja verschwunden ist. Die Wellenfunktion beschreibt also eine statische Welle, die einfach da *ist* und sich nicht wie die Schrödingersche Funktion in der Zeit entwickelt. Auf welchem Raum ist diese Wellenfunktion definiert? (Ein solcher Raum heißt ja auch Konfigurationsraum, siehe Kapitel 2.) Wir haben in der kanonischen Formulierung gesehen, daß dem üblichen Ort die Metrik auf dem dreidimensionalen Raum, die 3-Metrik, entspricht. Dazu kommen natürlich bei Bedarf noch nichtgravitative Freiheitsgrade, beispielsweise das elektromagnetische Feld. Die Wellenfunktion ist also auf dem Raum aller 3-Metriken definiert. Man nennt diesen komplizierten Raum auch »Superraum«. Der grandiose Name rührt insbesondere davon her, daß der Superraum unendlich viele Dimensionen besitzt. Jeder einzelne Punkt im Superraum enthält nämlich die 3-Metrik, die an jedem Punkt des normalen Raumes definiert ist, also unendlich viele Zahlen darstellt. Man ahnt vielleicht, daß eine solche Formulierung alles andere als einfach ist.

Diese Schrödinger-Gleichung ohne Zeit heißt auch Wheeler-DeWitt-Gleichung, nach den beiden Physikern, die sie in den Jahren 1967 und 1968 aufstellten und als erste ihre Konsequenzen unter die Lupe nahmen. John Wheeler ist uns schon früher begegnet, unter anderem im Zusammenhang mit den Eigenschaften Schwarzer Löcher. Bryce DeWitt (1923 bis 2004) hat auch wichtige Arbeiten zu der im letzten Abschnitt diskutierten Störungstheorie beigetragen.

Bei genauerem Hinsehen zeigt sich ein wichtiger Unterschied zwischen Wheeler-DeWitt- und Schrödinger-Gleichung. Anders als diese hat jene die Form einer Schwingungsgleichung, wie man sie etwa von der schwingenden Saite her kennt (nur viel komplizierter). Die Gleichung für die schwingende Saite enthält aber die übliche Zeit t, bezüglich der das Auf und Ab der Saite erfolgt. Haben wir aber nicht gerade festgestellt, daß die Wheeler-DeWitt-Gleichung keine Zeit mehr enthält? Das ist richtig, solange wir damit die äußere Zeit t meinen; diese ist tatsächlich verschwunden. Dennoch zeichnet die Gleichung durch ihre Schwingungsform eine innere Variable aus, die sich wie eine Zeitvariable verhält. Es handelt sich um einen Teil der 3-Metrik, und zwar (grob gesprochen) um den Teil, aus dem sich das Volumen des dreidimensionalen Raumes berechnen läßt. In gewissem Sinne liefert also die Größe des Universums das Maß für die Zeit; sie ist eine *innere Zeit*, die nicht wie Newtons t außerhalb des Universums steht, sondern sich aus dessen Freiheitsgraden, insbesondere seiner Geometrie, zusammensetzt.

Die Formulierung der kanonischen Quantengravitation, bei der die Wellenfunktion von der 3-Metrik abhängt, heißt Quantengeometrodynamik. Im nächsten Abschnitt werden wir eine alternative kanonische Formulierung kennenlernen, die mit sogenannten Schleifen arbeitet. Die Wheeler-DeWitt-Gleichung der Quantengeometrodynamik ist im allgemeinen Fall unlösbar; das ist der Grund, warum man sich um Alternativen bemüht. Für einfachere Situationen, wie der in der Kosmologie üblichen Beschränkung auf homogene und isotrope Räume, ist diese Gleichung durchaus einer Lösung zugänglich; sie beschreibt dann direkt den Quantenkosmos auf fundamentaler Ebene (siehe Kapitel 6). Man kann aber trotzdem mittels der exakten Wheeler-DeWitt-Gleichung verstehen, unter welchen Umständen sich der Zeitparameter t als Näherung wiederfinden läßt.

Die Suche nach der verlorenen Zeit erfolgt mit der von Schrödinger gefundenen Analogie zwischen Wellenoptik und Quantenmechanik – diesmal aber in umgekehrter Richtung. Die Näherung, in der die altbekannte Zeit t wieder erscheint, entspricht gerade der Näherung, in der die Lichtstrahlen in der grundlegenderen Wellenoptik erscheinen. Den Lichtstrahlen entsprechen in der Quantenmechanik die Teilchenbahnen und in der Quantengravitation die Raumzeiten (und damit auch die Zeit). In der Wellenoptik lassen sich Lichtstrahlen beschreiben, wenn die Wellenlänge des betrachteten Lichtes viel kleiner ist als die Abmessungen (Spaltenabstände, Lochdurchmesser etc.) der Apparaturen, mit denen das Licht beobachtet wird. In der Quantengravitation entspricht das dem Grenzfall, bei dem relevante Längenabstände viel kleiner als die Planck-Länge (oder relevante Massen viel größer als die Planck-Masse) sind. Man nennt den entstehenden Parameter t auch »semiklassische Zeit«.

Eine einfache Analogie für das Entstehen der Zeit ist die Lektüre eines Buches. Das Buch als Ganzes, wie wir es in der Hand halten, entspricht der zeitlosen Wellenfunktion, da sein Inhalt vollständig vorliegt und somit zeitunabhängig ist. Lesen wir das Buch, so haben wir unwillkürlich den Eindruck, daß sich eine Handlung abspult; gerade Krimis leben wesentlich von diesem Aspekt (wobei ich hoffe, daß sich auch bei meinem Buch eine gewisse Spannung einstellt). Dieser Eindruck eines Zeitablaufs rührt daher, daß das Gesamtsystem zwei Teile hat: Buch und Leser. Es ist die Korrelation seines Bewußtseins mit den Wörtern und Sätzen, die dem Leser den zeitlichen Aspekt vorgaukelt. Wie die meisten Vergleiche hinkt auch dieser, er trifft aber einen wesentlichen Punkt. Es gibt Situationen, in denen sich in der Quantengravitation eine ähnliche Aufspaltung in zwei Teile vornehmen läßt: in ein makroskopisches Gravitationsfeld (in erster Linie des Universums als Ganzen) und in die nichtgravitativen Freiheitsgrade. Ersteres setzt dann quasi den Zeitstandard für die Entwicklung der letzteren; ersteres übernimmt die Rolle des Buches, letztere die des Lesers. Anstatt nach dem Zustand eines Systems zu einer bestimmten Zeit zu fragen, kann man nach seinem Zustand fragen, als das Universum so und so groß war. Das Universum definiert selbst die Zeit.

Der altbekannte Zeitparameter läßt sich allerdings nur für bestimmte Wellenfunktionen wiederfinden. Das Superpositionsprinzip erlaubt weitaus mehr Quantenzustände, Zustände, die nichtklassische Situationen wie die Überlagerung einer toten mit einer lebendigen Katze beschreiben. Beim quantisierten Gravitationsfeld entspricht das zum Beispiel der Überlagerung des

Gravitationsfeldes einer Masse, die sich gleichzeitig an zwei verschiedenen Orten befindet. So etwas hat man genausowenig beobachtet wie die Katzensuperposition. Das liegt daran, daß wie bei der Katze die Dekohärenz wirksam wird (siehe Kapitel 2 und 6). Die Gravitation koppelt ja universell an alle Energieformen, so daß es viele unbeobachtbare Freiheitsgrade der Umgebung gibt, welche die Information über die Superposition wegtragen können. Im einfachsten Fall sind das andere Teilchen, welche die unterschiedlichen Anteile des Gravitationsfeldes in der Superposition spüren. Wir können also auch im Rahmen einer Quantengravitation verstehen, warum wir normalerweise ein klassisches Gravitationsfeld beobachten. Freilich gibt es Situationen, in denen die Dekohärenz unwirksam bleibt und sich die Quantennatur der Gravitation offenbart. Das sind natürlich die interessantesten Situationen, da sie den Quantenkosmos unverhüllt zeigen. Wir werden darauf zurückkommen.

Quantengravitation mit Schleifen

Die im letzten Abschnitt diskutierte Quantengeometrodynamik gestattet viele begriffliche Einsichten in das Wesen einer Quantengravitation. Das betrifft nicht zuletzt den Zeitbegriff – das Verschwinden einer äußeren Zeit auf fundamentaler Ebene und ihr Wiederauftauchen unter speziellen Umständen als Näherung. Allerdings gibt es auch gewaltige Probleme. Die zentrale Wheeler-DeWitt-Gleichung ist, solange man keine Näherungen macht, mathematisch nicht wohldefiniert. Zwar kann man einfache Modelle betrachten (beispielsweise für die im nächsten Abschnitt genauer untersuchte Quantenkosmologie), in denen diese Probleme verschwinden; das ändert aber nichts daran, daß sich die exakte Gleichung einer strengen Behandlung entzieht. Schuld daran ist wieder das Verhalten bei kleinen Abständen – es tauchen undefinierte mathematische Ausdrücke auf, die eine Lösung der Gleichung verhindern. Das beweist natürlich nicht, daß eine solche Lösung nicht möglich ist; es gibt bisher nur keine Vorstellung davon, wie eine angemessene Behandlung auszusehen hätte.

Aus diesem Grund hat man nach einem Ausweg gesucht, der die Vorzüge des kanonischen Formalismus beibehält, die mathematischen Probleme jedoch löst. Der aus Indien stammende und in den USA arbeitende Theoretiker Abhay Ashtekar hat im Jahre 1986 vorgeschlagen, zu diesem Zweck neue Variablen einzuführen. Was bedeutet das? Die kanonischen Variablen der Geometrodynamik (die verallgemeinerten Orte und Impuls) sind ja die Metrik und die äußere Krümmung eines dreidimensionalen Raumes. Ashtekar hat aus diesen Variablen durch eine komplizierte Transformation neue Variablen geschaffen, die analog zu Größen sind, die man in der Elektrodynamik und der Elementarteilchenphysik benutzt; sie ähneln den in Kapitel 2 erwähnten Eichfeldern.

Die Ashtekar-Variablen haben seit ihrer Einführung einige Wandlungen durchgemacht. Heute benutzt man eine Version, die unter dem Namen »Schleifenvariablen« fungiert; den entsprechenden Formalismus nennt man »Schleifenquantengravitation«. Wie schon der Name ausdrückt, wird die verallgemeinerte Ortsvariable entlang einer Schleife, also eines eindimensionalen Gebildes im Raum definiert. Der verallgemeinerte Impuls ist der Fluß eines verallgemeinerten elektrischen Feldes durch die von der Schleife aufgespannte Fläche. Wie man sieht, sind die neuen Variablen sehr viel »nichtlokaler« als die alten: Während Metrik und äußere Krümmung punktweise definiert sind, handelt es sich bei ihnen quasi um ein- beziehungsweise zweidimensionale Größen. Das läßt die Hoffnung aufkeimen, die Unendlichkeiten, die ja mit dem Unendlichkleinen zusammenhängen, zu vermeiden.

In der Schleifengravitation deuten sich interessante Ergebnisse an. So scheint die Struktur des Raumes auf kleinsten Skalen tatsächlich diskret zu sein, analog zu den diskreten Energiewerten in atomaren Spektren. Diese Diskretheit hängt natürlich direkt mit den Schleifen zusammen. Die Wellenfunktionen der Schleifentheorie lassen sich aus sogenannten »Spinnetzwerken« aufbauen; das sind Graphen, deren Teilstücken man ganz- oder halbzahlige Spinwerte zuordnet. In Abbildung 5.6 ist beispielhaft ein Spinnetzwerk zu sehen, das aus vier Teilen besteht.

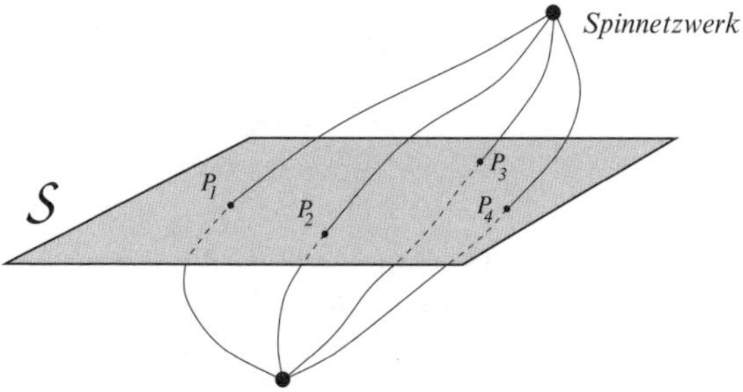

5.6 Ein Beispiel für ein Spinnetzwerk; die Symbole P_1 bis P_4 bezeichnen die Durchstoßpunkte der Teile des Netzwerks durch eine Fläche S.

Man erkennt in der Abbildung auch eine Fläche S, die von dem Spinnetzwerk durchstoßen wird. Wie der Formalismus der Schleifentheorie lehrt, kommen Flächen nur in diskreten Werten vor – sie sind buchstäblich »quantisiert«. Das hängt natürlich direkt mit den endlich vielen Schnittpunkten zusammen, die ein Spinnetzwerk mit den Flächen hat, und der Quantisierung des Spins, der ja nur ganz- oder halbzahlige Werte annehmen kann (Kapitel 2). Die diskrete Natur der Schleifenvariablen spiegelt sich in der diskreten Natur der Flächen wider. Es gibt ein elementares »Flächenquantum«, das von der Größenordnung der Planck-Fläche (der Planck-Länge im Quadrat) ist. Allerdings sind Flächen nicht einfach nur Vielfache des Flächenquantums. Das Spektrum der erlaubten Werte wird mit zunehmender Flächengröße immer enger, so daß die Quantisierung der Fläche praktisch nur für sehr kleine Flächen eine Rolle spielt. Man sieht hier sehr deutlich, wie die ursprünglichen Ideen von Bronstein und anderen über die Existenz einer kleinsten Länge in einem konkreten Zugang zur Quantengravitation realisiert werden.

Die Idee der Spinnetzwerke geht auf Penrose zurück, der sie Anfang der siebziger Jahre in einem anderen Zusammenhang einführte. Sein Anspruch war freilich ein ähnlicher, nämlich die Konstruktion einer fundamentalen Theorie, die ohne Hintergrund auskommt. Lassen wir ihn selbst zu Wort kommen:

> Meine Idee ist, zu versuchen, Raumzeit und Quantenmechanik gleichzeitig aufzubauen – aus *kombinatorischen* Prinzipien ... Die Vorstellung ist hier, vom Drehimpuls auszugehen – der ein *diskretes* Spektrum besitzt – und die Regeln der Verknüpfung von Drehimpulsen miteinander auszunützen, um herauszufinden, ob man den Begriff des *Raumes* daraus konstruieren kann.

Den Raum selbst aus kleinen diskreten Einheiten aufzubauen, ohne ihn vorauszusetzen – ein ehrgeiziges Unterfangen, das in der Schleifentheorie verwirklicht werden könnte. Doch auch in diesem Zugang gibt es offene Probleme, die in gewisser Weise komplementär zu denen der Geometrodynamik sind. So ist hier zwar die mathematische Behandlung durchsichtiger als in der Geometrodynamik, und es ergeben sich faszinierende Einsichten in eine diskrete Struktur des Mikrokosmos, doch ist momentan nicht klar, wie sich der verlorengegangene Zeitparameter und mit ihm die klassische Physik als Grenzfall wiederfinden läßt. Darüber hinaus gibt es auch einige formale Probleme, die mit dem Analogon der Wheeler-DeWitt-Gleichung in diesem Zugang zu tun haben. Der Charme der Schleifentheorie besteht aber darin, die sehr weitreichenden Konsequenzen einer Quantengravitation offenzulegen.

Kann man aus der Schleifentheorie Einsichten in einige der Probleme gewinnen, die im Zusammenhang mit dem Ursprung des Universums oder Schwarzen Löchern bestehen? Wir wollen uns hier auf Schwarze Löcher beschränken, da die kosmologische Anwendung im nächsten Kapitel zur Sprache kommt.

Am Ende des dritten Kapitels haben wir gesehen, daß Schwarze Löcher strahlen, eine Entropie besitzen und thermodynamischen Gesetzen genügen. In diesem Zusammenhang gibt es zwei Probleme, die nur von einer Theorie der Quantengravitation gelöst werden können. Das eine ist die Endphase der Verdampfung Schwarzer Löcher, das andere die mikroskopische Deutung der Entropie, also die Ableitung der von Bekenstein und Hawking gefundenen Formel, wonach die Entropie der Oberfläche proportional ist, im Sinne Boltzmanns. Während sich ersteres bisher jeder Behandlung entzieht, bietet die Schleifengravitation interessante Ansätze zur Entropie. John Wheeler folgend, kann man sich die Entropie heuristisch etwa so vorstellen: Man teile die Oberfläche des Schwarzen Loches (also die Oberfläche des Ereignishorizonts) in kleine Flächen ein, die von der Größenordnung der Planck-Fläche sind. Dann betrachte man die Anzahl der Möglichkeiten, diese kleinen Flächen mit Bits, also den Zahlen 0 und 1, zu versehen. Ein Beispiel für eine solche Möglichkeit ist in Abbildung 5.7 zu sehen.

5.7 Hier werden Bits symbolisch auf die Horizontoberfläche eines Schwarzen Loches verteilt, wobei ungefähr ein Bit pro Planck-Fläche erscheint.

Die Entropie ist dann ein Maß für die Anzahl dieser Möglichkeiten. Es ist klar, daß diese Anzahl (und damit die Entropie) mit der Oberfläche des Loches wächst. Um welche Freiheitsgrade handelt es sich aber bei den Bits? Im Fall eines Gases etwa sind die mikroskopischen Freiheitsgrade die Orte und Geschwindigkeiten der Gasmoleküle (siehe Kapitel 3). Die Entropie ist dort ein Maß für die Anzahl der Möglichkeiten, diese Orte und Geschwindigkeiten für einen gegebenen Makrozustand (definiert etwa durch Volumen und Temperatur) zu wählen. Die Schleifentheorie schlägt nun vor, die mikroskopischen Freiheitsgrade des Schwarzen Loches in der Quantengravitation über die Anzahl der Durchstoßpunkte zu bestimmen, die ein Spinnetzwerk mit dem Ereignishorizont haben kann. Das ist ein kompliziertes kombinatorisches Problem, das man nach einigen Fehlversuchen gelöst hat. Es kommt dann tatsächlich heraus, daß die über diese Spinnetzwerke definierte Entropie der Oberfläche des Ereignishorizonts proportional ist. Also ein grandioser Triumph für die Schleifentheorie? Nicht ganz. Die Schleifentheorie enthält nämlich noch einen neuen Parameter, eine Zahl, die man auch als »Barbero-Immirzi-Parameter« bezeichnet. Es ist offen, ob sich aus theoretischen Gründen ein ausgezeichneter Wert finden läßt. Die Entropie ist diesem unbekannten Parameter proportional. Man kann natürlich das Pferd vom Schwanz her aufzäumen und einfach postulieren, daß sich die Entropieformel von Bekenstein und Hawking ergeben *müsse*. Das legt dann den Barbero-Immirzi-Parameter fest. Der so gefundene Wert folgt nur numerisch und ist alles andere als anschaulich. Man bräuchte nun eine zweite testbare Vorhersage der Theorie, um zu sehen, ob die Schleifengravitation mit dem so festgelegten Parameter erfolgreich ist. Leider ist eine solche derzeit nicht in Sicht. Dennoch bietet die Schleifentheorie ein anschauliches Bild, wie sich zumindest im Prinzip die Mikrozustände interpretieren und abzählen lassen. Im nächsten Abschnitt werden wir eine alternative Sichtweise der Dinge kennenlernen.

Stringtheorie

Die letzten Abschnitte waren der Quantisierung der Allgemeinen Relativitätstheorie gewidmet. Die Vorstellung dabei ist, daß man direkt eine Theorie der Quantengravitation konstruieren könne, ohne sich um die anderen Wechselwirkungen kümmern zu müssen. Diese anderen Wechselwirkungen (starke und elektroschwache) kommen einfach in Form des Standardmodells der Teilchenphysik hinzu.

Es ist nicht unumstritten, ob eine solche direkte Quantisierung der Gravitation überhaupt möglich ist. Ein alternativer Zugang geht deshalb davon aus, direkt eine vereinheitlichte Quantentheorie *aller* Wechselwirkungen zu konstruieren. Quantengravitation ist dann nur ein Aspekt dieser Theorie, der zum Vorschein kommt, wenn die einzelnen Wechselwirkungen in einem geeigneten Grenzfall unterscheidbar werden. Ein solcher Zugang – und der einzige bekannte – ist die Stringtheorie.

Die Stringtheorie hat eine interessante und wechselvolle Geschichte hinter sich. In den sechziger Jahren war die Struktur der Kernbausteine (Proton, Neutron) und der zugehörigen starken Wechselwirkung ein offenes Problem. Wie schon Rutherford 1911 hat man zahlreiche Streuexperimente durchgeführt, um diese Struktur aufzudecken. Beispielsweise kann man bei hohen Energien Protonen auf Protonen schießen und die dabei entstehenden Teilchen studieren. Etliche der experimentellen Daten konnte man erklären, indem man annahm, daß es sich bei den Teilchen um unterschiedliche Anregungen einer schwingenden Saite handelte. Da das Wort Saite im Englischen *string* heißt, sprach man von dem Stringmodell der starken Wechselwirkung. Wir werden auch hier den gängigen englischen Ausdruck benutzen, nicht zuletzt um dadurch den Unterschied zu tatsächlichen Saiten hervorzuheben.

Verbergen sich also in den Atomkernen kleine Gitarrensaiten? Weitere Experimente konnten dieses Bild nicht mehr aufrechterhalten. Wie sich herausstellte, bestehen die Kernteilchen aus punktförmigen Quarks, deren Wechselwirkung erfolgreich durch die Quantenchromodynamik, eine Eichtheorie der starken Wechselwirkung, beschrieben wird (siehe Kapitel 2). Damit schien das Stringmodell erledigt zu sein und sein Leben als einer der vielen gescheiterten Versuche in der Geschichte der Wissenschaften ausgehaucht zu haben.

Die Situation änderte sich 1974, als eine Reihe von Physikern zeigen konnten, daß im Stringspektrum ein masseloses Teilchen mit Spin 2 enthalten ist. Ein solches Teilchen haben wir weiter oben bereits kennengelernt – das Graviton, das für die gravitative Wechselwirkung verantwortlich ist. Man kann unter allgemeinen Annahmen zeigen, daß das Graviton das einzige masselose Teilchen mit Spin 2 ist. Das ließ bei diesen Physikern die Alarmglocken läuten. Liefert das Stringmodell vielleicht eine Theorie der Quantengravitation?

Ein Stringmodell besitzt einen freien Parameter mit der Dimension einer Länge – eben die Länge der Saite. Im Stringmodell der starken Wechselwirkung ist diese Länge naturgemäß durch die Kerngröße gegeben, sollte also etwa 10^{-13} Zentimeter betragen. Interpretiert man das Modell als eine Quantentheorie, welche auch die Gravitation einschließt, so sollte die Stringlänge von der Größenordnung der Planck-Länge sein, also etwa 10^{-33} Zentimeter; das sind zwanzig Größenordnungen weniger. Natürlich verschwindet für solch kleine Saiten der Widerspruch mit dem Experiment. Auf den mit heutigen Beschleunigern auflösbaren Längenskalen sehen diese Strings punktförmig aus und können deshalb nicht als solche erkannt werden.

Anders als Gitarrensaiten sind die Strings hier nicht fest eingespannt, haben also keine feste Länge, die durch Randbedingungen festgelegt ist. Sie besitzen allerdings eine riesige Spannung, die benötigt wird, damit die Strings winzig klein, eben von der Dimension der Planck-Länge, bleiben.

Strings kommen in zwei Varianten vor. Haben sie zwei freie

Enden, so spricht man von offenen Strings; gibt es keine freien Enden, liegen geschlossene Strings vor. Diese beiden Möglichkeiten sind in Abbildung 5.8 skizziert.

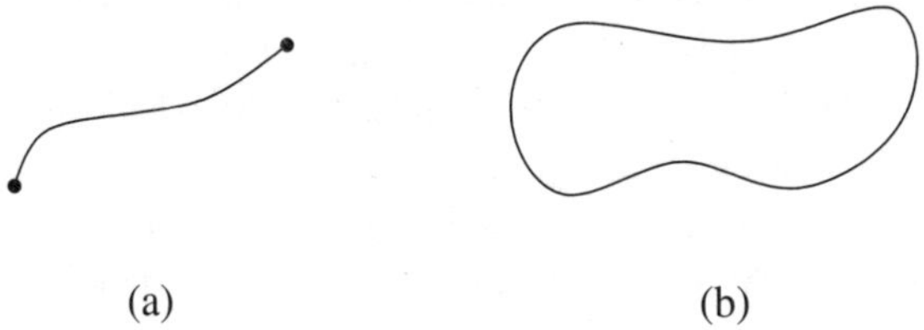

5.8 Ein offener (a) und ein geschlossener (b) String

In der Stringtheorie gibt es keine strukturlosen (»punktförmigen«) Quantenobjekte mehr; alle Teilchen, ob Elektron oder Proton, sind nur noch Anregungen der fundamentalen Strings. Das weckt ähnlich wie bei der Schleifengravitation die Hoffnung, daß die Divergenzen der Quantenfeldtheorie verschwinden: Strings wechselwirken ja nicht an einzelnen Raumzeitpunkten, sondern sind über viele Punkte »ausgeschmiert«. Diese Hoffnung wird weitgehend erfüllt. In Abbildung 5.9 ist als Beispiel die Wechselwirkung zweier geschlossener Strings dargestellt. Die Zeit läuft von links nach rechts; es laufen zwei geschlossene Strings ein, wechselwirken miteinander und laufen dann wieder getrennt voneinander weg. Die Wechselwirkung wird in der Raumzeit also durch eine »Doppelhose« beschrieben, die keinen einzelnen Punkt auszeichnet; die mit solchen Punkten verknüpften Unendlichkeiten sind also von vornherein verschwunden.

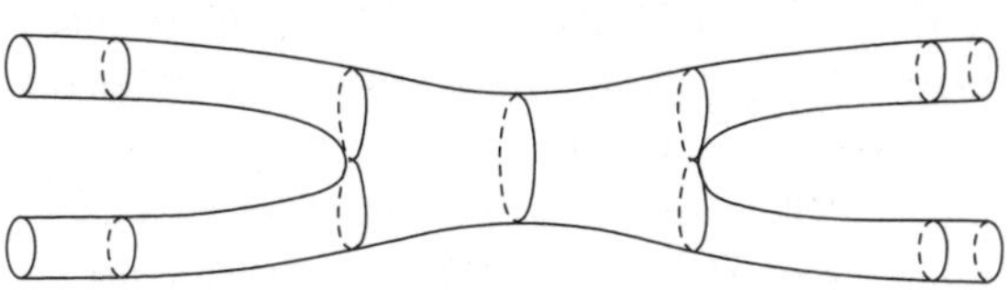

5.9 Wechselwirkung zweier geschlossener Strings

Man kann allgemein zeigen, daß eine Stringtheorie ohne Gravitation nicht konsistent ist. Edward Witten, einer der Haupttheoretiker der Stringtheorie, geht sogar so weit, zu behaupten, daß die Existenz der Gravitation eine der erfolgreichen Vorhersagen der Stringtheorie sei. Wenn Ihnen dieses Buch also vor Schreck aus der Hand und auf den Boden fällt, so handelt es sich um einen Effekt der Stringtheorie.

Wie bereits betont, führt die Stringtheorie einen neuen Parameter in die Physik ein – die Stringlänge. Daneben gibt es noch die alten Bekannten h (Wirkungsquantum) und c (Lichtgeschwindigkeit). Alle anderen Konstanten der Physik (Massen, Kopplungskonstanten, auch die Gravitationskonstante) sollten sich dann im Prinzip aus der Stringtheorie berechnen lassen. Das wäre sicherlich ein großer Vorzug dieser Theorie, da die oben diskutierte direkte Quantisierung der Relativitätstheorie eine solche Berechnung wegen der unberücksichtigten Vereinheitlichung nicht zu gestatten scheint. Freilich liegt die Betonung auf »im Prinzip«; das Verständnis der Stringtheorie ist für eine solche Berechnung noch unzureichend.

Je höher die Spannung einer Saite ist, desto mehr Energie wird benötigt, um die Saite anzuzupfen. Nun ist die Spannung der fundamentalen Strings ja enorm; da ihre Länge von der Größenordnung der Planck-Länge ist, sollten die Energien der Stringanregungen von der Größenordnung der Planck-Energie sein (nach Einstein gleich Planck-Masse mal c^2). Man würde also erwarten, daß die Teilchen, die als Stringanregungen in Erscheinung treten, Massen haben, die mindestens so groß wie die Planck-Masse sind. Wie kann das sein? Alle beobachteten Teilchen haben Massen, die weit unter der Planck-Masse liegen. Ist die Stringtheorie also doch wertlos?

An dieser Stelle kommen ganz entscheidende Quantenaspekte ins Spiel. Wie schon beim Casimir-Effekt (siehe Kapitel 2) erlaubt die Quantentheorie auch hier negative Energien. Für die Grundschwingung des Strings stellt sich nun heraus, daß eine solche negative Energie gerade den erwarteten Massenwert von Planck-Dimensionen aufheben kann. Bei einer exakten Aufhebung ergeben sich Teilchen mit Ruhemasse null; dazu gehören das Photon und das Graviton. Verbleibt ein kleiner positiver Wert für die Ruhemasse, ergeben sich die üblichen Teilchen wie etwa das Elektron. Die beobachtete Welt läßt sich also zurückführen auf die Grundschwingung der Strings. Das hat den Stringtheoretiker und Bestsellerautor Brian Greene dazu verleitet, von dem Universum als einer kosmischen Symphonie zu schwärmen. (An mögliche Dissonanzen hat er anscheinend nicht gedacht.)

Die Oberschwingungen der Strings beschreiben dann tatsächlich Teilchen mit Planck-Masse und schwerer. Sie könnte man direkt nur in Beschleunigern von galaktischen Dimensionen beobachten – ein aussichtsloses Unterfangen. Die Oberschwingungen kann man, wenn überhaupt, also nur indirekt sehen, da sie in der Struktur der Stringtheorie automatisch enthalten sind.

Die Konstruktion einer konsistenten Stringtheorie im Rahmen der Quantentheorie ist alles andere als einfach. So stellte sich in der ursprünglichen Stringtheorie heraus, daß dies nur möglich ist, wenn sich der String in einer Raumzeit mit 26 Dimensionen bewegt! Das ist einiges mehr als die beobachteten vier Raumzeitdimensionen. Ein zusätzliches Problem bereitete ein skurriles Teilchen, das im Spektrum auftaucht: das Tachyon.

Tachyonen sind hypothetische Teilchen, die sich mit Überlichtgeschwindigkeit bewegen. Trotz des gegenteiligen Eindrucks ist deren Existenz mit der Speziellen Relativitätstheorie verträglich, da sie sich *nur* mit Überlichtgeschwindigkeit bewegen können, also kein Übergang zwischen Geschwindigkeiten kleiner und größer als c möglich ist. Probleme bereiten die Tachyonen, wenn man die Quantentheorie mitberücksichtigt. Das Vakuum kann dann instabil werden und in Tachyonen zerfallen – was man ganz offensichtlich nicht beobachtet.

Den Ausweg aus dem Tachyonenproblem bietet eine zusätzliche Symmetrie, der wir bereits im zweiten Kapitel begegnet sind:

die Supersymmetrie (SUSY). Es handelt sich um eine Symmetrie, die möglich ist, wenn der Spin der Teilchen berücksichtigt wird. Die SUSY postuliert, daß Teilchen in der Natur stets in Paaren erscheinen, wobei sich die Teilchen eines Paares (die »Superpartner«) um einen halbzahligen Spin unterscheiden. So gehört zum Beispiel zum Elektron (mit Spin ½) der Selektron genannte Superpartner (mit Spin 0). Zum Photon (Spin 1) gehört das Photino (Spin ½), zum Graviton (Spin 2) das Gravitino (Spin $^3/_2$). Ein Partner ist also immer ein Fermion, der andere Partner ein Boson. Da Bosonen Wechselwirkungen vermitteln (das Photon die elektromagnetische, das Graviton die gravitative), vereinigt die SUSY quasi Materie und Wechselwirkungen.

Die ursprüngliche Stringtheorie enthält nur Bosonen als Anregungen, weshalb man auch vom »bosonischen String« spricht. Natürlich möchte man eine Stringtheorie, die auch Fermionen enthält. Bei dem Versuch, Fermionen zu implementieren, ist man Anfang der siebziger Jahre automatisch auf die SUSY gestoßen; so läßt sich ein String mit Fermionen gar nicht ohne SUSY formulieren. Werden Fermionen und damit die SUSY berücksichtigt, so spricht man von der Superstringtheorie. (Wir werden im folgenden der Einfachheit halber meistens von der Stringtheorie reden.) Erst später hat man gesehen, daß sich SUSY auch in die normale Teilchenphysik implementieren läßt und dort verallgemeinerte (bisher nicht getestete) Modelle liefert.

Die Superstringtheorie vermeidet das Tachyon. Vermeidet sie auch die überzähligen Raumzeitdimensionen des bosonischen Strings? Nur zum Teil. Die Theorie läßt sich konsistent nur in zehn Raumzeitdimensionen formulieren – immerhin weniger als 26, aber doch deutlich mehr als die vier gewünschten Dimensionen. Wie interpretiert man die zusätzlichen Dimensionen? Im ersten Kapitel haben wir die alte Idee von Kaluza und Klein diskutiert, wonach die Formulierung der Allgemeinen Relativitätstheorie in fünf Dimensionen uminterpretiert werden kann als Relativitätstheorie *und* Elektromagnetismus in vier Dimensionen; die fünfte Dimension muß nur klein genug sein, um Widersprüche mit dem Experiment zu vermeiden.

Die Kaluza-Klein-Idee hat im Rahmen der Stringtheorie eine wahre Renaissance erlebt. Sie bietet nämlich den Schlüssel zum Verständnis der unvermeidbaren höheren Dimensionen. Man stellt sich dazu vor, daß sechs der zehn Raumzeitdimensionen zu kleinen Gebilden aufgerollt sind, die man sich an jedem Punkt der makroskopischen vier Dimensionen angeheftet denken darf. Da die Ausdehnung der zusätzlichen Dimensionen von der Größenordnung der Planck-Länge ist, wird auch klar, warum wir davon nichts spüren: Wir sehen einfach darüber hinweg. (Im nächsten Abschnitt werden wir noch eine allgemeinere Möglichkeit für die Behandlung der höheren Dimensionen kennenlernen.)

Die geometrische Struktur dieser höheren Dimensionen ist nicht einfach. In der Mathematik bezeichnet man diese Gebilde als »Calabi-Yau-Räume«. Sie weisen diverse Löcher auf, die das Schwingungsmuster der Strings beeinflussen. So könnte man bei Räumen mit drei Löchern direkt einen Zusammenhang mit den drei Familien der Teilchenphysik (siehe Kapitel 2) herstellen – eine faszinierende Aussicht. Leider ist bisher kein Prinzip bekannt, das gerade solche Calabi-Yau-Räume auswählt. Das ist ein allgemeines Problem: Es gibt viel zu viele Möglichkeiten für die Struktur dieser Räume (von den im nächsten Abschnitt behandelten Möglichkeiten ganz zu schweigen), als daß man eindeutige Vorhersagen für die vierdimensionale Physik treffen könnte. Es ist sogar abgeschätzt worden, daß es etwa 10^{500} Möglichkeiten gibt, um von den fundamentalen zehn auf die beobachteten vier Dimensionen zu gelangen. Was dies für die Vorhersagekraft einer Theorie bedeutet, wird noch zu klären sein.

Tatsächlich kann man die Supersymmetrie auf fünf verschiedene Arten in die Stringtheorie implementieren. Zwei davon verknüpfen den supersymmetrischen mit dem bosonischen String auf geschickte Weise; man nennt ihn deshalb den »heterotischen

String«. Er spielte eine Rolle in einem Ereignis, das man etwas hochtrabend die »erste Stringrevolution« nennt: In den 1984 erschienenen Arbeiten der Stringtheoretiker Michael Green und John Schwarz konnte gezeigt werden, daß heterotische Strings halbwegs realistische Modelle der Teilchenphysik liefern und insbesondere die dort wichtige Paritätsverletzung (also die Tatsache, daß Prozesse anders ablaufen, wenn man sie in einem Spiegel betrachtet) beschreiben können; Stringtheorie könnte also tatsächlich etwas mit der beobachteten Welt zu tun haben. Nachdem die Theorie lange Zeit vor sich hin gedümpelt war, stieß sie von nun an in der Gemeinde der Teilchenphysiker auf reges Interesse.

Die »zweite Stringrevolution« ließ elf Jahre auf sich warten. Edward Witten verkündete 1995 auf einer Stringkonferenz, daß die fünf bekannten Stringtheorien nicht voneinander unabhängig seien, sondern in Wahrheit durch ein Netz von sogenannten Dualitäten zusammenhingen. So ist der Grenzfall schwacher Stringkopplung der einen Theorie gleich dem Grenzfall starker Kopplung der anderen. Zudem hat man festgestellt, daß es in den Lösungen der Stringtheorie nicht nur Strings, also nicht nur eindimensionale Gebilde gibt. Tatsächlich gibt es eine Vielzahl anderer Objekte der verschiedensten Dimensionen (zwei, drei und höher), die man allgemein als »Branen« bezeichnet (von der zweiten Silbe des Wortes Membran abgeleitet). Insgesamt sind aber nach wie vor die Strings wichtiger, da die Massen der Branen für kleine Kopplung (die sogenannte Störungstheorie) groß und deshalb irrelevant sind.

Die zweite Stringrevolution war mit einer weiteren Entdekkung verbunden – im Formalismus kam eine geheimnisvolle elfte Dimension zum Vorschein. Das hat direkt damit zu tun, daß man jetzt über die Störungstheorie hinausgelangt ist. So handelt es sich bei einigen der Strings in Wahrheit um zweidimensionale Membranen, wobei eine der beiden Dimensionen in die elfte Dimension weist, welche in der Störungstheorie (also bei kleiner

Kopplung) nicht zu erkennen ist. In den vor 1995 diskutierten zehn Dimensionen sieht diese Membran tatsächlich wie ein String aus.

Es sieht also so aus, als gäbe es eine umfassende, in elf Raumzeitdimensionen definierte Theorie, in der die fünf ursprünglichen Stringtheorien als unterschiedliche Grenzfälle auftreten. Obwohl erst wenig über diese Supertheorie bekannt ist, hat sie doch einen eigenen Namen erhalten: *M-Theorie*. Wofür das M steht? Hierüber gibt es verschiedene Vorstellungen. Vielleicht steht es für *Mystery* (Rätsel, Geheimnis), vielleicht für »Mutter«, vielleicht für etwas anderes. Der Schleier über dieser Theorie hat sich noch nicht gelüftet. Vielleicht tut er das in der nächsten Stringrevolution.

Wittens Entdeckung von 1995 betraf insbesondere die Zusammenhänge zwischen den verschiedenen Stringtheorien (die Dualitäten). Eine andere Art von Dualität hat direkt mit den Extradimensionen und der endlichen Stringlänge zu tun. Betrachten wir eine zusätzliche Raumdimension, die in Gestalt eines Kreises aufgewickelt ist; der Kreis habe den Radius R. Wegen der endlichen Stringlänge hat der String unterschiedliche Entfaltungsmöglichkeiten. Er kann sich gleichförmig bewegen, er kann schwingen, und er kann sich um die zusätzliche Dimension herumwickeln. Es stellt sich nun heraus, daß die gleichförmige Bewegung für einen großen Kreis dem Wickeln um einen kleinen Kreis herum äquivalent ist und umgekehrt. Rein operationalistisch kann man also ein Universum, in dem die zusätzliche kreisförmige Dimension den Radius R hat, nicht unterscheiden von einem entsprechenden Universum mit Radius proportional zu $1/R$. Die Sichtweise hängt davon ab, ob man zur Längenmessung einen gleichförmig bewegten oder einen aufgewickelten String benutzt. Ein solches Ergebnis kann natürlich nicht aus einer Punktteilchentheorie folgen. Es ist auch nicht überraschend, daß die quantenmechanische Unschärferelation eine Verallgemeinerung erfährt. Ein ausgedehnter String gestattet es nun einmal nicht, eine Struktur kleiner als die Stringlänge aufzulösen. Vergrößert man die Impulsunschärfe, so wird sich die Ortsunschärfe zunächst wie gewohnt verringern, bei Annäherung an die Stringlänge jedoch wieder vergrößern.

In den letzten Abschnitten haben wir immer wieder betont, wie wichtig es ist, nach einer Formulierung der Quantengravitation zu suchen, die ohne festen Hintergrund auskommt. In der Stringtheorie finden wir hingegen das Bild von kleinen Strings und anderen Gebilden, die sich in einer zehn- beziehungsweise elfdimensionalen Raumzeit bewegen, die selbst nicht quantisiert wird. Tatsächlich kommt hier zum Ausdruck, daß die Stringtheorie noch unvollständig ist. In einer fundamentalen Ausformulierung der M-Theorie sollte keine Raumzeit mehr vorkommen. Ob es noch einen Raum gibt wie in der kanonischen Theorie oder nicht einmal mehr diesen, ist offen. Die Raumzeit selbst sollte sich dann näherungsweise aus Strings und Branen konstruieren lassen. Man darf auf weitere Entwicklungen gespannt sein. Allgemein wird bedauert, daß bisher kein fundamentales Prinzip in Sicht ist, vergleichbar etwa mit dem Äquivalenzprinzip, aus dem sich die Stringtheorie (oder M-Theorie) folgern ließe. Ob es überhaupt ein solches Prinzip gibt?

Wir haben im letzten Abschnitt gesehen, daß es die Schleifenquantengravitation in einem gewissen Sinne gestattet, die Entropie Schwarzer Löcher mikroskopisch zu begründen. Dies erfolgte durch eine Abzählung der mit den Spinnetzwerken verknüpften Freiheitsgrade. Allerdings war die Ableitung wegen des im Formalismus vorhandenen Barbero-Immirzi-Parameters unvollständig. Wie sieht es mit der Stringtheorie aus? Auch dort gibt es mikroskopische Freiheitsgrade – die Strings und Branen. Tatsächlich konnte gezeigt werden, daß sich die Entropieformel von Bekenstein und Hawking durch eine wohldefinierte Abzählung von Branenzuständen finden läßt, und zwar direkt mit den korrekten Faktoren. Allerdings hat die Sache auch hier einen Pferdefuß. Die Entropie kommt zwar richtig heraus, die entsprechenden Schwarzen Löcher sind aber nicht die beobachtbaren Schwarzen Löcher wie etwa das supermassive Loch im Zentrum unserer Milchstraße. Es handelt sich vielmehr um Löcher mit zusätzlichen Stringladungen (verallgemeinerten elektrischen Ladungen), für die zusätzlich verlangt werden muß, daß sie in einem bestimmten Verhältnis zur Masse des Loches stehen. Ein Anfang ist aber immerhin gemacht.

Wir haben bereits erwähnt, daß die experimentelle Überprüfung der Stringtheorie noch aussteht. Direkte Beschleunigerexperimente sind wegen der hohen Energien aussichtslos, es sei denn, es gäbe das im nächsten Abschnitt geschilderte Schlupfloch. Natürlich sollten sich im Prinzip die Massen aller bekannten Teilchen und die Kopplungskonstanten des Standardmodells der Teilchenphysik berechnen lassen. Das ist jedoch zumindest momentan nicht möglich. Schuld daran ist die unüberschaubar hohe Zahl an Möglichkeiten, von der fundamentalen Theorie mit ihren zehn beziehungsweise elf Raumzeitdimensionen zu der vierdimensionalen Welt unserer Erfahrung zu gelangen. Davon abgesehen sollte die Theorie auch für Energien, die viel niedriger als die Planck-Energie sind, kleine Abweichungen von der Relativitätstheorie vorhersagen, etwa Verletzungen des Äquivalenzprinzips oder des in einem frei fallenden Systems lokal gültigen Speziellen Relativitätsprinzips. Danach soll experimentell gefahndet werden, nicht zuletzt in den im ersten Kapitel erwähnten Weltraummissionen MICROSCOPE und STEP. Es handelt sich aber um eine Suche im Dunkeln, denn eine genaue Vorhersage für die Stärke solcher Abweichungen liegt nicht vor.

Sowohl die String- als auch die Schleifentheorie führen auf die Vorstellung einer kleinsten Länge, wobei einmal dahingestellt sein mag, ob diese nur in einem operationalistischen Sinne existiert oder nicht. Damit hat man sich von der Idee einer kontinuierlichen Beschreibung des Raumes verabschiedet. Vielleicht läßt sich eine körnige Struktur des Raumes experimentell testen? Tatsächlich ist das nicht so aussichtslos, wie es scheint. Die Ausbreitung von elektromagnetischer Strahlung oder hochenergetischen kosmischen Teilchen unterscheidet zwischen diskreter und kontinuierlicher Raumstruktur. Wird etwa elektromagnetische Strahlung von einem Ereignis in kosmischer Entfernung ausgestrahlt, so haben unterschiedliche Wellenlängen leicht voneinander abweichende Geschwindigkeiten, falls der Raum körnig ist. Es sollten sich also für das gleiche Ereignis im All unterschiedliche Ankunftszeiten auf der Erde ergeben. Bei den Ereignissen berücksichtigt man insbesondere die sogenannten Gammastrahlenausbrüche, die von der Verschmelzung kompakter Objekte (Schwarze Löcher, Neutronensterne) herrühren können. Trotz intensiver Suche wurde bisher kein Effekt aufgespürt – die Ankunftszeiten für unterschiedliche Wellenlängen sind im Rahmen der Meßgenauigkeit dieselben. Die Fahndung läuft weiter.

Das Universum auf der Brane

Wir haben im letzten Abschnitt gesehen, daß die Stringtheorie zusätzliche Raumdimensionen benötigt; die Raumzeit besäße insgesamt dann zehn oder elf Dimensionen. Da wir bisher von diesen weiteren Dimensionen nichts bemerkt haben, sollte deren Ausdehnung winzig klein sein und unterhalb von etwa 10^{-17} Zentimetern liegen, der kleinsten Distanz, die man mit bisherigen Beschleunigern auflösen kann. Es handelt sich hier um die moderne Ausgestaltung der alten Ideen von Kaluza und Klein, die wir am Ende des ersten Kapitels kennengelernt haben. Dort ging es um die Vereinheitlichung von Gravitation und Elektrodynamik durch die Formulierung einer reinen Gravitationstheorie in fünf Dimensionen; hier geht es um die Vereinheitlichung aller Wechselwirkungen durch eine Stringtheorie (oder M-Theorie) in zehn oder elf Dimensionen.

Seit dem Ende der neunziger Jahre hat sich nun herausgestellt, daß es tatsächlich viel mehr Möglichkeiten gibt, zusätzliche Dimensionen in eine Theorie einzubauen, als es der alten Idee von Kaluza und Klein und deren unmittelbaren Erweiterungen entspricht. In dem sogenannten ADD-Modell von 1998 (benannt nach den drei Physikern Arkani-Hamed, Dimopoulos und Dvali) brauchen die Extradimensionen nicht mehr winzig klein zu sein – die Autoren spekulierten über Größenordnungen bis zu einem Millimeter. Wie kann das sein? Haben wir nicht eben festgestellt, daß Beschleuniger bis hinunter zu 10^{-17} Zentimetern nichts von zusätzlichen Dimensionen bemerken? Das ist richtig, solange man an alle Wechselwirkungen denkt. In der Stringtheorie gibt es aber Modelle mit Branen (siehe oben), in denen alle Wechselwirkungen *außer* der Gravitation auf eben diese Branen eingeschränkt sind und nicht in den zusätzlich vorhandenen Dimensionen wirken können. Die Gravitation als Ausdruck der Geometrie von Raum und Zeit ist natürlich überall vorhanden, da sie sich nicht von der Raumzeit loslösen läßt.

Stellen wir uns vor, daß unser vierdimensionales Universum (drei Raum- und eine Zeitdimension) einer solchen Brane entspreche. Nehmen wir ferner der Einfachheit halber an, daß es nur eine zusätzliche, also eine fünfte Dimension gebe (die gesamte Welt hätte dann vier Raum- und eine Zeitdimension). Wenn nur die Gravitation alle fünf Dimensionen durchdringt, kann man die fünfte Dimension nur über Messungen der Gravitation aufspüren; das Newtonsche Gravitationsgesetz beispielsweise wird durch die Extradimension modifiziert. Der springende Punkt ist nun, daß das Gravitationsgesetz nicht bis zu winzig kleinen Distanzen überprüft werden kann, da es sehr schwierig ist, die Kraft zwischen zwei so nahe beisammen liegenden Massen störungsfrei zu messen. Ende der neunziger Jahre hatte man das Gravitationsgesetz nur hinunter bis zu einem Abstand von etwa einem Millimeter überprüft, so daß mögliche Zusatzdimensionen maximal so groß sein konnten. (Mittlerweile hat man die Gültigkeit des Gravitationsgesetzes bis hinunter zu etwa hundert Mikrometer bestätigt, was aber die prinzipielle Diskussion nicht ändert.)

Eine Hauptmotivation für das ADD-Modell war das sogenannte Hierarchieproblem der Teilchenphysik. Darunter versteht man die Tatsache, daß die Energieskala der schwachen Wechselwirkung um viele Zehnerpotenzen kleiner ist als die für die Quantengravitation charakteristische Planck-Energie; es handelt sich um einen Faktor von etwa 10^{16}, also 16 Zehnerpotenzen. Nun ist eine solche Diskrepanz für sich genommen noch kein Problem. Wir kennen im Universum viele Strukturen, die drastisch unterschiedliche Längenskalen aufweisen. So ist die Größe eines Menschen etwa um 26 Zehnerpotenzen kleiner als das beobachtbare Universum. Darüber wundern wir uns nicht. Was das Hierarchieproblem zu einem Problem macht, ist das ominöse Higgs-Teilchen, das für die schwache Wechselwirkung und insbesondere für die Größe der Teilchenmassen verantwortlich zeichnet. Im Formalismus des Standardmodells würde man nämlich erwarten, daß die Masse des Higgs-Teilchens instabil wäre und dazu tendierte, so groß wie die Planck-Masse zu werden – was offensichtlich nicht der Fall ist.

Durch die viel größeren Extradimensionen des ADD-Modells könnte die Planck-Länge der fünfdimensionalen Theorie fast so groß wie ein Millimeter werden (entsprechend der oben erwähnten Schranke aus dem Test des Gravitationsgesetzes) und die zugehörige Planck-Masse entsprechend kleiner. Es wäre dann vorstellbar, daß die Higgs-Masse mit der Planck-Masse ungefähr übereinstimmte und es somit gar kein Hierarchieproblem gäbe. Es würde sich nur um ein Scheinproblem handeln, von unserer Ignoranz über die fünfte Dimension herrührend. Natürlich handelt es sich bei dem ADD-Modell zunächst nur um eine Umformulierung, nicht um eine Lösung des Problems, denn die Existenz einer zusätzlichen Dimension mit den gewünschten Eigenschaften bedarf selbst einer Erklärung, die nur eine fundamentale Theorie wie die Stringtheorie liefern könnte (wozu diese noch nicht in der Lage ist). Eine geschickte Umformulierung ist aber oft der erste Schritt zu einer Lösung.

Tatsächlich gibt es noch faszinierendere Denkmöglichkeiten. Die US-amerikanischen Physiker Lisa Randall und Raman Sundrum konnten 1999 mit einem Modell aufwarten, in welchem das Hierarchieproblem auch bei winzig kleinen Zusatzdimensionen lösbar ist. Ihr Modell besteht aus zwei Branen (mit jeweils vier Raumzeitdimensionen), die durch eine fünfte Dimension getrennt sind. Im Unterschied zum ADD-Modell berücksichtigten die beiden auch das Gravitationsfeld, das durch die beiden Branen erzeugt wird; sie mußten also die fünfdimensionalen Einstein-Gleichungen bei Anwesenheit zweier Branen lösen. Als Ergebnis folgt eine sogenannte verzerrte (im Englischen *warped*) Geometrie. Anders als bei Kaluza-Klein und deren Nachfolgern hängt hier die Metrik des vierdimensionalen Teils der Raumzeit (und damit Längen, Zeiten und Massen) von den zusätzlichen Dimensionen ab. Zwar ist die vierdimensionale Welt, die sich bei einer festen Position entlang der fünften Dimension ergibt, immer flach (das trifft auch auf die beiden Branen selbst zu), doch hängen geometrische Größen in den vier Dimensionen von dieser Position ab. In dem Randall-Sundrum-Modell ergibt sich eine starke (»exponentielle«) Abnahme der Gravitation von der einen Brane auf dem Weg durch die fünfte Dimension zur anderen. Das äußert sich beispielsweise in einer Abhängigkeit des Uhrengangs von dem Ort in der fünften Dimension. Das ist schematisch in Abbildung 5.10 dargestellt. Man nennt deshalb die erste Brane die Gravitationsbrane und die zweite die Schwachbrane. Nach der Vorstellung von Randall und Sundrum handelt es sich bei der Schwachbrane um die von uns beobachtete vierdimensionale Welt, in der das Standardmodell der Teilchenphysik mit den beobachteten Teilchenmassen gilt. Deren Kleinheit in bezug auf die Planck-Masse kommt in diesem Modell dadurch zustande, daß die Gravitation von der Gravitationsbrane (wo alle Massen von der gleichen Größenordnung sind) zur Schwachbrane exponentiell abnimmt. Wegen dieser schnellen Abnahme braucht der Abstand zwischen den Branen auch gar nicht groß sein – einige Planck-Längen genügen.

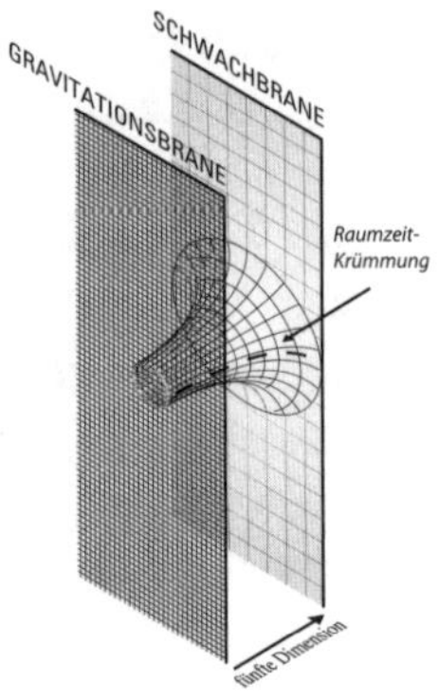

5.10 Abnahme der Gravitationsstärke auf dem Weg von der Gravitations- zur Schwachbrane

Natürlich ist auch dieses Modell sehr spekulativ und besteht nur in einer Umformulierung des Hierarchieproblems. Es hat aber doch einen gewissen Charme, da man nicht mehr als Einsteins Relativitätstheorie in fünf Dimensionen bei Anwesenheit zweier Branen benötigt. Und das Modell (wie auch das ADD-Modell und andere) läßt sich im Experiment testen! Der bereits im zweiten Kapitel erwähnte Beschleuniger LHC bei Genf, der 2009 seinen Betrieb aufnimmt, sollte in der Lage sein, eventuell vorhandene höhere Dimensionen aufzuspüren. Diese äußern sich nämlich in unserer Welt als Teilchen mit wohldefinierten Eigenschaften, sogenannte Kaluza-Klein-Teilchen. So kann ein solches Teilchen beispielsweise beim Zusammenprall zweier Protonen entstehen und kurz darauf in ein Elektron-Positron-Paar zerfallen. Ein solcher Prozeß besäße im Experiment eindeutige Erkennungsmerkmale. Diese Modelle eröffnen sogar die Möglichkeit, im LHC kleine Schwarze Löcher zu erzeugen, Schwarze Löcher, die so winzig sind, daß es sich um reine Quantenobjekte handelt, die unmittelbar nach ihrer Erzeugung durch Aussendung von Hawking-Strahlung verdampfen (und deshalb auch harmlos sind). Auch diese Minilöcher würden sich als solche zu erkennen geben. Ob uns die Natur den Gefallen erweisen wird, mit zusätzlichen Dimensionen aufzuwarten? Die Zukunft verspricht auf jeden Fall, spannend zu werden.

Geht Information bei Schwarzen Löchern verloren?

Der Andrang vor dem Hörsaal war gewaltig. Am 21. Juli 2004 versammelte sich vor dem *Royal Dublin Society's convention centre* in Dublin eine riesige Menschenmenge, um einem Vortrag von Stephen Hawking zu lauschen. Thema war »Das Informationsparadoxon für Schwarze Löcher«. Hierin kündigte Hawking an, daß er seine seit 1976 bestehende Meinung zu dieser Frage geändert habe. Was ist daran so aufregend?

Wir haben im zweiten Kapitel gesehen, daß Schwarze Löcher nicht wirklich schwarz sind, wenn man die Quantentheorie in die Beschreibung einbezieht. Sie strahlen mit einer Temperatur proportional zum Wirkungsquantum h – der Hawking-Temperatur. Da die Strahlung Energie trägt, muß diese dem Loch entzogen werden, was zu einer Abnahme der Masse führt. Allerdings ist die Hawking-Temperatur der Masse des Loches umgekehrt proportional; das Schwarze Loch wird also durch die Abstrahlung heißer. Das führt dazu, daß das Loch nach einer endlichen Zeit verstrahlt – aber was bleibt übrig?

Nach Hawkings Rechnung würde man zunächst erwarten, daß nur Wärmestrahlung übrigbliebe. Das ergäbe aber ein Problem. Ein Schwarzes Loch kann aus sehr vielen Anfangszuständen heraus entstehen. Üblicherweise führt der Gravitationskollaps von massiven Sternen, die schwerer als etwa drei Sonnenmassen sind, zu Schwarzen Löchern, und zwar unabhängig von den sonstigen Eigenschaften des Sterns. Zudem kann man sich vorstellen, Objekte unterschiedlichen Informationsgehaltes in das Loch zu werfen, etwa Fernsehgeräte oder Autos. Solange das Innere des Schwarzen Loches durch einen Ereignishorizont vom Außenbereich abgetrennt ist, kann man annehmen, daß sich die Information unsichtbar im Inneren verberge. Sollte am Ende der Verdampfung, also nach Auflösung des Horizontes, nur Wärmestrahlung übrigbleiben, so bedeutete dies freilich einen riesigen Informationsverlust: Unabhängig vom Anfangszustand ergäbe sich immer der gleiche Endzustand. Das stände im Widerspruch zum Determinismus sowohl der klassischen Physik als auch der Quantenphysik (im Sinne der sich deterministisch entwickelnden Wellenfunktionen). Auf dieses »Informationsparadoxon« bezog sich Hawking in seinem Dubliner Vortrag.

Möglicherweise denkt man auf den ersten Blick gar nicht an ein ernsthaftes Problem. Können wir nicht auch in der gewöhnlichen Welt außerhalb Schwarzer Löcher Information vernichten, indem wir zum Beispiel ein beschriebenes Blatt Papier verbrennen? Von einem praktischen Gesichtspunkt aus betrachtet, ist das korrekt; die Information geht für uns dabei normalerweise verloren. Von einem prinzipiellen Gesichtspunkt aus betrachtet, ist die Information in der Welt noch vorhanden, auch wenn sie nicht mehr zugänglich ist; alles andere stände im Widerspruch zum Determinismus. Der Übergang von relevanter Information (dem beschriebenen Blatt Papier) in irrelevante Information (dem verbrannten Blatt Papier zusammen mit dem geänderten Zustand der Umgebung) wird ja gerade durch die Zunahme der Entropie beschrieben, wie sie im Zweiten Hauptsatz der Thermodynamik zum Ausdruck kommt (siehe Kapitel 3). Im Fall des Schwarzen Loches ginge aber die Information tatsächlich exakt verloren, wenn das gesamte System (man stelle sich ein isoliertes Schwarzes Loch ohne Umgebung vor) immer in reine Wärmestrahlung überginge.

Hawking war ursprünglich der Meinung, daß die Information tatsächlich exakt verlorengehe. Da die Endphase der Verdampfung durch die noch ausstehende Quantengravitation beschrieben werden müsse, hätte eine solche Theorie also völlig neuartige Eigenschaften. Dieser Ansicht wurde schon früh widersprochen. Hawkings Ableitung der Temperaturformel beruht auf einigen

Annahmen und Näherungen. In einer exakten Ableitung im Rahmen der Quantengravitation, so die Gegenmeinung, würde die Strahlung nicht mehr rein thermisch sein und könnte dann die Information über den Anfangszustand tragen, wenngleich wie bei dem verbrannten Blatt Papier nicht mehr in einem praktisch zugänglichen Zustand. Einige Physiker sind sogar der Meinung, daß nicht nur Strahlung, sondern ein kleiner Restkörper von ungefähr Planck-Länge und Planck-Masse übrigbleibe. Dieses Überbleibsel sollte dann die gesamte Information des Ausgangszustandes tragen. Da solche Objekte aber ihre eigenen Probleme mit sich bringen, erfreut sich diese Option nicht ungeteilter Beliebtheit.

Die Literatur zu diesem Thema ist inzwischen auf viele hundert Arbeiten angewachsen, ohne daß ein Ende abzusehen wäre. Tatsächlich zerfällt das Informationsproblem in zwei Teilprobleme mit unterschiedlichem Schwierigkeitsgrad. Für große Schwarze Löcher, also Löcher, deren Masse weit oberhalb der Planck-Masse liegt, sollte sich das Problem auch ohne Kenntnis der vollen Quantengravitation behandeln lassen. Das ist in der Tat der Fall. Man kann Modelle diskutieren, die mit einem reinen Quantenzustand (einer Wellenfunktion) starten und zu jedem Zeitpunkt einen verschränkten Zustand zwischen dem Loch und der Hawking-Strahlung aufweisen. Der Wärmecharakter der Strahlung ergibt sich erst dann, wenn man bestimmte subtile Korrelationen in dem verschränkten Zustand unberücksichtigt läßt. Eine Rechtfertigung für diese fehlende Berücksichtigung folgt auf natürliche Weise, wenn man die Wechselwirkung mit der »Umgebung«, also mit weiteren Freiheitsgraden, einbezieht. Wie andere makroskopische Körper ist ein großes Schwarzes Loch den Einflüssen der Umgebung ausgesetzt, kann also nicht als isoliert betrachtet werden. Es findet dann ein Dekohärenzprozeß statt, wie er im zweiten Kapitel diskutiert wurde. Information über den nichtthermischen Charakter der Strahlung wandert in Korrelationen mit der Umgebung ab und kann lokal, also an der Strahlung selbst, nicht mehr abgerufen werden.

Es findet also für große Schwarze Löcher insgesamt kein Informationsverlust statt.

Hat das Schwarze Loch bereits so viel Strahlungsenergie verloren, daß sich seine Masse der Planck-Masse nähert, so ist die volle Quantengravitation für die Beantwortung des Informationsproblems zuständig. Das ist die schwierigere Seite des Problems. Die Quantengravitation sagt dann voraus, ob Information verlorengeht oder nicht. Solange eine solche Theorie aber nicht vollendet vorliegt, ist eine Spekulation darüber freilich müßig. Die oben geschilderten Zugänge der quantisierten Relativitätstheorie und Stringtheorie können zwar noch keine endgültige Aussage über die Schlußphase der Verdampfung geben, ihr Formalismus ist aber so konstruiert, daß man keinen Informationsverlust erwarten würde. Bestimmte Entwicklungen in der Stringtheorie waren es auch, die Hawking 2004 dazu veranlaßt haben, seine ursprüngliche Meinung zu ändern und an die Informationserhaltung zu glauben.

Am gleichen Ort, an dem Hawking 2004 seinen aufsehenerregenden Vortrag hielt, hatte im Januar 1947 ein noch berühmterer Physiker einen ebenso aufsehenerregenden Vortrag gehalten, dem sogar der irische Minsterpräsident beiwohnte – Erwin Schrödinger. Der Entdecker der Schrödinger-Gleichung stellte damals seine vereinheitlichte Feldtheorie vor, an der er unabhängig von Einstein arbeitete. Trotz vieler Vorschußlorbeeren ist Schrödinger damit ebenso wie Einstein gescheitert. Man darf auf das weitere Schicksal des Informationsparadoxons gespannt sein.

Primordiale Schwarze Löcher

Schwarze Löcher strahlen. Läßt sich diese Strahlung beobachten? Da die Hawking-Temperatur umgekehrt proportional zur Schwarz-Loch-Masse ist, sollte die Masse also möglichst klein sein; nur dann ist das Loch heiß genug, um sich bemerkbar zu machen. Schwarze Löcher, die aus einem Gravitationskollaps massiver Sterne entstehen, haben aber eine Masse von mindestens drei Sonnenmassen. Setzt man diese Schranke in Hawkings Formel ein, so ergibt sich eine Temperatur von einem Hundertmillionstel Kelvin und darunter. Das ist nicht beobachtbar. Selbst die schwache Kosmische Hintergrundstrahlung, die das Universum durchdringt, ist mit ihren drei Kelvin viel »heißer«; ein Schwarzes Loch absorbiert viel mehr von dieser Hintergrundstrahlung, als es an eigener Strahlung abgeben kann.

Eine Möglichkeit, die Hawking-Strahlung direkt zu sehen, wäre gegeben, wenn es die im vorletzten Abschnitt diskutierten Extradimensionen der Raumzeit gäbe. Dann könnte man am Beschleuniger LHC Schwarze Löcher mit niedriger Masse erzeugen, die heiß genug wären, um sofort zu verdampfen. Ob es so etwas tatsächlich gibt, werden wir in den Jahren nach 2008 erfahren, wenn die Messungen am LHC vorliegen.

Abgesehen davon gibt es wohl nur noch die Möglichkeit, daß leichte Schwarze Löcher im frühen Universum entstanden sind. Man spricht dann von urzeitlichen oder *primordialen* Schwarzen Löchern. Solche Gebilde können durch spontanen Kollaps aus Dichtefluktuationen entstehen, die groß genug sind, um zur Dominanz der Gravitation gegenüber anderen Wechselwirkungen zu führen. Wir wissen, daß das Universum auch in seiner frühen Phase relativ homogen war; die Temperaturfluktuationen in der Kosmischen Hintergrundstrahlung, die 380 000 Jahre nach dem Urknall freigesetzt wurde, sind ja nur von der Größenordnung eines Millionstels. Allerdings sind die Fluktuationen statistisch verteilt. Ihr Mittelwert ist zwar sehr klein, doch ist die Verteilung in Form einer Gaußschen Glockenkurve um diesen Mittelwert verteilt, so daß es eine, wenn auch winzig kleine Wahrscheinlichkeit für einen hohen Wert gibt. Wäre das frühe Universum sehr inhomogen gewesen, müßte es heute von primordialen Schwarzen Löchern nur so wimmeln, was offensichtlich nicht der Fall ist.

Wie wir im vierten Kapitel gesehen haben, geht man allgemein davon aus, daß unser Universum kurz nach dem Urknall eine

Phase beschleunigter Expansion durchlief – die Inflation. Dabei dehnte es sich so schnell und so stark aus, daß alle eventuell vorher vorhandenen Inhomogenitäten ausgebügelt wurden. Das trifft auch auf Primordiale Schwarze Löcher zu. Wir können also, falls überhaupt, nur Löcher beobachten, die nach der Inflation entstanden sind. Rechnungen zeigen, daß die Minimalmasse solcher Löcher etwa bei einem Gramm liegt. Ein derart leichtes Loch wäre freilich schon längst verdampft. Man kann zeigen, daß ein Loch, das im frühen Universum mit einer Masse von etwa 10^{15} Gramm entstanden ist, im heutigen Universum sein Endstadium der Verdampfung erreicht. In diesem Endstadium steigt seine Temperatur rasant an, und es wird heiß genug, um beobachtet werden zu können. Diese Masse entspricht etwa der eines kleinen Asteroiden. Der Radius eines solchen Miniloches ist allerdings winzig klein; er entspricht etwa der Größe eines Atomkerns. Das führt noch einmal eindrücklich vor Augen, wie kompakt ein Schwarzes Loch ist.

Wie würde sich ein verdampfendes Miniloch zu erkennen geben? Da die Hawking-Strahlung immer thermisch ist, ergäbe sich stets das gleiche Bild. In der letzten Phase der Verdampfung werden vor allem hochenergetische Gammastrahlen mit einem thermischen Spektrum ausgesandt. Man kann dann entweder direkt nach einem solchen Ereignis Ausschau halten, oder man sucht nach den Überresten der in jüngster Vergangenheit ausgesandten Strahlung. Trotz intensiver Suche hat man bisher kein eindeutiges Anzeichen für ein verdampftes Miniloch gefunden. Die Suche geht aber weiter.

6

Die Wellenfunktion des Universums

Das Sein ist. . . . Es ist nicht ein Vergangenes, noch ein Zukünftiges, da es Jetzt ist, je zusammen alles, als Eines zusammenhaltend.

Parmenides

Quantengravitation und Kosmologie

Quantensysteme können im allgemeinen nicht als isoliert betrachtet werden. Wie wir im zweiten Kapitel gesehen haben, wechselwirken sie auf unvermeidbare Weise mit anderen Quantensystemen, die gewissermaßen als Umgebung vorhanden sind. Als Folge ergibt sich die Verschränkung eines Quantensystems mit seiner Umgebung, die zur Dekohärenz führen kann – dem klassischen Verhalten des Quantensystems. Vermeiden läßt sich die Dekohärenz nur, wenn das System nicht zu viele Freiheitsgrade aufweist; nur dann enthüllt sich dessen wahre Quantennatur mit all ihren bizarren Konsequenzen. Da die Umgebung des Systems aber wieder eine Umgebung besitzt und so fort, ergibt sich eine ganze Kette von Verschränkungen, die erst bei dem Universum als Ganzem endet. Das Universum ist das einzige wirklich abgeschlossene System; es besitzt per Definition keine weitere Umgebung. Setzt man also die universelle Gültigkeit der Quantentheorie voraus, und es gibt bisher keine Anzeichen, die dieser Annahme widersprechen, so muß man das Universum als Ganzes durch eine hochgradig verschränkte Wellenfunktion beschreiben – die Wellenfunktion des Universums. Das Universum wird zum Quantenkosmos. Untersystemen kommt nur dann näherungsweise eine eigene Wellenfunktion zu, wenn man sie als isoliert betrachten kann. Das kann eben bei kleinen Systemen wie Elektronen oder Atomen der Fall sein.

Da das Universum natürlich auch alle Beobachter enthält, ist man aus Konsistenzgründen gezwungen, diese in die Quantenbeschreibung einzubeziehen. Eine Quantenkosmologie strahlt deshalb auch auf die Interpretation der gewöhnlichen Quantentheorie aus. Die amerikanischen Physiker Murray Gell-Mann und James Hartle behaupten gar, daß man die Quantenmechanik am besten und fundamentalsten im Rahmen der Quantenkosmologie verstehen könne.

Diese Argumentation hat noch nichts mit Quantengravitation zu tun. Da das Universum aber in kosmischen Dimensionen durch die Gravitation dominiert wird, läßt sich Quantenkosmologie nur mit Hilfe der Quantengravitation beschreiben, in Analogie zur Beschreibung der klassischen Kosmologie durch Einsteins Allgemeine Relativitätstheorie. Das ist in jedem der im letzten Kapitel vorgestellten Formalismen möglich. Am intuitivsten ist freilich die Quantengeometrodynamik, wie sie durch die Wheeler-DeWitt-Gleichung beschrieben wird. Sie soll deshalb am ausführlichsten zur Sprache kommen. Der Grund ist, daß es sich bei dieser Gleichung um die Wellengleichung handelt, die direkt hinter den Einsteinschen Gleichungen steht, das heißt, aus der die Einstein-Gleichungen im klassischen Grenzfall folgen. Wie wir im letzten Kapitel ausgeführt haben, entspricht das gerade dem Schrödingerschen Vorgehen, eine Wellengleichung aufzuspüren, aus der sich die Klassische Mechanik in einem geeigneten Grenzfall ergibt. Die Wheeler-DeWitt-Gleichung ist also zunächst nicht auf eine bestimmte Längen- oder Energieskala beschränkt und sollte also auch weit entfernt von der Planck-Skala gültig sein. Allerdings wird sich der Unterschied von der klassischen Einstein-Theorie für ein nicht zu kleines Universum nur schwer nachweisen lassen. Man ist also daran interessiert, nach Quanteneffekten zu suchen, die ihren Ursprung im frühen Universum haben, sich aber in heutigen kosmologischen Beobachtungen zeigen. Mögliche direkte Quanteneffekte für ein großes Universum werden wir weiter unten diskutieren.

Im letzten Kapitel haben wir die allgemeine Wheeler-DeWitt-Gleichung näher betrachtet. Wir haben dabei festgestellt, daß die Wellenfunktion auf einem sehr komplizierten Raum definiert ist, den man, einem Vorschlag John Wheelers folgend, als Superraum bezeichnet. Es handelt sich um einen unendlichdimensionalen Raum, in dem jeder Punkt selbst wieder ein dreidimensionaler Raum ist (genauer: die Metrik auf diesem Raum). In der Kosmologie ist man freilich nicht an dem allgemeinsten Fall interessiert. Schon im klassischen Fall (Kapitel 4) haben wir festgestellt, daß es realistisch ist, die großräumige Struktur als ungefähr homogen und isotrop zu betrachten. Das gleiche können wir auch in der Quantenkosmologie tun. So kann man annehmen, daß die Wellenfunktion nur vom Skalenfaktor (dem »Radius«) des Universums und einem homogenen Materiefreiheitsgrad abhängt. Statt des unendlichdimensionalen Superraums ist der Konfigurationsraum nur zweidimensional, aufgespannt vom Skalenfaktor und der üblicherweise durch ein homogenes Feld repräsentierten Materie. Mit einer etwas seltsam anmutenden Wortschöpfung bezeichnet man diesen einfachen Raum als »Minisuperraum«. Betrachtet man Modelle, die etwas komplizierter sind, aber noch nicht den Grad der Komplexität der vollen Theorie erreicht haben (beispielsweise quantisierte Schwarze Löcher), so spricht man vom »Midisuperraum«; offensichtlich flossen in diese Namensgebung gewisse Modetrends der sechziger Jahre ein.

Hier soll es nur um Minisuperräume gehen. Strenggenommen sind solche Modelle gar nicht konsistent, und zwar aus einem einfachen Grund: der Unbestimmtheitsrelation. Wenn man Freiheitsgrade vernachlässigt (und durch die Annahme der Homogenität vernachlässigt man unendlich viele inhomogene Freiheitsgrade), vernachlässigt man auch die zugehörigen Impulse. Das steht aber im Widerspruch zur Heisenbergschen Unbestimmtheitsrelation, nach der Orte (beziehungsweise so wie hier verallgemeinerte Orte) und Impulse nicht gleichzeitig genau festgelegt werden, also auch nicht gleichzeitig den Wert null annehmen können. Letzteres ist aber hier der Fall. Die Modelle funktionieren also nur, wenn diese Vernachlässigung die wesentlichen Ergebnisse nicht ändert. Tatsächlich kennt man in der gewöhnlichen Quantenmechanik viele Situationen, bei denen man Freiheitsgrade ohne Schwierigkeiten vernachlässigen kann. So reicht es in manchen Situationen aus, ein Molekül als starren Körper anzunähern und Schwingungszustände unberücksichtigt zu lassen, ohne in Widerspruch zu experimentellen Befunden zu gelangen. Die Wellenfunktion des Universums ist also in erster Näherung auf einem zweidimensionalen Minisuperraum definiert.

Minisuperräume wurden zum ersten Mal von Bryce DeWitt in seiner grundlegenden Arbeit zur Quantengravitation von 1967 betrachtet, allerdings noch nicht unter diesem Namen. Dieser ist Charles Misner zu verdanken, der sich in den folgenden Jahren intensiv damit befaßte. Misner betrachtete auch Minisuperräume, die ein Universum beschreiben, das zwar noch homogen, aber nicht mehr isotrop ist. Minisuperräume werden oft als einfache Spielmodelle für die Quantengravitation diskutiert, haben aber auch den Anspruch, den realen Quantenkosmos in erster Näherung zu beschreiben.

Wir haben in Kapitel 5 ausführlich erörtert, daß die fundamentale Welt der Quantengravitation eine zeitlose ist. Der übliche Zeitparameter existiert nur in eingeschränkten, sogenannten halb- oder semiklassischen Situationen. Das gilt natürlich auch für die Quantenkosmologie. Die Wellenfunktion des Universums hängt (im einfachsten Modell) nur von Skalenfaktor und Materiefeld ab, nicht von einem Zeitparameter t. Hieraus folgen wesentliche Unterschiede zu der in Kapitel 4 diskutierten klassischen Kosmologie. Betrachten wir etwa ein Friedmann-Lemaître-Modell, in dem das Universum expandiert, ein Maximum erreicht und wieder rekollabiert. Das entspricht zwar nicht dem gegenwärtigen

Bild eines ewig expandierenden Universums, ist aber zur Veranschaulichung des Zeitproblems sehr geeignet.

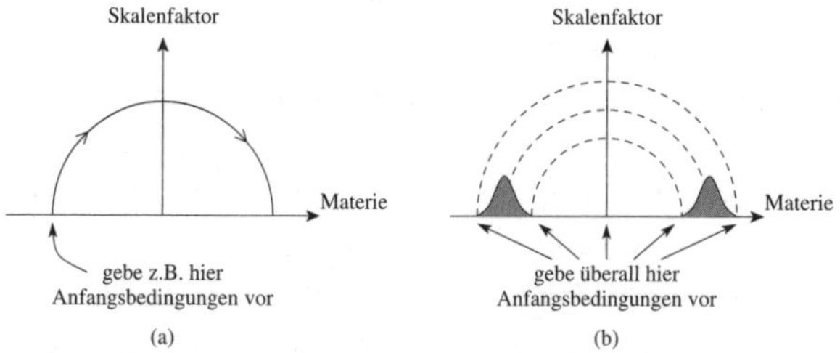

6.1 Klassische und Quantengravitation weisen äußerst unterschiedliche Zeitbegriffe auf.

In Abbildung 6.1 ist in (a) die klassische Entwicklung dargestellt. Sie entspricht dem Vorhandensein einer klassischen Bahn. (Unter »Bahn« versteht man hier die Entwicklungskurve des Universums in seinem Konfigurationsraum.) Anfangsbedingungen lassen sich zum Beispiel an einem Ende der Bahn formulieren (typischerweise für ein kleines Universum), wonach die zeitliche Entwicklung, also die Bahnkurve, festgelegt ist. Insbesondere ist der rekollabierende Teil der Kurve der deterministische Nachfolger des expandierenden Teils. Die Richtung ist dabei beliebig; man kann die Anfangsbedingungen am linken Ende (wie in (a) dargestellt) oder am rechten Ende festlegen. Entscheidend ist, daß überhaupt eine Bahn vorliegt.

In der Quantenversion (Abbildung 6.1b) gibt es keine klassische Bahn. Alles, was zur Verfügung steht, ist die Wellenfunktion, die sich als Lösung der Wheeler-DeWitt-Gleichung ergibt. In Situationen, die nahe an der klassischen sind, würde man gerne eine Wellenfunktion konstruieren, die sich wie ein Schlauch um die klassische Bahn schmiegt. Da die Bahn aber nicht vorliegt, kann man auch keine Anfangsbedingung an einem Ende der Bahn festlegen. Anfangsbedingungen müssen für die Wellenfunktion formuliert werden. Die Struktur dieser Gleichung (bei der es sich um eine Wellengleichung handelt) legt nun nahe, Anfangsbedingungen entlang einer ganzen Linie in diesem Diagramm vorzugeben, also die Wellenfunktion bei einem kleinen Skalenfaktor für alle Materiewerte zu spezifizieren. Da es keine Bahn mehr gibt, hat es ja keinen Sinn mehr, von Ur- oder Endknall zu sprechen; man kann nur zwischen kleinem und großem Universum unterscheiden. Um nun einen Wellenschlauch zu erhalten, der in etwa wie die klassische Bahn in (a) aussieht, muß man als Anfangsbedingung ein »Wellenpaket« gleichzeitig links und rechts vorgeben; ansonsten bekommt man eine Lösung, die überall ausgebreitet ist und nichts mehr von der klassischen Bahn in (a) erkennen läßt. In der Quantenkosmologie ist also der klassisch rekollabierende Teil von vornherein vorhanden. Das entspricht dem Bild von der »inneren Zeit«, das wir uns in Kapitel 5 gemacht haben. Die innere Zeit ist hier der Skalenfaktor; die alte Zeit t ist mit der klassischen Bahn verschwunden. Der in Abbildung 6.1 dargestellte Fall wird insbesondere für die Diskussion des Zeitpfeils weiter unten relevant sein.

Was erwartet man von der Quantenkosmologie? Welche Information steckt in der Wellenfunktion des Universums? Natürlich ist man in erster Linie daran interessiert, die offenen Probleme der klassischen Kosmologie (Kapitel 4) zu lösen. Dazu gehört vor allem das Problem der Singularitäten. Der Anfang des Universums entzieht sich ja der Beschreibung durch die Allgemeine Relativitätstheorie; der »Urknall« ist ein Gebiet unendlich großer Raumzeitkrümmung und Energiedichte der Materie. Kann die Quantenkosmologie diese Singularität auflösen? Schon DeWitt spekulierte 1967, daß die Wellenfunktion im Grenzfall eines verschwindenden Skalenfaktors gleich null sein müsse. Nach der Quantenmechanik hätte dann das klassische Universum keine Aufenthaltswahrscheinlichkeit an diesem Ort – der »Urknall« und die klassische Singularität wären verschwunden. Im Rahmen der Wheeler-DeWitt-Gleichung ist noch offen, ob diese Singularitätsvermeidung zwingend erfolgt oder nicht. Es gibt Modelle und Lösungen, wo das der Fall ist, und solche, wo es nicht der Fall ist. Letztere wären freilich nutzlos, da eine allumfassende physikalische Theorie keine Singularitäten mehr enthalten darf. Weiter unten werden wir die Quantenkosmologie im Rahmen der Schleifengravitation besprechen, in der sich die Singularitätsvermeidung einfacher erreichen läßt.

Bei kosmologischen Singularitäten denkt man entweder an den Ur- oder den Endknall. Tatsächlich gibt es Modelle, bei denen Singularitäten auch für ein großes Universum auftreten können. Natürlich ist ungewiß, ob solche Modelle unser tatsächliches Universum beschreiben. Möglich ist es aber durchaus. Wir sind im vierten Kapitel dem Phänomen der Dunklen Energie begegnet, bei dem es sich im einfachsten Fall um eine Kosmologische Konstante, in komplizierteren Modellen aber um eine zeitabhängige Vakuumenergie handelt, die von einem Materiefeld hervorgerufen wird. In diesen Fällen kann das Universum in seiner Zukunft zum Beispiel dem »Großen Riß« entgegenstreben, der im vierten Kapitel erwähnt wurde. Dabei wird das Universum in endlicher Zeit unendlich groß, reißt quasi auseinander. Eine andere Zukunftssingularität ergibt sich bei Vorhandensein von merkwürdigen Feldern mit speziellen Eigenschaften. Aufgrund der bisherigen Beobachtungen kann man solche Felder aber nicht ausschließen. Sollte es sie tatsächlich geben, so steht dem Universum das Schicksal einer anderen Singularität bevor – die »Große Bremse«. Das Universum bremst dann seine Expansionsgeschwindigkeit irgendwann so schnell ab, daß es instantan zur Ruhe kommt und die negative Beschleunigung (Verzögerung) unendlich groß, also singulär, wird.

Was sagt die Quantenkosmologie dazu? Sucht man nach Lösungen der Wheeler-DeWitt-Gleichung mit vernünftigen mathematischen Eigenschaften, so stellt sich heraus, daß alle diese Lösungen zu einer Wellenfunktion führen, die am Ort der Singularität verschwindet – ganz im Sinne von DeWitts Spekulation. Die Singularität hat deshalb die Wahrscheinlichkeit null und kommt in der Quantenkosmologie einfach nicht mehr vor – ein befriedigendes Ergebnis. Das gleiche trifft in diesem Modell übriges auch auf den Urknall zu; auch dieser ist in der Quantentheorie nicht mehr vorhanden. Singularitäten sind dann Artefakte der klassischen Theorie.

Mit dem Problem der Singularitätsvermeidung eng verknüpft ist natürlich das Problem der Rand- oder Anfangsbedingungen in der Quantenkosmologie. Das hat bereits im Zusammenhang mit Abbildung 6.1 eine Rolle gespielt. Aber wer gibt denn diese Anfangsbedingungen vor? In der gewöhnlichen Quantenphysik ist es der Experimentator im Labor, der einen gewünschten Quantenzustand präpariert. Im frühen Universum ist freilich kein solcher Experimentator vorhanden. Das hat schon früh zu der Spekulation geführt, daß womöglich ein tiefes Verständnis der vollen Theorie und deren mathematischer Struktur aufzeigt, daß nur eine vernünftige Lösung (oder eine überschaubare Klasse von Lösungen) erlaubt sei. In gewissem Sinne würden dann Randbedingungen und Dynamik zusammenfallen; die von Newton eingeführte und von Wigner gepriesene Trennung der Naturbeschreibung in dynamische Gesetze und frei wählbare Anfangsbedingungen wäre aufgehoben.

Ein Vorschlag, der in diese Richtung zielt, stammt von den Physikern James Hartle und Stephen Hawking und ist auch unter dem Begriff »Keine-Grenzen-Bedingung« bekannt (der etwas holprigen Übersetzung von *no-boundary condition*). Was ist darunter zu verstehen? In Kapitel 5 haben wir die Methode des Feynmanschen Pfadintegrals diskutiert. In der Quantengravitation bedeutet das, daß man über alle möglichen Raumzeiten und die darauf definierten Metriken summieren muß, um zu der gewünschten Wellenfunktion zu gelangen. Um die »Keine-Grenzen-Bedingung« zu verstehen, sind noch zwei Punkte zu berücksichtigen. Zum einen betrachten Hartle und Hawking ein sogenanntes Euklidisches Pfadintegral. Darin summiert man statt über vierdimensionale Raumzeiten (wie eigentlich zu erwarten) über vierdimensionale Räume; der Unterschied zwischen Raum und Zeit wird also aufgehoben. Im Formalismus erreicht man dies durch Einführung einer »imaginären Zeit«, was nichts anderes bedeutet, als daß aus der gewöhnlichen Zeit eine vierte räumliche Koordinate wird. Hartle und Hawking gehen nun davon aus, daß die Summe über die Räume der Summe über die Raumzeiten äquivalent sei, ja, überhaupt erst zu einer wohldefinierten Summe führe.

Der zweite Punkt betrifft die Bedeutung von »keine Grenzen«. Hartle und Hawking postulieren als grundlegendes Prinzip, daß die vierdimensionalen Räume, über die man summiert, keinen dreidimensionalen Rand haben, analog etwa einer Kugeloberfläche, die auch keinen Rand besitzt. (Strenggenommen gibt es natürlich den einen dreidimensionalen Rand, der unserem heutigen Universum entspricht; gemeint ist, daß es keinen weiteren Rand in der »Vergangenheit« gibt.) Damit, so Hartle und Hawking, sollte sich auch die Urknallsingularität vermeiden lassen, da es in den Räumen des Pfadintegrals einfach keinen Rand, keine Grenze mehr gibt. Die Wissenschaftler spekulierten auch, daß ihre Bedingung vielleicht zu einer eindeutigen Wellenfunktion des Universums führen könnte; zusätzliche Randbedingungen wären dann überflüssig und die Trennung von Dynamik und Randbedingungen tatsächlich aufgehoben.

Ein Prinzip zu postulieren ist eine Sache; eine andere Sache sind die Konsequenzen. Es ist im allgemeinen aussichtslos, das Pfadintegral exakt auszuwerten. Allerdings reicht es oft aus, herauszufinden, welche Geometrien in der Pfadintegralsumme dominant beitragen; damit läßt sich die gesuchte Wellenfunktion ausrechnen. Hartle und Hawking haben herausgefunden, daß in der Quantenkosmologie mit Kosmologischer Konstante die in Abbildung 6.2 gezeigte Geometrie dominiert, die man oft als »Hartle-Hawking-Instanton« bezeichnet.

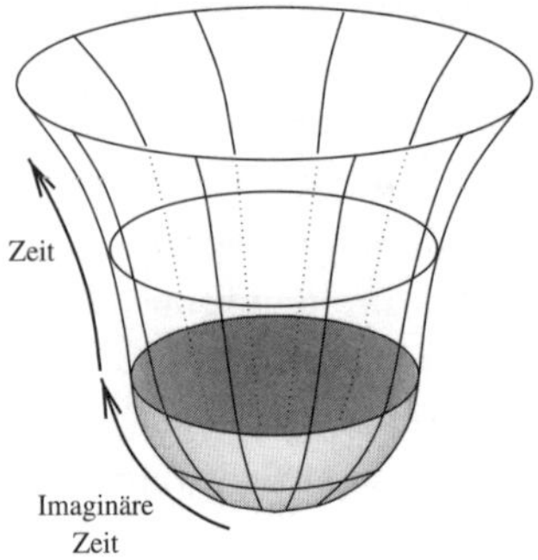

6.2 Das Hartle-Hawking-Instanton

Was ist hier zu sehen? Die Abbildung zeigt eine Geometrie (das heißt deren zweidimensionalen Schnitt), bei der die untere Hälfte einer (in Wirklichkeit vierdimensionalen) Kugeloberfläche an die obere Hälfte des in Abbildung 4.10 dargestellten de-Sitter-Raumes angeklebt wird. Es gibt also unten tatsächlich keinen Rand. Aber handelt es sich bei dem oberen Teil nicht in Wirklichkeit um eine Raumzeit? Das ist korrekt. Der mathematische Formalismus schlägt manchmal Kapriolen; so erzwingt er hier aus Konsistenzgründen, den oberen Teil der Kugeloberfläche (wie man sie im Euklidischen Formalismus erwarten würde) in eine Raumzeit zurückzuübersetzen. Tatsächlich ist das sogar erwünscht. Hartle und Hawking interpretieren diesen Sachverhalt als die Entstehung der gewöhnlichen Zeit aus der zeitlosen Welt des reinen Raumes. Schon weit vor dem »Urknall« würde dann (von heute aus rückwärts betrachtet) die Zeit enden. Allerdings ist das in Abbildung 6.2 gezeigte Instanton nur ein Beitrag – wenn auch der Hauptbeitrag – zum Pfadintegral. Was direkte physikalische Bedeutung besitzt, ist das Ergebnis der Pfadintegration: die Wellenfunktion.

Wie sich ziemlich bald herausgestellt hat, führt der Vorschlag von Hartle und Hawking entgegen der ursprünglichen Hoffnung nicht zu einer eindeutigen Wellenfunktion des Universums. Man muß also noch eine weitere Auswahl treffen und findet sich somit wieder mit dem Problem der Randbedingungen konfrontiert. Immerhin liefert die »Keine-Grenzen-Bedingung« eine eingeschränkte Klasse von Wellenfunktionen, die man näher untersuchen kann. Die Bedingung scheint zudem für die nichtgravitativen Freiheitsgrade vorauszusagen, daß diese im frühen Universum in ihrem Grundzustand (Vakuumzustand) vorliegen müssen. Der für die im vierten Kapitel diskutierten Quantenfluktuationen angenommene Vakuumzustand würde also bei Akzeptanz der Bedingung von Hartle und Hawking im Rahmen der Quantenkosmologie gerechtfertigt werden können.

Natürlich gibt es auch andere Vorschläge. Ähnlich populär wie die »Keine-Grenzen-Bedingung« ist ein Vorschlag von Alexander Vilenkin aus dem Jahre 1982, der unter dem Namen »Tunnelbedingung« fungiert. Den quantenmechanischen Tunneleffekt haben wir im zweiten Kapitel kurz diskutiert. Quantenteilchen können dabei eine Energiebarriere überwinden, wozu sie klassisch nie in der Lage wären. Ein Beispiel ist der Alphazerfall, bei dem ein Alphateilchen (das aus zwei Protonen und zwei Neutronen besteht) von einem Atomkern emittiert wird. Wegen der im Kern vorliegenden Energieverhältnisse könnte das Alphateilchen den Kern als klassisches Teilchen nie verlassen, da es die für die Überwindung einer Energiebarriere benötigte Energie nicht besitzt. Als Quantenteilchen mit Welleneigenschaften kann es jedoch nach außen tunneln und davoneilen. Vilenkin wählt nun für die Wheeler-DeWitt-Gleichung eine Lösung aus, die formal der Wellenfunktion eines emittierten Alphateilchens entspricht. Etwas metaphorisch spricht er davon, daß das Universum aus dem Nichts in seine Existenz tunnele.

Nun haben wir aber gesehen, daß es in der Quantengravitation fundamental gar keinen Zeitparameter mehr gibt. Was heißt denn, das Universum tunnele aus dem Nichts? Das Alphateilchen tunnelt in bezug auf den gewöhnlichen Zeitparameter t:

Ursprünglich im Kern gefangen, gibt es für spätere Zeiten eine gewisse Wahrscheinlichkeit dafür, daß es entkommen ist. Im Falle des Universums kann das aber nicht so gemeint sein; Vilenkins Wellenfunktion ist statisch. Sie hat nur die *Form* der Wellenfunktion des Alphateilchens, weshalb das Bild des Tunnelns hier etwas überzogen ist.

Interessant sind natürlich mögliche Vorhersagen, die Vilenkins Lösung von der Hartle-Hawkingschen unterscheiden. So kann man etwa nach der Wahrscheinlichkeit für die Existenz einer inflationären Phase des Universums (Kapitel 4) fragen. Hier scheinen die beiden Lösungen tatsächlich zu unterschiedlichen Ergebnissen zu kommen: Während die Inflation in der Tunnelbedingung mit hoher Wahrscheinlichkeit zu erwarten ist, scheint bei der »Keine-Grenzen-Bedingung« das Gegenteil der Fall zu sein. Allerdings ist das letzte Wort darüber noch nicht gesprochen. Wenn man aber dabei bleibt und an dem empirisch gestützten Modell des inflationären Universums festhält, müßte man die »Keine-Grenzen-Bedingung« aufgeben.

In Kapitel 5 haben wir diskutiert, wie sich in bestimmten Situationen die gewöhnliche Zeit als Näherung aus der zeitlosen Quantengravitation ergibt. Eine Analogie ist der aus der fundamentalen Wellenoptik folgende Grenzfall der geometrischen Optik. Wie sich hier die Lichtstrahlen aus den elektromagnetischen Wellen ergeben, kann man unter ähnlichen Umständen in der zeitlosen Quantengravitation die Raumzeiten (»Bahnen des Raumes in der Zeit«) wiederfinden. Das gilt auch für die Quantenkosmologie. Realistischerweise muß man dazu aber die beiden homogenen Freiheitsgrade (Skalenfaktor und Materiefeld) durch inhomogene Freiheitsgrade ergänzen. Unser Universum ist schließlich nicht exakt homogen; sonst könnte es uns gar nicht geben. Eine gute Näherung kann man aber erwarten, wenn diese inhomogenen Freiheitsgrade als kleine Störungen auf dem homogenen Hintergrund behandelt werden dürfen. Physikalisch handelt es sich dabei etwa um kleine Dichtefluktuationen, aus denen sich Galaxien entwickeln können (Kapitel 5), oder um schwache Gravitationswellen, die das gesamte Universum durchdringen. Es folgt dann, daß in der fraglichen Näherung die homogenen Freiheitsgrade den semiklassischen Zeitparameter *t definieren* und die inhomogenen Variablen als Quantenzustände sich in bezug auf dieses *t* entwickeln – und zwar gemäß einer Schrödinger-Gleichung. Eine Richtung der Zeit ergibt sich hieraus freilich noch nicht; dazu fehlt noch die entscheidende Information über die Entropie (siehe unten). Wenn das Friedmann-Lemaître-Modell, das die homogenen Freiheitsgrade beschreibt, tatsächlich erst die Zeit definiert, wird die Expansion des Universums zur Tautologie; das Universum dehnt sich nicht in der Zeit aus, sondern definiert erst die Zeit. Physikalische Uhren, die durch inhomogene Freiheitsgrade beschrieben werden müssen, sind dagegen nicht tautologisch, sondern sind sinnvolle Uhren, weil sie mit den zeitdefinierenden Variablen Skalenfaktor und Feld korreliert sind.

Wie gut die eben benutzte Näherung eines Zeitparameters in der Quantenkosmologie tatsächlich ist, werden wir im nächsten Abschnitt weiter diskutieren. Sicher ist, daß sie keine exakte Gültigkeit beanspruchen darf. Man kann der Wheeler-DeWitt-Gleichung entnehmen, daß es immer Regionen gibt, in der die Wellenfunktion über weite Bereiche verschmiert ist, also nicht überall wie ein Schlauch um eine klassische Bahn konzentriert sein kann. Der Quantenkosmos ist auf der fundamentalen Ebene zeitlos.

In Kapitel 5 haben wir neben der Geometrodynamik auch die modernere Version diskutiert, die mit Schleifen arbeitet. Ein zentrales Ergebnis war dabei die diskrete Natur des Raumes auf kleinsten Skalen. Was folgt daraus für die Quantenkosmologie? Es ist bisher nicht gelungen, den kosmologischen Grenzfall aus der vollen Schleifentheorie streng abzuleiten. Es erscheint aber vernünftig, die diskrete Struktur des Raumes direkt auf den Skalenfaktor, die Größe des Universums, zu übertragen. Man gelangt dann zur sogenannten Schleifenquantenkosmologie, die der heute an der Pennsylvania State University arbeitende Physiker Martin Bojowald 1999 begründet hat.

Die diskrete Natur des Raumes führt dazu, daß die Wheeler-DeWitt-Gleichung durch eine Differenzengleichung ersetzt wird. Das ist eine Gleichung, in der nur bestimmte diskrete Werte des Skalenfaktors erlaubt sind. Sie gibt also an, wie man in endlichen Schritten von einem zu einem anderen erlaubten Wert hüpfen kann. Spürbar wird diese körnige Natur aber nur für ein kleines Universum. Für Skalen, die einige Planck-Längen übersteigen, ist sie kaum noch relevant. Die Differenzengleichung wird dann von der Wheeler-DeWitt-Gleichung ununterscheidbar.

Der Schleifenkosmologie gelingt es auf recht überzeugende Art, die klassische Singularität zu vermeiden: So fehlt im allgemeinen unter den diskreten Werten für den Skalenfaktor der Wert null, welcher der Singularität entspricht; der »Urknall« kommt also gar nicht vor! Etwas wundersam ist allerdings die Tatsache, daß man den Wert null zwar überspringen, dabei aber in ein »anderes Universum« gelangen kann, das in der Geometrodynamik nicht vorhanden ist. Die physikalische Bedeutung dieses neuen Bereichs harrt noch ihrer Enthüllung. Ein weiterer Zug der Schleifenkosmologie ist die von ihr vorhergesagte Modifikation der alten Friedmann-Lemaître-Modelle bei hinreichend kleinem Universum. Diese Abänderung scheint dazu zu führen, daß eine inflationäre Phase des Universums automatisch folgt, ohne daß man unbekannte Felder aus vereinheitlichten Theorien bemühen muß.

Die Quantenkosmologie scheint in der Lage zu sein, die offenen begrifflichen Probleme der klassischen Kosmologie zu lösen. Gibt es aber direkte experimentelle Tests? Diese Frage ist nicht einfach zu beantworten. Abweichungen von der klassischen Kosmologie scheinen zuallererst das frühe Universum zu betreffen, von dem wir nur spärliche Kenntnis haben. Das früheste Ereignis, das uns durch direkte Signale erreicht, ist die Freisetzung der Kosmischen Hintergrundstrahlung 380 000 Jahre nach dem Urknall. In Abbildung 4.11 (Kapitel 4) ist das genaue Spektrum dieser Strahlung – die Verteilung der heißeren und kühleren Stellen – dargestellt. Dieses Spektrum enthält eine Fülle an Informationen. Bisher sind die Beobachtungen aber weitgehend mit Hilfe der klassischen Kosmologie, wie sie in Kapitel 4 beschrieben wurde, zu erklären. Die Quantenkosmologie hinterläßt eventuell ihre Fußspuren in kleinen Abweichungen von diesem Spektrum, die mit den bisherigen Daten noch nicht gesehen werden können. Ob die zukünftigen Weltraummissionen diese aufspüren können, bleibt abzuwarten. Direktere Hinweise lassen sich vielleicht den Gravitationswellen aus dem frühen Universum entnehmen, die ihren Ursprung wenige Sekundenbruchteile nach dem Urknall haben (vergleiche Kapitel 4) und die mit den geplanten Missionen LISA und *Big Bang Explorer* nachgewiesen werden könnten. Die Zukunft wird auch hier spannend.

Eine oder viele Welten?

Quantenkosmologie ist die Anwendung der Quantentheorie auf das Universum als Ganzes. Als zentrale Größe haben wir im letzten Abschnitt die Wellenfunktion des Universums kennengelernt. Per Definition beschreibt diese alle existierenden Freiheitsgrade, also auch alle Beobachter. Quantenkosmologie muß also auch immer eine konsistente Beschreibung eines solchen inneren Beobachters enthalten.

Ein hypothetischer Blick von »außen« würde eine zeitlose Quantenwelt offenbaren, in der es kein Anzeichen für eine klassische Welt gäbe. Wir haben bereits gesehen, wie der innere Blick wieder auf einen approximativen Zeitbegriff führen kann: Einige Freiheitsgrade (zu denen die Größe des Universums gehört) definieren einen Zeitstandard, bezüglich dessen sich die anderen Freiheitsgrade entwickeln. Wir haben in Kapitel 5 das Bild eines

Buches bemüht, das als Ganzes vorliegt, in der Korrelation mit dem Leser aber eine zeitliche Entwicklung vorgaukelt. Ähnlich ist es mit den klassischen Eigenschaften.

Wir haben in Kapitel 2 gesehen, daß ein Quantensystem klassische Eigenschaften annehmen kann, wenn es der unkontrollierten und unvermeidlichen Wechselwirkung durch die Umgebung ausgesetzt ist. Das ist der Prozeß der Dekohärenz. Für das Universum als Ganzes gibt es freilich keine Dekohärenz, da das Universum bereits alles enthält und keine Umgebung aufweist. Dekohärenz ist also nur sinnvoll für Teile des Universums (Subsysteme) in bezug auf Beobachtungen durch andere Teilsysteme (»Beobachter«). Solange man an der linearen Struktur der Quantentheorie, also der universellen Gültigkeit des Superpositionsprinzips, festhält, existieren in der Wellenfunktion des Universums Myriaden von Zweigen mit denselben Beobachtern, die eine Welt mit klassischen Eigenschaften wahrnehmen. Nur bei einem ad hoc eingeführten »Kollaps der Wellenfunktion« (Kapitel 2) würde sich diese Quantenwelt auf einen Zweig reduzieren. Bisher gibt es allerdings keine empirischen Hinweise auf einen solchen Kollaps. Die in Kapitel 5 diskutierten Zugänge zur Quantengravitation sind alle linear und beinhalten zumindest implizit die Everett-Interpretation der Quantentheorie.

Die Quantengravitation gestattet insbesondere die Möglichkeit von Quantenzuständen, welche Überlagerungen von verschiedenen Metriken, quasi unterschiedlichen Universen beschreiben; das ist das Analogon zu Schrödingers Katze. Wir haben aber gerade festgestellt, daß das Universum als Ganzes keine Umgebung besitzt. Wie könnte es dann zur Dekohärenz kommen? Dazu muß zunächst noch einmal bemerkt werden, daß »Umgebung« nicht immer wörtlich zu nehmen ist; gemeint sind damit im allgemeinen irrelevante Freiheitsgrade, die mit dem fraglichen System wechselwirken, selber aber nicht zugänglich sind. So können im Falle des Universums die Umgebungsgrößen von kleinen Inhomogenitäten wie Dichtefluktuationen und Gravitationswellen gebildet werden. Dem kosmologischen Beobachter sind dann nur globale Größen (zum Beispiel der Skalenfaktor) und makroskopische Gebilde wie Sterne zugänglich, nicht aber die schwachen Gravitationswellen, die überall vorhanden sind. Diese können also eine Umgebung im Sinne der Dekohärenz darstellen. Tatsächlich zeigen detaillierte Rechnungen, daß die Wechselwirkung mit schwachen Gravitationswellen genügt, um die globale Struktur des Universums klassisch erscheinen zu lassen. Da die Gravitation universell an alle Energieformen koppelt, ist sie einerseits einer starken Dekohärenz ausgesetzt, führt aber andererseits selbst zu einem klassischen Erscheinungsbild der Materie; salopp gesprochen, wird die Materie von der Gravitation »gemessen« und umgekehrt.

Für ein großes Universum ist die Dekohärenz normalerweise so effizient, daß das in Kapitel 4 geschilderte klassische Bild näherungsweise gültig bleibt. Für ein kleines Universum ist das nicht mehr der Fall, und man muß auf die volle Quantenbeschreibung zurückgreifen. Tatsächlich ergibt sich ungefähr folgendes Szenario: Rechnet man die Entwicklung des heutigen Universums in der Zeit zurück, so läßt sich das klassische Bild bis etwa zum Anfang der Inflation zurückverfolgen. Davor (also früher) ist die Dekohärenz vernachlässigbar; andere Zweige der Wellenfunktion des Universums überlagern sich mit unserem Zweig, und es ergibt sich insgesamt die fundamentale Situation einer zeitlosen Quantenwelt. Die klassische Entwicklung hört also, von heute aus zurückberechnet, vor dem »Urknall« auf und endet in einem Nebel ohne Dynamik; die Illusion Zeit hat sich aufgelöst.

Für den Quantenkosmos ergibt die Wahrscheinlichkeitsinterpretation der Quantentheorie zunächst einmal keinen Sinn, da alle mit der gesamten Wellenfunktion verträglichen Möglichkeiten als Zweige real existieren. Wahrscheinlichkeiten kommen nur indirekt ins Spiel, wenn man die relative Häufigkeit einzelner Zweige betrachtet und darüber hinaus annimmt, daß wir nicht in einem völlig untypischen Zweig leben. Dann liefert aber die in

Kapitel 2 diskutierte Everett-Deutung ein konsistentes Bild. Beobachter sind als lokale Größen in der globalen Wellenfunktion enthalten. Von ihrem Standpunkt aus ergibt sich das Bild einer sich indeterministisch entwickelnden Quantenwelt, da die Information über die anderen Zweige verlorengeht. Es entsteht also die Vorstellung von einer einzigen Quantenwelt mit Myriaden von klassischen »Teilwelten«. Im übernächsten Abschnitt, der dem anthropischen Prinzip gewidmet ist, werden wir auf diese beiden Aspekte zurückkommen. Zunächst wollen wir uns aber der Frage zuwenden, wie sich der Ursprung der Zeitrichtung im Rahmen einer zeitlosen Quantenwelt begründen läßt.

Der Ursprung der Zeitrichtung

Die zeitliche Entwicklung der Welt ist von Irreversibilität geprägt. In Kapitel 3 haben wir den Zweiten Hauptsatz der Thermodynamik kennengelernt. Danach nimmt die Entropie, welche ein Maß für die Unordnung ist, für ein abgeschlossenes System nie ab. Sie strebt ihrem Maximum zu. Davon ist sie in unserem Universum noch weit entfernt, was seinen Grund in dem relativ jungen Alter des Universums und der Tatsache hat, daß seine Entwicklung mit sehr kleiner Entropie begann. Es ist der Unterschied zwischen dem kalten Weltraum und den heißen Sternen, der zum Ausdruck bringt, daß wir noch weit von einem Gleichgewichtszustand maximaler Entropie entfernt sind. Der Ursprung der Zeitrichtung (des »Zeitpfeils«) liegt also in einem unwahrscheinlichen Anfangszustand für das Universum. Das hat schon Boltzmann geahnt, der schrieb: »Daß sich in der Natur der Übergang von einem wahrscheinlichen zu einem unwahrscheinlichen Zustande nicht ebenso oft vollzieht als der umgekehrte, dürfte durch die Annahme eines sehr unwahrscheinlichen Anfangszustandes des ganzen uns umgebenden Universums genügend erklärt sein...«

Für gewöhnliche Gase ist der Zustand maximaler Entropie die Gleichverteilung, also der makroskopisch homogene Zustand. Nicht so bei Anwesenheit der Gravitation! Da diese universell anziehend wirkt, führt die natürliche Entwicklung dazu, daß das System immer inhomogener wird und »klumpt«, also zur Entstehung von Strukturen. Die Existenz von Galaxien ist diesem entropischen Trend zu verdanken. Der Zweite Hauptsatz für gravitative Systeme führt also von einem homogenen zu einem inhomogenen Zustand. Das Universum muß somit äußerst homogen begonnen haben. Aus der Entropieformel für Schwarze Löcher (Kapitel 3) kann man abschätzen, daß die Entropie für unser Universum maximal würde, wenn die gesamte Materie in einem gigantischen Schwarzen Loch steckte. Dies wäre also der Zustand maximaler Wahrscheinlichkeit. Warum begann das Universum nicht in einem solchen wahrscheinlichen Zustand?

Genaugenommen wäre dieser wahrscheinliche Zustand durch ein sogenanntes Weißes Loch gegeben – die zeitgespiegelte Version eines Schwarzen Loches. Einem solchen Gebilde könnten Objekte entspringen, sie könnten in es aber nicht eindringen, eben umgekehrt wie bei einem Schwarzen Loch. Das frühe Universum war aber sehr homogen und enthielt keine Weißen Löcher. Warum? Da die Allgemeine Relativitätstheorie für den Anfang des Universums eine Singularität vorhersagt, kann sie diese Frage nicht beantworten. Wir haben aber gesehen, daß eine Quantenkosmologie zu einer Singularitätsvermeidung führen kann. Kann sie auch den Zeitpfeil begründen?

Hier stutzt man vielleicht. Haben wir nicht gesehen, daß die fundamentale Quantenwelt zeitlos ist? Wie soll sich aus einer nicht existierenden Zeit eine Zeitrichtung entwickeln? Tatsächlich gibt es in der Quantenwelt auf grundlegendster Ebene weder Zeit noch Zeitrichtung. Ein Zeitparameter ergibt sich erst in semiklassischer Näherung; erst dort ist die Frage sinnvoll, ob sich aus der Quantengravitation eine Richtung für diesen effektiven Parameter ergibt.

Der entscheidende Punkt ist nun, daß die Wheeler-DeWitt-Gleichung in bezug auf die »innere Zeit« (im wesentlichen die Größe des Universums, siehe Kapitel 5) asymmetrisch ist. Für ein kleines Universum (kleiner Skalenfaktor) nimmt sie eine sehr einfache, für ein größeres Universum (größerer Skalenfaktor) eine kompliziertere Gestalt an. Die Asymmetrie bezüglich der inneren Zeit ist ihr also quasi eingeprägt. Die semiklassische Zeit, so sie ins Spiel kommt, hängt aber mit der inneren Zeit zusammen; so erbt auch der approximative Zeitparameter t eine mögliche Zeitrichtung.

Voraussetzung für eine hieraus entspringende Zeitrichtung ist noch die Bedingung, daß die Wellenfunktion bei kleinen Skalenfaktoren von einfacher Gestalt ist. Eine solche Randbedingung würde im wesentlichen zum Ausdruck bringen, daß in diesem Bereich keine Verschränkung zwischen dem Skalenfaktor und anderen Freiheitsgraden vorliegt. Es ist nun gerade die einfache Form der Wheeler-DeWitt-Gleichung bei kleinen Universen, welche diese Bedingung gestattet. Wegen der Asymmetrie der Gleichung ergibt sich für ein größeres Universum automatisch eine Verschränkung. Aus der Diskussion von Kapitel 3 wissen wir aber, daß einer zunehmenden Verschränkung eine zunehmende Entropie für jedes an der Verschränkung teilnehmende System nach sich zieht, was an der fehlenden Information über unzugängliche Freiheitsgrade in der Verschränkung liegt. Die Entropie ist dann tatsächlich mit dem Skalenfaktor korreliert: Kleines Universum – kleine Entropie; großes Universum – große Entropie. Die Expansion des Universums definiert dann die Zeitrichtung und liefert somit den ersehnten Urzeitpfeil für alle in Kapitel 3 diskutierten Zeitpfeile. Das Universum expandiert nicht in der Zeit, sondern definiert die Zeit *und* ihre Richtung.

Natürlich ist dieses Szenario spekulativ. Es zeigt aber, wie eine konsistente und befriedigende Lösung des Problems der Irreversibilität im Rahmen der Quantenkosmologie möglich wäre. Eine endgültige Antwort wird sich freilich erst mit dem abschließenden Verständnis der Quantengravitation einstellen. Offen ist insbesondere, ob die mathematische Struktur der Wheeler-DeWitt-Gleichung (oder ihrer Verallgemeinerung in Schleifen- oder Stringtheorie) nur eine eingeschränkte Klasse von Lösungen erlaubt, die dann gerade die gewünschten Eigenschaften besitzen. Dies entspräche der ursprünglichen Hoffnung von DeWitt und würde gerade die im letzten Abschnitt spekulierte Aufhebung der Trennung von Randbedingungen und Dynamik bedeuten.

Die Korrelation von Entropie und Größe des Universums legt nun folgende Frage nahe: Was passiert, wenn das Universum im klassischen Bild expandiert, sein Maximum erreicht und wieder rekollabiert, also einem Endknall zustrebt? Natürlich wird dieses Szenario von den gegenwärtigen Beobachtungen, die ein beschleunigtes Universum offenbaren, nicht unterstützt. Dennoch ist diese Frage von prinzipiellem Interesse; zudem ist noch nicht sicher, daß es tatsächlich keinen Endknall gibt. Würde man in einem solchen Modell erwarten, daß sich die Entropie und damit der Zeitpfeil am Umkehrpunkt ebenfalls umkehrt? Würden sich die Scherben der zerbrochenen Teetasse wieder zusammenfügen, wenn das Universum rekollabiert?

Da die Wellenfunktion des Universums nur von der Größe des Universums abhängt und nicht von einer äußeren Zeit, kann sie nicht zwischen Urknall und Endknall unterscheiden (Abb. 6.1). Wenn also die Entropie tatsächlich mit zunehmender Größe wächst, definiert der Zeitpfeil immer eine Expansion. Dennoch würden wir nach dem Durchgang durch das klassische Maximum nicht beobachten können, wie die kaputte Teetasse wieder heil wird. Zum einen sind wir als menschliche Wesen natürlich selbst Teil des Universums und unterliegen dem Zeitpfeil. Für uns würde sich die Zeitrichtung gleichfalls umkehren. Zum anderen gibt es den klassischen Durchgang im Quantenkosmos überhaupt nicht! Die konsistente Behandlung der Wheeler-DeWitt-Gleichung und ihrer Lösungen ergibt nämlich, daß das Universum bei Annäherung an das Maximum in eine Quantenphase gelangt, bei der Zeit und klassische Näherung verschwinden. Es interferieren quasi viele Zweige, viele klassische Teilwelten der Wellenfunktion miteinander und bewirken, daß die klassische Entwicklung an ihr Ende gelangt. Es entsteht damit der gleiche zeitlose Nebel, auf den wir auch beim Blick zurück ins frühe Universum stoßen. Wir haben hier eine Situation vor uns, in der Quanteneffekte auch für ein großes Universum, weitab von der Planck-Skala, eine Rolle spielen; der Quantenkosmos ist fundamentaler als das klassische Universum.

Die Quanteneffekte am Umkehrpunkt verhindern auch, daß Paradoxien entstehen. Man würde nämlich bei einer klassischen Umkehr des Zeitpfeils erwarten, daß Information aus der Zukunft zu uns dringen könnte, aus der Phase, in der das Universum rekollabiert und die Zeitrichtung umgekehrt verläuft. Insbesondere würde man elektromagnetische Strahlung beispielsweise von Sternen aus der Zukunft erwarten und sähe sich mit einer neuen Spielart des Olbersschen Paradoxons (siehe Kapitel 4) konfrontiert. Der durch die Quanteneffekte am Umkehrpunkt vorhandene »Nebel«, das dortige Verschwinden der Zeit, verhindert ein solches Szenario. Der Quantenkosmos, der ein klassisch umkehrendes Universum fundamental ersetzt, ist konsistent. Er enthält viele Zweige mit vielen Beobachtern, auch unzählige Kopien von uns selbst, die alle immer nur ein expandierendes Universum wahrnehmen, das bei Annäherung an den Umkehrpunkt mit dem Übergang in die Zeitlosigkeit endet.

Ob ein solches Szenario tatsächlich unsere Natur beschreibt, wissen wir noch nicht. Es folgt aber zwingend, wenn wir zwei bewährte Theorien – Quantentheorie und Allgemeine Relativitätstheorie – vereinigen und unvoreingenommen die Konsequenzen dieser Vereinigung für ein klassisch umkehrendes Universum studieren.

Auch in der ernstzunehmenden Literatur wird zuweilen über die Möglichkeit von Zeitreisen spekuliert. Die Allgemeine Relativitätstheorie erlaubt im Prinzip die Existenz von Lösungen, die eine Reise in die Vergangenheit erlauben. Typischerweise handelt es sich um kompliziertere Raumzeiten wie beispielsweise ein »Wurmloch«, worunter man sich so etwas wie eine Abkürzung zwischen Punkten im Raum durch einen Kanal vorstellen kann. Die geschickte Bewegung eines solchen Wurmlochs könnte es in eine Zeitmaschine verwandeln, wie detaillierte Untersuchungen nahelegen.

Bei Zeitreisen kann es zu den Paradoxien kommen, die in der Science-Fiction-Literatur diskutiert werden: Die Tötung des eigenen Großvaters in der Vergangenheit würde die eigene Existenz und damit auch die Möglichkeit verhindern, die Zeitreise überhaupt zu unternehmen und den Großvater zu töten. Schon im Rahmen der Relativitätstheorie sind nur Lösungen mit Zeitreisen möglich, die solche Paradoxien vermeiden: Es können einfach keine konsistenten Randbedingungen formuliert werden, die auf Paradoxien führen. Dieses Ergebnis wird durch die Einbeziehung der Entropie in das Szenario des Quantenkosmos noch verstärkt. Alle Beobachter sind dem Zeitpfeil unterworfen und können deshalb nie, auch bei Anwesenheit eines Wurmlochs nicht, zu einem Zustand mit niedrigerer Entropie, wie er in der Vergangenheit vorliegt, zurückkehren. Wir müssen uns also damit abfinden, niemals Besuch aus der Zukunft zu bekommen.

Das anthropische Prinzip

Können wir unsere Welt nur verstehen, wenn wir die Tatsache unserer Existenz berücksichtigen? Diese Frage wird gerade in neuester Zeit intensiv diskutiert, da nicht klar ist, ob fundamentale Theorien alle Konstanten der Natur festlegen oder nicht, ob es also einen zusätzlichen Spielraum für den Bau der Welt gibt oder nicht. Der in Meudon bei Paris wirkende Relativitätstheoretiker Brandon Carter hat dazu 1974 den Begriff des *anthropischen Prinzips* eingeführt. Was genau ist darunter zu verstehen?

Das anthropische Prinzip soll einen gewissen Kompromiß

zwischen zwei anderen Prinzipien darstellen. Auf der einen Seite steht das autozentristische Prinzip, das uns eine privilegierte Stelle im Kosmos zuweist. Das vorkopernikanische Weltbild mit der Erde im Mittelpunkt des Universums verkörpert diese Vorstellung. Auf der anderen Seite steht eine starke Interpretation des im vierten Kapitel diskutierten Kosmologischen Prinzips: Das Universum sieht überall gleich aus; unsere Umgebung ist typisch für jeden Ort im Universum. Wie Carter zu Recht betonte, kann dieses starke Kosmologische Prinzip nicht exakt gültig sein; schließlich leben wir auf einem ganz besonderen Planeten inmitten eines kalten Weltraums. Carter fordert daher, daß gleiche Wahrscheinlichkeit nicht in bezug auf den Ort, sondern in bezug auf alle Beobachter, die uns hinreichend ähnlich sind, gelten müsse. Das schließt natürlich auch außerirdische Lebewesen ein, so daß der Begriff »anthropisch« die Idee nicht genau wiedergibt; er hat sich freilich im Sprachgebrauch festgesetzt.

Carter unterscheidet ganz wesentlich zwischen einer schwachen und einer starken Version des anthropischen Prinzips. Das schwache anthropische Prinzip betrifft nur unser Universum beziehungsweise ein Modell davon. Das starke Prinzip hingegen handelt von einem Ensemble von möglichen Universen, die sich zum Beispiel hinsichtlich der Größe der Naturkonstanten voneinander unterscheiden.

Das schwache anthropische Prinzip stellt nun lakonisch fest, daß die Parameter unserer Welt Werte annehmen müssen, die mit unserer Existenz verträglich sind. Das klingt wie eine Selbstverständlichkeit und ist es auch. Dennoch ergeben sich interessante Konsequenzen. Ein wichtiges Beispiel, bei dem schon vor seiner Aufstellung implizit Gebrauch von dem schwachen anthropischen Prinzip gemacht wurde, ist die 1961 formulierte Kritik des US-amerikanischen Physikers Robert Dicke (1916 bis 1997) an der von Paul Dirac vertretenen Vorstellung von einer zeitlich veränderlichen Gravitationskonstante. Dirac hatte sich gewundert, daß die Gravitation im Vergleich mit anderen Wechselwirkungen, beispielsweise dem Elektromagnetismus, so klein ist, und 1937 die These aufgestellt, daß die Gravitationskonstante im Laufe der Zeit abnehme, also nicht konstant bleibe; die Gravitationskraft ist einfach deshalb klein, so Dirac, weil das Universum relativ alt ist. Dicke hat nun überzeugend darlegen können, daß der beobachtete kleine Wert der Gravitationskonstante nur die Tatsache widerspiegelt, daß sich bei dem jetzigen Alter der Welt Sterne und bewohnbare Planeten entwickeln können. Nur bei der tatsächlich beobachteten Gravitationskonstante findet man nämlich, daß das gegenwärtige Alter des Universums ungefähr der Lebensdauer eines Hauptreihensterns wie der Sonne entspricht. Genaue Messungen haben inzwischen auch Diracs Vorhersage für die zeitliche Änderung der Gravitationskonstante eindeutig widerlegt; alle Beobachtungen sind mit ihrer Konstanz in Einklang.

Im Zusammenhang mit Naturkonstanten stellt man erstaunlicherweise fest, daß die Entwicklung von Leben, wie wir es kennen, tatsächlich nur möglich ist, wenn diese Konstanten genau abgestimmte Werte annehmen. Das starke anthropische Prinzip selektiert aus allen möglichen Universen mit allen möglichen Werten für diese Konstanten genau jene aus, die lebensfreundliche Bedingungen ermöglichen. Oft wird dieses Prinzip fälschlicherweise in einem teleologischen Sinn interpretiert, als sei das Universum von vornherein so konzipiert worden, daß es uns hervorbringen muß; das ist hier nicht gemeint.

Auch für das starke anthropische Prinzip gibt es ein frühes Beispiel. Der britische Astronom Fred Hoyle stellte 1953 zusammen mit seinen Mitarbeitern fest, daß ein bestimmter Prozeß (der sogenannte Tripel-Alpha-Prozeß), mit dem in Sternen aus Wasserstoff und Helium schwerere Elemente gebildet werden, nur bei sehr speziellen Werten der relevanten Kopplungskonstanten möglich ist. In den meisten möglichen Welten scheint es also hauptsächlich Wasserstoff und Helium zu geben und keinen Raum für Leben – wie langweilig.

Das vielleicht bekannteste Beispiel für die Anwendung des starken anthropischen Prinzips ist die Kosmologische Konstante. Wie wir im vierten Kapitel ausführlich diskutiert haben, nimmt diese Konstante in unserem Universum einen kleinen positiven Wert an, der viel kleiner ist als alle Voraussagen, die man bisher gemacht hat. Das anthropische Prinzip scheint den Grund zu liefern: Wäre diese Konstante zu groß, würde das Universum zu schnell expandieren; Galaxien und damit Leben könnten nicht entstehen. Nähme sie einen zu hohen negativen Wert an, könnten sich Galaxien nicht bilden, da das Universum vorher wieder rekollabieren würde. Abschätzungen ergeben, daß die mit der Kosmologischen Konstante verknüpfte Energiedichte der »Dunklen Energie« (siehe Kapitel 4) keinesfalls das Hundertfache der Energiedichte der Materie übersteigen darf.

Dieser Wert liegt freilich noch einiges über dem beobachteten Wert, der etwa das Dreifache der Energiedichte der Materie beträgt. Gibt es also doch noch zusätzliche nichtanthropische Gründe? Der Kosmologe Alexander Vilenkin hat das anthropische Prinzip durch das von ihm eingeführte »Prinzip der Mittelmäßigkeit« verschärft. Es besagt im wesentlichen, daß wir uns ungefähr in der Mitte des vom anthropischen Prinzip erlaubten Bereiches befinden, also tatsächlich sehr typisch sind, eben mittelmäßig. Vilenkin leitet daraus mit einer einfachen Abschätzung einen Wert für die Energiedichte der Kosmologischen Konstante ab, der ungefähr das Zehnfache der Materieenergiedichte beträgt – nicht weit entfernt von dem beobachteten Wert.

Wie Carter festgestellt hat, führen die meisten Anwendungen des anthropischen Prinzips lediglich auf die Bestätigung bereits bekannter Ergebnisse. Es gibt aber Ausnahmen. So gelangt Carter zu dem Schluß, daß Intelligenzen im Universum selbst bei Planeten mit lebensgünstigen Bedingungen sehr selten sind. Warum? Nehmen wir unsere Entwicklung als Beispiel, so hat sie nicht viel kürzer gedauert als die Lebenszeit eines Hauptreihensterns; so hat die Sonne bereits mehr als die Hälfte ihrer Existenz hinter sich. Berücksichtigt man zusätzlich noch, daß es für unsere Entwicklung einer Vielzahl von großen Zufällen bedurfte, kommt man tatsächlich zu dem Schluß, daß Leben nicht sehr wahrscheinlich ist. Carter würde deshalb nicht in Forschungsprogramme zum Aufspüren außerirdischen Lebens investieren.

Überlegungen zum anthropischen Prinzip haben in der Vergangenheit in der Physik eher ein Schattendasein gefristet. So wurde die anthropische Erklärung für ein Problem zumeist als Ausdruck noch nicht vorhandenen wirklichen Wissens gedeutet. Zu Beginn des 21. Jahrhunderts hat sich das Blatt gewendet. Die Wende ging dabei ausgerechnet von der in Kapitel 5 diskutierten Stringtheorie aus, was etwas erstaunt, da gerade dort anthropische Betrachtungen zuvor verpönt gewesen waren.

Ursprünglich war man in der Stringtheorie der Ansicht, daß die Theorie alle Parameter der Physik eindeutig festlege. Deren Berechnung, so die Meinung, sei zwar noch nicht möglich, ein zukünftiges besseres Verständnis der Theorie werde dies aber schon richten. Diese Möglichkeit besteht noch immer. Dennoch scheint sich für viele Stringtheoretiker anzudeuten, daß die Theorie eine Fülle von Möglichkeiten offenläßt. So erlaubt sie Myriaden von sogenannten Grundzuständen (»Vakua«), von denen jeder eine denkbare Welt beschreibt. Abschätzungen gehen so weit, die Existenz von mehr als 10^{500} solcher Vakua erwarten zu lassen. Wie unvorstellbar groß diese Zahl ist, wird deutlich, wenn man sich vor Augen führt, daß die Gesamtzahl aller Protonen und Neutronen im beobachtbaren Teil des Universums »nur« etwa 10^{80} beträgt. Der US-amerikanische Physiker Leonard Susskind hat für diese Vielzahl von Vakua den Begriff *Landschaft* eingeführt. Man kann sich darunter eine Energieverteilung im Raum aller möglichen Parameter vorstellen, in der die möglichen Grundzustände wie kleine Täler in einer hügeligen Landschaft erscheinen. Der Begriff wird auch in der Biochemie gebraucht, wo er beispielsweise die Möglichkeiten bei der Proteinfaltung umschreibt.

Sind aber mit den Tälern in der Energielandschaft wirklich nur mögliche Universen gemeint? Das wäre mehr als verwunderlich, da dann aus den mehr als 10^{500} Möglichkeiten auf wundersame Weise die dem Leben zuträgliche ausgewählt wurde. Man geht deshalb davon aus, daß alle 10^{500} Möglichkeiten tatsächlich realisiert sind und es sich dabei um Myriaden von Teiluniversen in einem gigantischen Superuniversum handelt. Für dieses Superuniversum hat sich neuerdings der Name *Multiversum* eingebürgert; zugegebenermaßen ein etwas merkwürdiger Begriff, da ein Universum ja schon alles ist, auch dann, wenn es unvorstellbar groß und kompliziert ist. Die einzelnen Teiluniversen sind dann räumlich oder raumzeitlich getrennt und unterscheiden sich voneinander in den Werten der Naturkonstanten oder gar in der Form effektiver Naturgesetze. Jedes Teiluniversum kann mindestens so groß sein wie der beobachtbare Teil »unseres« Universums.

Man muß nicht unbedingt Stringtheorie treiben, um zu dem Begriff des Multiversums zu gelangen. So haben wir in Kapitel 4 ein bestimmtes Modell des inflationären Universums als Multiversum bezeichnet. In diesem Modell entstehen unabhängige Teilgebiete mit unterschiedlichen Werten von Parametern, die zusammen ein großes Multiversum bilden. Unser Universum entwickelt sich aus einem kleinen, annähernd homogenen Teilgebiet (vergleiche Abbildung 4.13).

Da es sich bei dem Multiversum um die eine reale Welt handelt, hat man in diesem Bild das starke auf das schwache anthropische Prinzip zurückgeführt. Man braucht sich also nicht mehr zu wundern, daß gerade das Universum realisiert ist, das die Existenz von Menschen ermöglicht. Alle von der Theorie erlaubten Möglichkeiten sind tatsächlich verwirklicht, wenngleich die anderen Teilwelten unserer Beobachtung für immer entzogen sind. Wir sind dann eben in einer der wenigen Teilwelten angesiedelt, welche die Bedingungen für Leben in der uns bekannten Form gestattet.

Die Existenz von 10^{500} Grundzuständen, die alle einer eigenen

Welt entsprechen, muß nicht notwendigerweise bedeuten, daß der Stringtheorie keine Vorhersagekraft zukommt. Steven Weinberg spekuliert darüber, daß man das anthropische Prinzip nur zur Festlegung von einigen wenigen grundlegenden Parametern benötigt. Dazu zählt er die Kosmologische Konstante und die Masse des Higgs-Teilchens. Die restlichen Größen, so Weinberg, könne man dann mit diesen Vorgaben berechnen. Träfe diese Spekulation zu, so böte die fundamentale Theorie eine völlig neuartige Mischung von berechenbaren und unbestimmten, nur anthropisch begründbaren Konstanten der Physik.

Die bisherigen Betrachtungen zum anthropischen Prinzip ließen die Quantentheorie weitgehend außer acht. Deren Berücksichtigung bringt zusätzlich noch die in den vorangegangenen Abschnitten diskutierten Strukturen ins Spiel. Zu den klassischen Grundzuständen kommen noch deren mögliche Überlagerungen in der kosmischen Wellenfunktion. Wegen der Dekohärenz lägen auch hierfür eine Vielzahl von klassisch erscheinenden Zweigen vor. Erst die Berücksichtigung aller Zweige ergibt in ihrer Gesamtheit den Quantenkosmos.

Das Weltbild der Antike war von bestechender Einfachheit. Die Erde und mit ihr der Mensch standen im Mittelpunkt eines überschaubaren Kosmos von großer Harmonie. Inzwischen sind wir bei einer Welt angelangt, die in ihrer Größe und Unübersichtlichkeit beängstigend wirkt. Das neue Weltbild ist aber keine beliebige Erfindung. Es entsteht aus dem Zusammenspiel von Quantentheorie und Relativitätstheorie, zwei Theorien, die empirisch äußerst erfolgreich sind. Es ist also die Erfahrung selbst, die zu solchen Bildern führt. Einfach und harmonisch sind nur noch die grundlegenden Begriffe und Prinzipien.

7
Ausblick

Das einzige Problem ist das Realitätsproblem,
es ist so unlösbar wie lebendig.
Fernando Pessoa, Das Buch der Unruhe

Im Januar 1957 trafen sich an der University of North Carolina eine Reihe von Physikern, um über die Entwicklung auf dem Gebiet der Relativitätstheorie zu diskutieren, darunter so bedeutende Vertreter wie Richard Feynman, John Wheeler und Bryce DeWitt. Mit der ihm eigenen Offenheit trug Feynman zu den Diskussionen um die damals wie heute brennende Frage nach der Quantisierung der Gravitation bei. So machte er deutlich, daß »wir in Schwierigkeiten [geraten], wenn wir an die Quantenmechanik glauben, die Gravitationstheorie aber nicht quantisieren.« An anderer Stelle bemerkte er: »Wenn man an die universelle Gültigkeit der Quantenmechanik glaubt, muß man auch an die Quantengravitation glauben.«

Die universelle Gültigkeit der Quantentheorie ist natürlich eine empirische Frage. Deshalb sind die vielen Experimente zu den Grundlagen der Quantentheorie von so großer Bedeutung. Bisher wurde die Gültigkeit in jedem Experiment bestätigt, zum Beispiel in den zahlreichen Experimenten mit verschränkten Zuständen. Darüber hinaus versteht man aus dem Formalismus der Quantentheorie heraus, wann und in welchem Maße klassische Eigenschaften entstehen. Ich habe deshalb auch bei der Diskussion des Quantenkosmos die universelle Gültigkeit der Quantentheorie vorausgesetzt. Es war gerade mein Anliegen, die Konsequenzen dieser Theorie bei ihrer Anwendung auf das Weltganze aufzuzeigen, auch wenn diese Konsequenzen *zur Zeit* noch nicht direkt überprüft werden können. Die extrem empfindliche Wechselwirkung von Quantensystemen untereinander führt zwangsläufig auf den Begriff einer Wellenfunktion des Universums. Da das Universum auf großen Skalen von der Gravitation dominiert wird, wird hierfür eine Theorie der Quantengravitation benötigt. Diese Theorie existiert erst in Ansätzen, die aber weit genug gediehen sind, um die völlig neuartigen Konsequenzen einer solchen Theorie erahnen zu lassen.

Die Wellenfunktion des Universums besteht aus vielen Zweigen, die wegen der Dekohärenz die Eigenschaften von unabhängigen klassischen Welten besitzen. Nur in sehr wenigen Zweigen sind die Bedingungen so eingestellt, daß sich Galaxien, Sterne und Leben in der uns bekannten Form entwickeln können. Diese Auswahl läßt sich mit Hilfe des schwachen anthropischen Prinzips beschreiben. Der Schluß von Leibniz, daß wir uns in der besten aller möglichen Welten befinden, erscheint hier in einem ganz neuen Licht.

An dieser Stelle drängen sich natürlich Fragen zur allgemeinen Bedeutung und Interpretation dieser Vorstellungen auf. Schon in der gewöhnlichen Quantenmechanik gibt es ja in bezug auf die Interpretationsproblematik unterschiedliche Einstellungen. Etwas vereinfachend lassen sich diese in die beiden Klassen *Positivismus* und *Realismus* einteilen. (Von der extremen Position des Solipsismus, nach der überhaupt nur ein Beobachter existiert, sei hier abgesehen.)

Der Positivismus hat natürlich viele Spielarten. Ursprünglich bezeichnete er ganz allgemein die Beschränkung auf Sätze der Naturwissenschaften. Wie er in der Physik zu verstehen sei, hat Max Planck 1930 in einem Vortrag über Positivismus und reale Außenwelt knapp zusammengefaßt: Gemäß des Positivismus »ist die Aufgabe der physikalischen Wissenschaft erschöpfend gekennzeichnet, wenn man sagt, daß sie darin besteht, in den Inhalt der verschiedenartigen vorliegenden Naturbeobachtungen einen möglichst genauen und einfachen gesetzlichen Zusammenhang zu bringen«. Jede Frage, so Planck, die der Positivismus überhaupt als sinnvoll zuläßt, könne durch Beobachtungen beantwortet werden. Seinen besten Ausdruck hat der Positivismus wohl in der Denkökonomie Ernst Machs gefunden, in der es bei der Naturbeschreibung nur darum geht, die Erscheinungen möglichst ökonomisch zu beschreiben. Die Vorstellung von einer realen Außenwelt lehnt diese Denkrichtung ab. Der Positivismus, so Planck in seinem Vortrag, würde etwa Kopernikus nicht als bahnbrechenden Entdecker, sondern als genialen Erfinder bewerten, da er nur eine ökonomischere Beschreibung derselben astronomischen Beobachtungen lieferte.

Planck selbst widerspricht dieser Einstellung energisch. Er ist sich mit Physikern wie Einstein, Schrödinger und Pauli darin einig, daß die große Gefahr des Positivismus dessen Unfruchtbarkeit sei. So schrieb etwa Einstein in einem Brief vom 13. Mai 1917 an Besso in der ihm eigenen Sprache: »Über das Machsche Rößlein schimpfe ich nicht ... Aber es kann nichts lebendiges gebären, sondern nur schädliches Gewürm ausrotten«. Es ist daher nicht weiter erstaunlich, daß sich Physiker mit einer positivistischen Grundeinstellung im allgemeinen weigern, sich mit Quantengravitation und Quantenkosmologie überhaupt abzugeben. Solange nämlich keine Beobachtungen vorliegen, die zwingend dieser Theorien bedürfen, braucht sich der Positivist nicht darum zu scheren. Er versagt sich dadurch aber von vornherein die Möglichkeit, in Neuland vorzustoßen.

Der Positivismus ist sicher eine logisch unangreifbare Einstellung. Seine selbstgesteckten Grenzen verhindern aber das Weiterfragen auch dort, wo es noch etwas Interessantes herauszufinden gibt (um Schrödinger zu paraphrasieren). Ein bekanntes Beispiel ist die Ablehnung der Atome durch die Positivisten zu Anfang des zwanzigsten Jahrhunderts.

So kommen wir zur Gegenposition – dem Realismus. In seinem Vortrag bezeichnet Planck ihn als die »Hypothese, daß unsere Erlebnisse nicht selber die physikalische Welt ausmachen, daß sie vielmehr uns nur Kunde geben von einer anderen Welt, die hinter ihnen steht und die unabhängig von uns ist, mit anderen Worten, daß eine reale Außenwelt existiert«. Gemeint ist damit keinesfalls ein naiver Realismus in dem Sinne, daß wir direkt eine real existierende Außenwelt, ein Ding an sich, erkennen. Zwar nimmt man an, daß es eine unabhängige Realität gebe, geht aber davon aus, daß deren Existenz nicht beweisbar sei. So kann es über sie niemals eine endgültige Sicherheit geben. Der Quantenphysiker Bernard d'Espagnat zum Beispiel spricht von der verschleierten Realität, der man sich nur annähern, die man aber nie erreichen könne.

Natürlich müssen auch für den Realisten alle Aussagen in Einklang mit Experimenten und Beobachtungen stehen. Hierin stimmt er mit dem Positivisten überein. Über die reinen Erfahrungssätze hinaus gibt es für ihn aber die Möglichkeit freier Setzungen und freier Spekulation. So betont etwa Einstein, daß die Verbindung der Sinneserlebnisse mit der mathematischen Beschreibung nicht logischer, sondern rein intuiver Art sei: »Physikalische Begriffe sind freie Schöpfungen des Geistes und ergeben sich nicht etwa, wie man sehr leicht zu glauben geneigt ist, zwangsläufig aus den Verhältnissen in der Außenwelt« (aus A. Einstein und L. Infeld, *Die Evolution der Physik*). Erst der Grad der Sicherheit, mit der diese Beziehung beziehungsweise intuitive Verknüpfung vorgenommen werden könne, unterscheide, so Einstein in *Autobiographisches*, die leere Phantasterei von der wissenschaftlichen »Wahrheit«. Mein Buch sollte in diesem Sinne verstanden werden.

Vom Standpunkt des Realismus aus werden Naturgesetze entdeckt, nicht erfunden. Rätselhaft wirkt dabei zunächst einmal deren Einfachheit. Warum ist es überhaupt möglich, diese Gesetze durch relativ einfache mathematische Strukturen zu beschreiben? Eugene Wigner hat in diesem Zusammenhang von der unvernünftigen Nützlichkeit der Mathematik in der Naturbeschreibung gesprochen. Eine endgültige Antwort ist vielleicht nicht zu erwarten. Wir können aber auf jeden Fall das anthropische Prinzip bemühen. Die Möglichkeit von Leben setzt sicher Regelmäßigkeiten (Strukturen) voraus, etwa in der Form von Symmetrien. Mathematik ist aber gerade die Wissenschaft, die dazu geeignet ist, allgemeine Strukturen zu beschreiben. Tatsächlich beruht die moderne Physik auf Symmetrien, die sich durch einfache mathematische Gesetze beschreiben lassen.

Auch in der Mathematik gibt es die Diskussion darüber, ob mathematische Sätze entdeckt oder erfunden werden. Im Unterschied zu Naturgesetzen werden mathematische Strukturen meiner Ansicht nach erfunden. Da Mathematik gerne mit Musik verglichen wird (was sich auch in den oft zusammen auftretenden Begabungen ausdrückt), könnte man auch sagen, mathematische Gesetze werden »komponiert«. Hermann Weyl sagt dazu: »Vielleicht ist ›Mathematisieren‹, wie Musizieren, eine schöpferische Tätigkeit des Menschen, deren Produkte nicht nur formal, sondern auch inhaltlich durch die Entscheidungen der Geschichte bedingt sind und daher vollständiger objektiver Erfassung trotzen.« Der schweizerische Schriftsteller Friedrich Dürrenmatt schlägt zusätzlich noch vor, hier das »vielleicht« durch »vor allem« zu ersetzen. Er hat recht.

Natürlich kann man geneigt sein, sich mathematische Strukturen so vorzustellen, als lägen sie in einer gigantischen Bibliothek von Babel fertig bereit und müßten dort nur entdeckt werden. Das ist aber ebensowenig möglich wie im Fall der Bücher in Jorge Luis Borges' berühmter Erzählung. Um wieder den Vergleich mit der Musik zu bemühen, könnte man sich auch vorstellen, daß etwa Mozarts Jupitersymphonie als mögliche Notenkombination schon vorliege und nur entdeckt werden müsse. Kaum jemand würde wohl abstreiten, daß diese Vorstellung abwegig ist. Warum sollte sie dann auf die Mathematik zutreffen?

Vielleicht ist schöpferische Tätigkeit in der Mathematik nicht in erster Linie das Beweisen von Theoremen, sondern das Aufspüren von geeigneten Strukturen und Definitionen, aus denen sich dann interessante Sätze folgern lassen. Sehr oft werden solche Strukturen von der Physik her motiviert. Newton hat ja in erster Linie die Infinitesimalrechnung erfunden, um die Bewegung realer Körper zu beschreiben.

Der Philosoph Ludwig Wittgenstein kam zu dem Schluß, daß die Grundlagendiskussion innerhalb der Mathematik eigentlich überflüssig sei und nur erfolge, weil man ihren eigentlichen Zweck nicht mehr kenne. So schreibt er an einer interessanten Stelle:

> Die Konfusionen in diesen Dingen [der Grundlagendiskussion, C. K.] sind ganz darauf zurückzuführen, daß man die Mathematik als eine Art Naturwissenschaft behandelt. Und das wieder hängt damit zusammen, daß sich die Mathematik von den Naturwissenschaften abgelöst hat. Denn, solange sie in unmittelbarer Verbindung mit der Physik betrieben wird, ist es klar, daß *sie* keine Naturwissenschaft ist. (Etwa, wie man einen Besen nicht für ein Einrichtungsstück des Zimmers halten kann, solange man ihn dazu benützt, die Einrichtungsgegenstände zu säubern.)

Auch in der modernen Physik und gerade auch innerhalb der Forschung auf dem Gebiet der Quantengravitation gibt es Strömungen, die den Besen mit einem Einrichtungsgegenstand verwechseln und viel Mühe in die Weiterentwicklung der mathematischen Sprache verwenden, statt sich um den Bezug zur Außenwelt zu kümmern. Fehlt die von Einstein geforderte intuitive Verknüpfung mit der Welt, so droht die von ihm beschworene Gefahr der leeren Phantasterei.

Es war schon mehrmals von der Stellung des menschlichen Beobachters im Quantenkosmos die Rede. Kann das hier geschilderte Szenario Licht auf das alte Problem der Existenz eines freien Willens werfen? Man erinnere sich daran, worin dieses Problem besteht: Geht man von deterministischen Naturgesetzen aus, so wird alles Geschehen, einschließlich der menschlichen Handlungen, von den Anfangsbedingungen diktiert. Es gäbe dann keinen freien Willen, mit natürlich unabsehbaren Folgen für Moral, Strafrecht und praktisch alle Aspekte des menschlichen Zusammenlebens. Auf der anderen Seite ist das Gefühl, einen freien Willen zu besitzen, natürlich konstitutiv für unsere Existenz.

Wie äußert sich dieses Dilemma vom Standpunkt des Quantenkosmos aus? Wir haben ja schon bei der Diskussion der Quantentheorie zwischen der Vogel- und der Froschperspektive unterschieden. Die Vogelperspektive entspricht einem hypothetischen Blick von außen auf die Quantenwelt, der diese als zeitlos und bar jeder klassischen Eigenschaften offenbart. Die Frage nach dem freien Willen stellt sich hier also gar nicht. Ganz anders von der inneren Froschperspektive aus, in der es unzählige klassische Komponenten mit Beobachtern und einer zeitlichen Entwicklung gibt. Da wir nicht mehr von der absoluten Identität eines Beobachters ausgehen können, ist es nicht mehr sinnvoll, von der Determiniertheit seiner Handlungen zu sprechen. Von unserem kleinen Winkel der Quantenwelt aus betrachtet, können wir die Vorstellung eines freien Willens konsistent aufrechterhalten; freier Wille und Struktur des Quantenkosmos sind kompatibel. Wie sieht es mit dem Bewußtsein aus? Dessen Beschreibung muß natürlich mit allen Naturgesetzen verträglich sein. Die direkte Erfahrung wird aber für immer subjektiv bleiben; man denke nur an das altbekannte Beispiel der Farbwahrnehmung. Auch der Begriff der Gegenwart ist ein rein subjektiver, der in den Naturgesetzen keine Entsprechung findet.

Unsere vorgestellte Zugfahrt von Paris nach Lissabon neigt sich ihrem Ende zu. Es ist spät geworden, und das hypothetische Gespräch versteigt sich naturgemäß in allgemeine Betrachtungen. Lassen wir aber zum Schluß noch einmal Professor Kukkuck zu Wort kommen: »Fern davon nämlich, daß Vergänglichkeit entwerte, sei gerade sie es, die allem Dasein Wert, Würde und Liebenswürdigkeit verleihe. Nur das Episodische, nur was einen Anfang habe und ein Ende, sei interessant und errege Sympathie, beseelt wie es sei von Vergänglichkeit. ... Recht gute Nacht!«

Anmerkungen

Zu Kapitel 1

Vom alten Kosmos zu Raum und Zeit

Das Zitat von Hans Blumenberg stammt aus seinem fulminanten Vorwort zu: G. Galilei, *Sidereus Nuncius (Nachricht von neuen Sternen)* (Suhrkamp, Frankfurt am Main, 1980). Einsteins Bemerkung zu Newton ist dem Artikel: A. Einstein, »Newtons Mechanik und ihr Einfluß auf die Gestaltung der Theoretischen Physik«, abgedruckt in: *Mein Weltbild* (Ullstein, Frankfurt am Main, 1977), entnommen.

**Von Raum und Zeit zur Raumzeit:
Einsteins Spezielle Relativitätstheorie**

Die Stelle mit dem Gedankenexperiment, das Einstein als Schüler an der Kantonsschule in Aarau erdachte, findet sich in: *Helle Zeit – dunkle Zeit*, herausgegeben von C. Seelig (Europa-Verlag, Zürich, 1956), S. 10. Viel Interessantes zu Einsteins Schuljahren in Aarau findet sich in: *Der jugendliche Einstein und Aarau*, herausgegeben von H. Hunziker (Birkhäuser, Basel, 2005).

Über den im Text erwähnten bisher genauesten Test der Einsteinschen Formel $E = mc^2$ wurde berichtet in: S. Rainville et al., »World Year of Physics: A direct test of $E = mc^2$«, *Nature* 438, 1096–1097 (2005).

Zur Minkowski-Raumzeit: Minkowski begann seinen Kölner Vortrag mit bewegten Worten: »Meine Herren! Die Anschauungen über Raum und Zeit, die ich Ihnen entwickeln möchte, sind auf experimentell-physikalischem Boden erwachsen. Darin liegt ihre Stärke. Ihre Tendenz ist eine radikale. Von Stund' an sollen Raum für sich und Zeit für sich völlig zu Schatten herabsinken und nur noch eine Art Union der beiden soll Selbständigkeit bewahren.«

Die Geometrisierung der Welt: Einsteins Allgemeine Relativitätstheorie

Im Jahre 1916 faßte Einstein die wesentlichen Schritte zur Aufstellung der Allgemeinen Relativitätstheorie wie folgt zusammen: »1907 Grundgedanke für die allgemeine Relativitätstheorie; 1912 Erkenntnis der nicht-euklidischen Natur der Metrik und der physikalischen Bedingtheit derselben durch die Gravitation; 1915 Feldgleichungen der Gravitation. Erklärung der Perihelbewegung des Merkur.«

Zum Äquivalenzprinzip: Die geplante Weltraummission STEP (»Satellite Test of the Equivalence Principle«) soll das Äquivalenzprinzip mit einer Genauigkeit von 10^{-18} testen. Damit könnten eventuelle Verletzungen dieses Prinzips aufgespürt werden, die von vereinheitlichten Theorien wie der Stringtheorie (siehe Kapitel 5) herrühren könnten. Allerdings ist momentan nicht klar, wann (und ob) dieser Satellit gestartet wird. Bessere Aussichten hat das französische Raumfahrtprojekt MICROSCOPE, das voraussichtlich Ende 2011 starten und das Äquivalenzprinzip bis zu einer Genauigkeit von etwa 10^{-15} testen soll. Vorbereitungen hierfür werden etwa am Fallturm in Bremen durchgeführt.

Relativitätstheorie im Sonnensystem

Eine aktuelle und quantitative Übersicht zu den Tests der Relativitätstheorie im Sonnensystem (und darüber hinaus) findet man in: D. Giulini, »Einsteins Kunstwerk«, *Physik-Journal* 4, 27–33 (2005) und der darin zitierten Literatur.

Zur Periheldrehung des Merkur: Die europäische Merkursonde BepiColombo, die 2013 starten und 2019 den Merkur erreichen soll, wird eine präzise Positionsbestimmung dieses innersten Planeten gestatten und damit auch zu einem noch genaueren Wert für die Periheldrehung führen – hundert Jahre nach Vollendung der Allgemeinen Relativitätstheorie.

Gravitationswellen

Im Text wurde auf die geplante Weltraummission LISA hingewiesen, die nach heutiger Planung 2018 starten soll. Tatsächlich gibt es bereits Visionen für Projekte, die über LISA hinausgehen. So soll nach heutiger Planung 2025 der *Big Bang Explorer* ins All starten, der Gravitationswellen aus dem sehr frühen Universum aufspüren soll. Solche Gravitationswellen könnten während einer inflationären Phase (siehe Kapitel 4) etwa 10^{-35} Sekunden nach dem Urknall entstanden sein und sich seither im wesentlichen ungehindert ausgebreitet haben – näher an den Urknall heran käme man vermutlich durch keine direkte Beobachtung!

Die Abstrahlung von Gravitationswellen wurde auch indirekt in einem fernen Quasar nachgewiesen, siehe M. J. Valtonen *et al.*, *Nature* 452, 851–853 (2008). In dem 3,5 Milliarden Lichtjahre entfernten Quasar OJ287 kreisen höchstwahrscheinlich ein Schwarzes Loch mit 18 Milliarden Sonnenmassen und ein Schwarzes Loch mit hundert Millionen Sonnenmassen umeinander. Das größere Loch ist von einer Staubscheibe umgeben, durch die das kleinere Loch in regelmäßigen Abständen stößt und dabei Lichtblitze verursacht. Damit läßt sich die Bahnbewegung bestimmen. Man beobachtet eine Abnahme der Bahnperiode, die sich mit der Ausstrahlung von Gravitationswellen erklären läßt. Die Autoren gelangen zu dem Schluß, daß der letzte Lichtblitz zwanzig Tage später gekommen wäre, wenn es keine Gravitationswellen gäbe. Einstein wäre begeistert!

Schwarze Löcher

Die Geschichte der Schwarzen Löcher beginnt lange vor der Relativitätstheorie. Bereits Ende des achtzehnten Jahrhunderts vermuteten der Pfarrer John Michell in England und danach Pierre-Simon Laplace in Frankreich, daß es »dunkle Sterne« geben könnte, bei denen die Entweichgeschwindigkeit wegen ihrer großen Masse die Lichtgeschwindigkeit übersteigt. Eine solche Vorstellung war zu jener Zeit nicht abwegig, da man sich, Newton folgend, Licht als aus kleinen Teilchen aufgebaut dachte. Mit dem Aufkommen der Wellentheorie des Lichts Anfang des neunzehnten Jahrhunderts gerieten diese Arbeiten in Vergessenheit, da Lichtwellen in der Newtonschen Mechanik keiner Gravitationswirkung unterliegen. Erst die Allgemeine Relativitätstheorie unterwirft das Licht wieder der Schwere, da Gravitation nur Ausdruck der Geometrie von Raum und Zeit ist und natürlich alles der Geometrie unterliegt. Bei den von ihr vorhergesagten Schwarzen Löchern handelt es sich freilich nicht um »dunkle Sterne«, sondern um eine bizarre Geometrie der Raumzeit selbst, in der ein Teil von dem Rest kausal abgekoppelt ist. Interessantes zur Geschichte der Schwarzen Löcher findet man zum Beispiel in dem Buch von Kip Thorne (siehe Literaturhinweise).

Wie viele Dimensionen hat die Welt?

Eine einfühlsame Biographie Theodor Kaluzas und seiner Leistungen bietet: D. Wünsch, *Der Erfinder der 5. Dimension – Theodor Kaluza. Leben und Werk* (Termessos-Verlag, Göttingen, 2007).

Zu Kapitel 2

Was beschreibt die Quantentheorie?

Zur Solvay-Tagung 1927: Hierzu gibt es sogar einen kleinen Stummfilm, in dem die Hauptakteure der Tagung zu sehen sind und der im Internet verfügbar ist, siehe http://www.maxborn.net/index.php?page=filmnews.

Verschränkte Zustände und die Widerlegung der lokalen Realität

Zu den Doppelspaltexperimenten: Zum Doppelspalt-Experiment mit Elektronen und den anderen neun der zehn schönsten physikalischen Experimente aller Zeiten siehe: *Die Top Ten der schönsten physikalischen Experimente*, herausgegeben von C. Jönsson und A. Fässler (Rowohlt, Reinbek, 2005).

Das im Text erwähnte Experiment zum Doppelspalt in der Zeit wird in F. Lindner *et al.*, »Attosecond double-slit experiment«, *Physical Review Letters* 95, Artikelnummer 040401 (2005) beschrieben. Die »Spalte« sind hier eines oder zwei Fenster, die für die Dauer einer Attosekunde (10^{-18} Sekunden) zur Photoionisation von Atomen geöffnet werden können. Man kann damit eine Situation beobachten, in der ein und dasselbe Elektron gleichzeitig auf einen einfachen und einen Doppelspalt trifft und entsprechende Interferenzmuster erzeugt.

Zum EPR-Problem: Die historische Quelle zum EPR-Problem ist: A. Einstein, B. Podolsky und N. Rosen, »Can quantum-mechanical description of physical reality be considered complete?«, *Physical Review* 47, 777–780 (1935). Einstein bemerkte dazu später, daß in dieser Arbeit die Hauptsache sozusagen durch Gelehrsamkeit verschüttet sei. Die wesentlichen Gedanken hat er in »Quanten-Mechanik und Wirklichkeit«, erschienen in *Dialectica* 2, 320–324 (1948), klar dargestellt, so klar, wie es eben nur in der Muttersprache möglich ist. Er formuliert darin seine Lokalitätsannahme wie folgt: »Wesentlich für diese Einordnung der in der Physik eingeführten Dinge erscheint ferner, dass zu einer bestimmten Zeit diese Dinge eine voneinander unabhängige Existenz beanspruchen, soweit diese Dinge ›in verschiedenen Teilen des Raumes liegen‹. Ohne die Annahme einer solchen Unabhängigkeit der Existenz (des ›So-Seins‹) der räumlich distanten Dinge voneinander, die zunächst dem Alltags-Denken entstammt, wäre physikalisches Denken in dem uns geläufigen Sinne nicht möglich.« Dieses Kriterium paßt natürlich nicht zu dem nichtlokalen Charakter der Quantentheorie. Daß es auf einer fundamentaleren Ebene keine lokale Theorie geben kann, welche die Ergebnisse der Quantentheorie reproduziert, folgt aus der Verletzung der Bellschen Ungleichungen, was Einstein freilich noch nicht bekannt war.

Zu den Bellschen Ungleichungen und der nichtlokalen Realität: John Bell hat neben Fachartikeln auch allgemeinverständliche Beiträge zu diesem Thema geliefert. Sie sind alle gesammelt in: J. S. Bell, *Speakable and Unspeakable in Quantum Mechanics: Collected Papers on Quantum Philosophy*, zweite Auflage (Cambridge University Press, Cambridge, 2004).

Die Bellschen Ungleichungen drücken aus, welche Korrelationen zwischen Meßergebnissen an Teilsystemen allgemein möglich sind, wenn man von einer lokalen Realität ausgeht. Lokale Realität soll heißen, daß ein System eine Eigenschaft (zum Beispiel eine Spinkomponente bezüglich einer beliebigen Richtung) an sich hat und daß Vorgänge an hinreichend entfernten anderen Systemen darauf keinen Einfluß haben. In den Experimenten betrachtet man zum Beispiel zwei auseinanderfliegende Teilchen, die von jeweils einem Detektor untersucht werden. Die Detektoren können etwa den Spin in bezug auf eine beliebige Raumrichtung messen. Um die Lokalität zu gewährleisten, müssen die entsprechenden Richtungen so schnell zufallsbestimmt festgelegt werden, daß kein Signalaustausch zwischen beiden möglich ist, der zeitliche Abstand zwischen den beiden Einstellungen also kleiner oder gleich der Lichtgeschwindigkeit geteilt durch den räumlichen Abstand ist. Die experimentell beobachtete Verletzung der Ungleichungen widerlegt die Annahme der lokalen Realität und ist in Einklang mit den Vorhersagen der nichtlokalen Quantentheorie.

Die im Text erwähnte Arbeit von Zeilinger und Mitarbeitern ist: S. Groeblacher et al., »An experimental test of non-local realism«, *Nature* 446, 871–875 (2007).

Zum Experiment der verzögerten Entscheidung: John Wheeler beschreibt diese Idee in seinem Artikel »Law without law«, erschienen in: *Quantum theory and measurement*, herausgegeben von J. A. Wheeler und W. H. Zurek (Princeton University Press, Princeton, 1983), S. 182–183. Er schreibt darin (in meiner Übersetzung): »Man entscheidet also, ob das Photon einen Weg oder zwei Wege laufen wird, nachdem es bereits unterwegs ist.« Das Paradoxe an diesem Satz verschwindet, wenn man darauf verzichtet, sich das Photon wie ein klassisches Kügelchen vorzustellen.

Das im Text erwähnte Experiment unter Federführung von Jean-François Roch wird vorgestellt in: V. Jacques et al., »Experimental Realization of Wheeler's Delayed-Choice Gedanken Experiment«, *Science* 415, 966–968 (2007).

Quanteninformation

Zur Primzahlzerlegung: Bisher konnte noch kein Quantencomputer verwirklicht werden, der die bei der Übermittlung verschlüsselter Nachrichten benutzten großen Zahlen in Primfaktoren zerlegen kann. Die Zerlegungen weniger großer Zahlen kann man interessanterweise durch ausgeklügelte physikalische Interferenzexperimente bestimmen. So wurde in der Arbeit von M. Gilowski et al., »Gauss Sum Factorization with Cold Atoms«, *Physical Review Letters* 100, Artikel-Nr. 030201 (2008) über die experimentelle Zerlegung der Zahl 263 193 in die Primfaktoren 3, 7, 83 und 151 berichtet.

Wie entsteht die klassische Welt?

Zur Schrödinger-Katze: Den Originaltext von Schrödinger kann man in dem folgenden Band nachlesen, der auch eine Reihe weiterer lesenswerter Originaltexte zur Quantentheorie präsentiert: K. Baumann und R. U. Sexl, *Die Deutungen der Quantentheorie* (Vieweg, Braunschweig, 1987).

Zur Dekohärenz: Die klassische Arbeit zur Lokalisierung von makroskopischen Objekten durch Wechselwirkung mit der Umgebung ist: E. Joos und H. D. Zeh, »The emergence of classical properties through interaction with the environment«, *Zeitschrift für Physik B* 59, 223–243 (1985). Die im Text erwähnten Rechnungen zur Dekohärenz im Gehirn sind veröffentlicht in: M. Tegmark, »Importance of quantum decoherence in brain processes«, *Physical Review E* 61, 4194–4206 (2000); siehe auch http://arxiv.org/abs/quant-ph/9907009.

Interpretationen der Quantentheorie

Über die Details der Bohmschen Theorie kann man sich etwa in D. Dürr, *Bohmsche Mechanik als Grundlage der Quantenmechanik* (Springer, Berlin, 2001) informieren. Im April-Heft (2008) der Zeitschrift *Spektrum der Wissenschaft* gibt es einen Artikel zur Everett-Interpretation, der auch auf die schillernde Biographie von Hugh Everett eingeht.

Quantentheorie und Elementarteilchen

Zu Antiteilchen: Dirac wurde von seiner Gleichung zur Vorhersage von Antiteilchen geführt. Tatsächlich hatte bereits Einstein einige Jahre zuvor gezeigt, daß eine Theorie, die Allgemeine Relativitätstheorie und Elektromagnetismus zusammenbringt, für jedes geladene Teilchen ein Antiteilchen mit entgegengesetzter Ladung benötigt, siehe A. Einstein, »Elektron und Allgemeine Relativitätstheorie«, *Physica* 5, 330–334 (1925). Sein Argument war von rein klassischer Natur und benötigte nur die Symmetrie unter Zeitumkehr. Da es 1925 noch schien, daß es kein positiv geladenes Elektron gäbe, zweifelte Einstein kurzzeitig an der Möglichkeit, Elektrodynamik und Gravitationstheorie zu verschmelzen.

Zu Eichtheorien: In den Eichtheorien betrachtet man ganz wesentlich Größen, die man an jedem Punkt der Raumzeit unabhängig umtransformieren (einer Eichtransformation unterwerfen) kann, ohne daß sich beobachtbare Größen ändern. Diese lokale Eichinvarianz wurde von Hermann Weyl 1929 eingeführt. Zur gleichen Zeit verfolgte Einstein einen alternativen Zugang, in dem Größen über weite Entfernungen starr verbunden sind – den »Fernparallelismus«. Pauli bemerkt dazu in einem Brief vom 30.11.1929 an Pascual Jordan bissig: »Einstein soll im Berliner Kolloquium schrecklichen Quatsch über neuen Fernparallelismus verzapft haben! Die bloße Tatsache, daß seine Gleichungen nicht die geringste Ähnlichkeit mit der Maxwellschen Theorie haben, will er als Argument dafür hinstellen, daß sie etwas mit der Quantentheorie zu tun haben. Mit einem solchen Kohl kann man nur amerikanischen Journalisten imponieren, nicht einmal amerikanischen Physikern, geschweige denn europäischen Physikern.« Wie sich die Zeiten geändert haben!

Zu Teilchenmassen: In der Teilchenphysik werden Massen meistens in der Einheit Elektronenvolt (genauer: Elektronenvolt/c^2) gemessen. Ein Elektronenvolt (abgekürzt: eV) ist gleich der kinetischen Energie eines Elektrons, das in einem elektrischen Potential von einem Volt (1 V) beschleunigt worden ist; 1000 eV sind 1 keV (Kiloelektronenvolt), eine Million eV sind 1 MeV (Megaelektronenvolt), und eine Milliarde eV sind 1 GeV (Gigaelektronenvolt). In der üblichen Einheit Joule (J) sind 1 eV nur etwa $1,6 \times 10^{-19}$ J. Nach $E = mc^2$ entsprechen diese Energien auch einer Masse. In diesen Einheiten betragen die Elektronmasse etwa 511 keV, die Protonmasse etwa 1 GeV. Das im Text erwähnte Higgs-Teilchen, wonach im LHC gesucht wird, sollte aller Wahrscheinlichkeit nach nicht schwerer als etwa 150 GeV sein. Von den Neutrinos weiß man aus kosmologischen Beobachtungen (mit dem in Kapitel 4 erwähnten WMAP-Satelliten) nur, daß die Massensumme aller Neutrinoarten kleiner als etwa 0,6 eV sein muß; die genauen Werte für die Massen sind nach wie vor ein Rätsel. Zum LHC vergleiche den Artikel »Der Large Hadron Collider – die Entdeckungsmaschine« von T. Müller, erschienen in *Physik in unserer Zeit*, Februar 2008, Seiten 78–85. Interessant ist auch: *Am Rande der Dimensionen. Gespräche über die Physik am CERN* von R. Landua (Suhrkamp, Frankfurt am Main, 2008).

Die Strahlung Schwarzer Löcher

Die im Text erwähnte Temperatur für ein Schwarzes Loch (die »Hawking-Temperatur«) ist für ein kugelsymmetrisches (Schwarzschildsches) Schwarzes Loch der Masse M durch die Formel

$$T = \frac{\hbar c^3}{8\pi k_B G M} \approx 6.17 \times 10^{-8} \left(\frac{M_\odot}{M} \right) \text{Kelvin}$$

gegeben, worin $M_\odot$ die Sonnenmasse bezeichnet; $\hbar = h/2\pi$, und k_B ist die Boltzmann-Konstante (vergleiche Kapitel 3). Man erkennt, daß die Temperatur für Schwarze Löcher von einigen Sonnenmassen und darüber winzig klein ist. Die Hawking-Temperatur ist also nur für sehr leichte Löcher meßbar.

Zu Kapitel 3

Die mikroskopische Deutung der Entropie

Die wichtigsten Arbeiten von Botzmann zum Thema Entropie sind in dem Band: L. Boltzmann, *Entropie und Wahrscheinlichkeit* (Harri Deutsch, Frankfurt am Main, 2000) zusammengestellt.

Die Entropie Schwarzer Löcher

Die berühmte Formel zur Entropie Schwarzer Löcher, die auf Bekenstein und Hawking zurückgeht, lautet

$$S_{\mathrm{BH}} = k_{\mathrm{B}} \frac{A}{4l_{\mathrm{P}}^2}$$

Darin bezeichnen k_{B} die Boltzmann-Konstante, l_{P} die Planck-Länge (siehe Kapitel 5) und A die Oberfläche des Ereignishorizontes. Im Falle eines kugelsymmetrischen (Schwarzschildschen) Schwarzen Loches lautet die Entropie

$$S_{\mathrm{BH}} \approx 1.07 \times 10^{77} k_{\mathrm{B}} \left(\frac{M}{M_{\odot}} \right)^2,$$

wobei $M_{\odot}$ wieder die Sonnenmasse bezeichnet.

Zu Kapitel 4

Das Kosmologische Prinzip

Einer aktuellen und fundierten Einführung in unser gegenwärtiges Wissen über das *cosmic web*, die Verteilung von leuchtender und dunkler Materie im Universum, ist das Heft vom 4. Januar 2008 der Zeitschrift *Science* gewidmet.

Das im Text erwähnte Zitat von Carl Wirtz stammt aus: C. Wirtz, »De Sitters Kosmologie und die Radialbewegungen der Spiralnebel«, *Astronomische Nachrichten* 222, 21–26 (1924).

Die Topologie des Universums

Der im Text erwähnte Artikel zum Dodekaeder-Universum ist: J.-P. Luminet et al., »Dodecahedral space topology as an explanation of weak wide-angle temperature correlations in the cosmic microwave background«, *Nature* 425, 593–595 (2003). Lesenwert ist auch der Kommentar von George Ellis auf S. 566 des gleichen Heftes. Die Untersuchung von N. J. Cornish et al., »Constraining the Topology of the Universe«, *Physical Review Letters* 92, Artikelnummer 201302 (2004) konnte diese Ergebnisse nicht bestätigen. Im Rahmen einer großen Klasse von Modellen finden die Autoren, daß eine mögliche Wiederholungsskala größer als 24 Gpc sein muß.

Details zu den Eigenschaften von dreidimensionalen Räumen findet man auf einführendem Niveau etwa in D. B. O'Shea, *Poincarés Vermutung. Die Geschichte eines mathematischen Abenteuers* (S. Fischer, Frankfurt am Main, 2007). Der Anlaß für dieses Buch ist der im Text erwähnte Beweis der Poincaréschen Vermutung durch Grigori Perelman. Anspruchsvollere Einführungen in die Gestalt dreidimensionaler Räume sind J. R. Weeks, *The Shape of Space* (Marcel Dekker, New York und Basel, 1985) sowie J.-P. Luminet, »Topologie et cosmologie«, erschienen in *Géometrie au XXe Siècle*, hg. von J. Kouneiher et al., S. 351–361 (Hermann Editeurs, Paris, 2005).

Der Artikel von Karl Schwarzschild lautet »Ueber das zulässige Krümmungsmaass des Raumes« und ist in der *Vierteljahresschrift der Astronomischen Gesellschaft* 35, 337–347 (1900) erschienen. Vor Schwarzschild hatte bereits der Astronom Karl Friedrich Zöllner (1834 bis 1882) über die Möglichkeit eines endlichen sphärischen Universums spekuliert, allerdings nicht über topologisch kompliziertere Möglichkeiten.

Zur im Text erwähnten Rückkehr in einem spiegelverkehrten Zustand siehe auch: H. G. Wells, *The Plattner Story* (Kessinger Publishing 2004).

Kosmologische Konstante und Dunkle Energie

Zur Kosmologischen Konstante gibt es für das Fachpublikum eine Reihe ausgezeichneter Übersichtsartikel. Ein Klassiker ist sicher S. Weinberg, »The cosmological constant problem«, *Reviews of Modern Physics* 61, 1–23 (1989). Besonderes Gewicht auf die Beobachtungen wird gelegt in: V. Sahni und A. Starobinsky, »The Case for a Positive Cosmological Lambda-term«, *International Journal of Modern Physics D* 9, 373–444 (2000); siehe auch http://arxiv.org/abs/astro-ph/9904398.

Für die Zukunft sind weitere und genauere Beobachtungen von Supernovae in kosmischen Entfernungen geplant. Dazu gehört insbesondere das Projekt SNAP, über das man sich online unter http://snap.lbl.gov/ genau informieren kann.

Zu Paulis »Mondrechnung« kenne ich keine publizierte Stelle; sie wurde aber von verschiedenen Leuten zitiert, die mit Pauli darüber diskutiert haben, siehe dazu die Bemerkungen in N. Straumann, http://arxiv.org/abs/astro-ph/0203330, Abschnitt 2.

Zum Schluß von den Beobachtungen auf die beschleunigte Expansion des Universums: Die Beobachtungen der Supernovae und der Kosmischen Hintergrundstrahlung führen mehr oder weniger zwingend auf eine Kosmologische Konstante (oder Dunkle Energie), welche eine beschleunigte Expansion des Universums bewirkt – vorausgesetzt, die Daten werden auf dem Hintergrund eines Friedmann-Lemaître-Modells interpretiert. Das ist alles andere als trivial. Da die Einstein-Gleichungen nichtlinear sind, ist es denkbar, daß selbst kleine Inhomogenitäten einen solchen Effekt vorgaukeln, wenn man über diese Inhomogenitäten mittelt. Die Rechnungen sind allerdings äußerst kompliziert, und es bleibt abzuwarten, ob diese alternative Erklärung der Beobachtungen tragfähig ist. Dargestellt ist diese Sichtweise etwa in: D. Wiltshire, »Dark energy without dark energy«, http://arxiv.org/abs/0712.3984 sowie in: T. Buchert, »Dark energy from structure: a status report«, *General Relativity and Gravitation* 40, 467–527 (2008), siehe auch http://arxiv.org/abs/0707.2153, und der darin zitierten Literatur.

Die Zukunft des Universums

Die im Text erwähnte Arbeit, wonach wir bei einer Dominanz der Kosmologischen Konstante in 100 Milliarden Jahren nur noch die mit dem Andromedanebel verschmolzene Milchstraße sehen könnten, ist: K. Nagamine und A. Loeb, » Future evolution of nearby large scale structure in a universe dominated by a cosmological constant«, *New Astronomy* 8, 439–448 (2003); siehe auch http://arxiv.org/abs/astro-ph/0204249. Die Modellrechnungen, die das Verschwinden der Erde in der Sonne in etwa 7,6 Milliarden Jahren vorhersagen, kann man nachlesen in: K.-P. Schröder und R. C. Smith, »Distant future of the Sun and Earth revisited«, http://arxiv.org/abs/0801.4031, sowie in: K.-P. Schröder, »Feuriger Weltuntergang«, *Sterne und Weltraum* 47 (Juli), 42–48 (2008).

Die Überlegungen, wonach bestimmte Singularitäten schon in 10 Millionen Jahren auf uns zukommen könnten, kann man nachlesen in: M. P. Dąbrowski *et al.*, »How far is it to a sudden future singularity of pressure?«, *Physical Review D* 75, Artikelnummer 123524 (2007); siehe auch http://arxiv.org/abs/0704.1383.

Der aus Großbritannien stammende Physiker Freeman Dyson hat vor längerer Zeit abgeschätzt, was uns in einem Universum blüht, das noch beliebig lange existiert. So werden Sterne mit nicht zu hoher Masse irgendwann zu Weißen Zwergen, die nach 10^{14} Jahren (also hunderttausend Milliarden Jahren) abgekühlt sind. Die um einen Stern kreisenden Planeten werden von ihrem Zentralgestirn durch das nahe Vorbeisausen eines anderen Sterns nach etwa 10^{15} Jahren losgelöst. Massereiche Sterne kollabieren zu Schwarzen Löchern, die aufgrund des Hawking-Effekts nach etwa 10^{65} Jahren verdampfen. Seine amüsanten Zahlenspielereien kann man nachlesen in: F. J. Dyson, »Time without end: Physics and biology in an open universe«, *Reviews of Modern Physics* 51, 447–460 (1979). Irgendwie kann man sich des Eindrucks nicht erwehren, daß wir in einer sehr aufregenden Phase des Universums leben und die Welt, so sie denn lange genug existiert, einem Endstadium der Langeweile entgegenstrebt.

Strukturentstehung aus Quantenfluktuationen

Der Vorschlag, daß das Universum in seiner extremen Frühzeit von einem hochsymmetrischen Vakuumzustand ausging, stammt von Alexei Starobinsky und findet sich in seiner Arbeit »Spectrum of relict gravitational radiation and the early state of the universe«, *JETP Letters* 30, 682–685 (1979). Dort findet sich auch die Vorhersage, daß in jener Zeit Gravitationswellen erzeugt wurden, die auch heute noch vorhanden sind; ob sie stark genug sind, um etwa mit dem zukünftigen Interferometer LISA im All gemessen werden zu können, steht freilich noch in den Sternen. Die Rolle der Dekohärenz für die primordialen Fluktuationen wurde diskutiert in: C. Kiefer, D. Polarski und A. A. Starobinsky, »Quantum-to-classical transition for fluctuations in the early Universe«, *International Journal of Modern Physics D* 7, 455–462 (1998); siehe auch http://arxiv.org/abs/gr-qc/9802003.

Zu Kapitel 5

Warum ist die Gravitation nicht klassisch?

Die Position des Reduktionismus wird an prominenter Stelle zum Beispiel von dem US-amerikanischen Nobelpreisträger Steven Weinberg vertreten, der in seinem Buch *Der Traum von der Einheit des Universums* (Bertelsmann, München, 1993) dafür viele Argumente ins Feld führt.

Das Schicksal von Matvei Bronstein und die von ihm entwickelte Physik werden einfühlsam beschrieben in: G. E. Gorelik und Y. Y. Frenkel, *Matvei Petrovich Bronstein and Soviet Theoretical Physics in the Thirties* (Birkhäuser, Basel, 1994). Zur möglichen Existenz einer kleinsten Länge hat man in der Gruppe um Bronstein und Landau auch den folgenden Vers geschmiedet: »Die Esel fassen kaum es// Die Quantelung des Raumes.«

Das im Text diskutierte Experiment zum Test der semiklassischen Einstein-Gleichungen wird beschrieben in: D. N. Page und C. D. Geilker, »Indirect evidence for quantum gravity«, *Physical Review Letters* 47, 979–982 (1981). Im realen Experiment wurden Zähler und Sprengstoff durch einen Physiker ersetzt, der abhängig vom Zerfall der Quelle die Massen bewegt.

Wie quantisiert man die Gravitation?

Zu den Planck-Einheiten: Die zitierte Arbeit von Planck heißt »Über irreversible Strahlungsvorgänge« und erschien 1899 in den *Sitzungsberichten der königlich-preußischen Akademie der Wissenschaften zu Berlin (physikalisch-mathematische Klasse)*, Seiten 440–480. Bereits im Jahre 1881 stellte der irische Physiker George Johnstone Stoney (1826 bis 1911) Einheiten auf, die den Planck-Einheiten verwandt sind. Natürlich konnte Stoney noch nichts von dem Wirkungsquantum wissen, er konnte aber aus existierenden Experimenten Rückschlüsse auf die Größe der elektrischen Elementarladung e ziehen. Aus e, G und c lassen sich Einheiten bilden, die ziemlich gut mit den Planck-Einheiten übereinstimmen. Das liegt daran, daß die sogenannte Feinstrukturkonstante $\alpha = e^2/\hbar c \approx 1/137$ eine dimensionslose Zahl ist. Ganz allgemein scheinen drei dimensionsbehaftete Größen (für »Raum, Zeit und Materie«) auszureichen, um alle physikalischen Einheiten (z. B. Watt oder Ampère) zu konstruieren.

In Gleichungen ausgedrückt, lauten die Planck-Einheiten

$$l_{\mathrm{P}} = \sqrt{\frac{\hbar G}{c^3}} \approx 1.62 \times 10^{-35} \text{ m} ,$$

$$t_{\mathrm{P}} = \frac{l_{\mathrm{P}}}{c} = \sqrt{\frac{\hbar G}{c^5}} \approx 5.40 \times 10^{-44} \text{ s} ,$$

$$m_{\mathrm{P}} = \frac{\hbar}{l_{\mathrm{P}} c} = \sqrt{\frac{\hbar c}{G}} \approx 2.17 \times 10^{-8} \text{ kg} .$$

Diese erhält man aus den Werten $c \approx 3.00 \times 10^8$ m/s, $\hbar \approx 1.055 \times 10^{-34}$ Js, $G \approx 6.67 \times 10^{-11}$ $\mathrm{Nm^2kg^{-2}}$; dabei ist $\hbar = h/2\pi$ mit h als dem Wirkungsquantum. In den oben erwähnten Einheiten der Teilchenphysik beträgt die Planck-Masse etwa 10^{19} GeV – 10^{19}-mal so viel wie ein Proton!

Die im Text erwähnten Kopfzerbrechen Einsteins sind in der Literatur unter dem Stichwort »Lochproblem« bekannt. Einstein hatte sich nämlich in einem Gedankenexperiment ein Gebiet der Raumzeit ohne Materie vorgestellt (ein »Loch«), in welchem er die Metrik und die Raumzeitpunkte unabhängig voneinander transformierte und schloß, daß die Feldgleichungen nicht »allgemein kovariant« (also in jedem Koordinatensystem von gleicher Form) sein konnten, wenn man eine eindeutige Lösung der Gleichungen für eine vorgegebene Materieverteilung außerhalb des Loches verlangt. Später schrieb er berichtigend in einem Brief an seinen langjährigen Freund Michele Besso: »*Real* ist physikalisch nichts als die Gesamtheit der raum-zeitlichen Punktkoinzidenzen. … Es ist also das natürlichste, von den Gesetzen zu verlangen, dass sie nicht *mehr* bestimmen als die Gesamtheit der zeiträumlichen Koinzidenzen.« Ein Beispiel aus dem Alltagsleben für die zeiträumlichen Koinzidenzen liefert das Positionierungssystem GPS, bei dem es um Koinzidenzen von Lichtstrahlen, Satelliten und Gravitationsfeld geht.

Daß mathematische Punktmengen nichts mit der Wirklichkeit zu tun haben müssen, zeigt auf eindrückliche Weise das »Banach-Tarski-Paradoxon«: So kann man eine Kugel in sechs Teile zerlegen, aus denen sich dann zwei Kugeln von jeweils der Größe der ursprünglichen Kugel zusammensetzen lassen. (Es geht hier um sogenannte nichtmeßbare Punktmengen.)

Gravitonen, Unendlichkeiten, Pfadintegrale

Das im Text vorgestellte Verfahren zur Berechnung des quantengravitativen Pfadintegrals mit Hilfe von 4-Simplexen heißt auch »dynamische Triangulierung« und wurde wesentlich von Jan Ambjørn, Renate Loll und Jerzy Jurkiewicz entwickelt; ein einführender Artikel dieser Autoren ist »The Universe from Scratch«, erschienen in *Contemporary Physics* 47, 103–117 (2006), siehe auch http://arxiv.org/abs/hep-th/0509010. Interessant ist, daß dieses Verfahren nur mit einer positiven Kosmologischen Konstante funktioniert, was in Einklang mit den Beobachtungen ist; ihr Wert bleibt allerdings unbestimmt.

Vierdimensionale Objekte kann man sich naturgemäß nur schwer vorstellen. Das im Text erwähnte 4-Simplex wird etwas anschaulicher, wenn man es in einer dreidimensionalen Projektion rotieren läßt (was auf dem Papier natürlich nicht geht); auf http://en.wikipedia.org/wiki/Pentachoron kann man sich aber eine solche Rotation ansehen.

Kanonische Quantengravitation und das Problem der Zeit

Die von Erwin Schrödinger ausgenutzte Analogie zwischen Mechanik und Optik findet man in seiner Arbeit »Quantisierung als Eigenwertproblem (Zweite Mitteilung)«, *Annalen der Physik* 384, 489–527 (1926). Er schreibt dort auf Seite 496: »Aber schon der erste Versuch einer wellentheoretischen Ausgestaltung führt auf so frappante Dinge, daß ein ganz anderer Verdacht aufsteigt: *wir wissen doch heute, daß unsere klassische Mechanik bei sehr kleinen Bahndimensionen und sehr starken Bahnkrümmungen versagt.* Vielleicht ist dieses Versagen eine volle Analogie zum Versagen der geometrischen Optik, d. h. der ›Optik mit unendlich kleiner Wellenlänge‹, das bekanntlich eintritt, sobald die ›Hindernisse‹ oder ›Öffnungen‹ nicht mehr groß sind gegen die wirkliche, endliche Wellenlänge. Vielleicht ist unsere klassische Mechanik das *volle* Analogon der geometrischen Optik und als solches falsch, nicht in Übereinstimmung mit der Wirklichkeit ... Dann gilt es, eine ›undulatorische Mechanik‹ zu suchen – und der nächstliegende Weg dazu ist wohl die wellentheoretische Ausgestaltung des Hamiltonschen Bildes.«

Zu den Zwangsbedingungen: Im Text diskutierten wir die Hamiltonsche Zwangsbedingung als zentrale Gleichung der kanonischen Formulierung der Allgemeinen Relativitätstheorie. Tatsächlich gibt es noch drei weitere Zwangsbedingungen, die wir der Einfachheit halber unerwähnt ließen. Diese heißen »Impuls-Zwangsbedingungen« oder auch »Diffeomorphismus-Zwangsbedingungen« und drücken aus, daß man auf einem dreidimensionalen Raum beliebige Koordinaten wählen kann. In ihrer quantisierten Form besagen sie, daß sich die Wellenfunktion nicht ändert, wenn man andere Raumkoordinaten wählt – eine unmittelbar einleuchtende Tatsache, da keine physikalisch sinnvollen Größen von der im Prinzip beliebigen Wahl von Koordinaten abhängen darf.

Zur Wheeler-DeWitt-Gleichung: Genaugenommen bezeichnet man als Superraum den Raum aller dreidimensionalen Geometrien, der aus dem Raum aller 3-Metriken entsteht, wenn man zwei Metriken, die sich nur durch eine Koordinatentransformation unterscheiden, als gleichwertig ansieht. Es sei noch erwähnt, daß die Analogie mit einer Schrödinger-Gleichung ohne Zeit im Sinne der Feldtheorie gilt, da die Wellenfunktion (mathematisch genauer: das Wellenfunktional) auf einem unendlichdimensionalen Raum definiert ist, während die übliche quantenmechanische Schrödinger-Gleichung nur endlich viele Freiheitsgrade (entsprechend endlich vielen »Teilchen«) aufweist.

Zur Suche nach der verlorenen Zeit: Das Verfahren der Wiedergewinnung des Zeitparameters t aus der zeitlosen Quantengravitation verläuft analog zu einer als »Born-Oppenheimer-Näherung« bezeichneten Methode in der Physik der Moleküle. Dort gibt es zwei unterschiedliche Massenskalen (die der schweren Kerne und die der leichten Elektronen), die in der Quantengravitation dem Unterschied zwischen Planck-Masse und leichteren Massen entsprechen. Natürlich gibt es in der Molekülphysik bereits eine äußere Zeit; der benutzte Formalismus ist aber weitgehend analog.

Quantengravitation mit Schleifen

Das Zitat von Penrose findet sich in seiner Arbeit »Angular momentum: an approach to combinatorial space–time«, erschienen in: *Quantum theory and beyond*, herausgegeben von T. Bastin (Cambridge University Press, Cambridge, 1971), S. 151–180. Der im Text erwähnte »Barbero-Immirzi-Parameter« ist nach den Physikern Giorgio Immirzi (Perugia) und Fernando Barbero (Madrid) benannt.

In der Schleifentheorie deutet sich eine diskrete Natur des Raumes auf kleinsten Skalen an. Das erinnert natürlich an die alte Debatte zwischen diskretem und kontinuierlichem Raum. Dazu ist eine Äußerung von Wolfgang Pauli interessant. So schreibt er in einem Brief an Markus Fierz am 16.10.1957: »Ich habe keinen Zweifel, daß die klassische Feldphysik ziemlich direkt von der Stoa ›abstammt‹ in einer *kontinuierlichen*, über die Ideen der Renaissance und des 17. Jahrhunderts führenden Entwicklung (...). Insoferne die Synthese von Quantentheorie und allgemeiner Relativitätstheorie (und Feldquantisierung überhaupt) ein offenes Problem ist, setzt sich der alte (antike) Konflikt zwischen den Atomisten und den Stoikern heute fort.« Zu finden in: W. Pauli, *Wissenschaftlicher Briefwechsel*, Band IV, Teil IV, herausgegeben von K. von Meyenn (Springer, Berlin, 2005), S. 571.

Stringtheorie

Zum Stringmodell der starken Wechselwirkung: Das ursprüngliche Stringmodell der starken Wechselwirkung wurde durch Experimente widerlegt. Dennoch diskutiert man heute wieder solche Modelle, in denen dieser Widerspruch durch die spekulative Annahme einer fünften Dimension behoben wird, siehe zum Beispiel J. Maldacena, »Into the fifth dimension«, *Nature* 423, 695–696 (2003). Die Hoffnung ist, daß sich mit dieser Vorstellung Rechnungen der Quantenchromodynamik vereinfachen lassen.

Zur Notwendigkeit der Gravitation in der Stringtheorie: Tatsächlich ist das Graviton nur im Spektrum von geschlossenen Strings enthalten. Da aber die Theorie der offenen Strings auch geschlossene Strings in virtueller Form aufweist, sagt auch diese die Existenz des Gravitons und damit der Gravitation voraus.

Zu den fünf verschiedenen Stringtheorien: Die im Text erwähnten fünf Stringtheorien, die aus der unterschiedlichen Art entstehen, wie die Supersymmetrie implementiert werden kann, haben eigene Namen, die hier zumindest genannt werden sollen: Typ-I-Theorie, Typ-IIA-Theorie, Typ-IIB-Theorie, heterotische Theorie vom Typ O(32) und heterotische Theorie vom Typ $E_8 \times E_8$. Die Typ-I-Theorie ist die einzige mit offenen Strings.

Zur M-Theorie und der elften Dimension: 11 ist auch die maximale Dimension für die sogenannte Supergravitation. Darunter versteht man eine Quantenfeldtheorie, welche die Gravitation in eine supersymmetrische Theorie einbaut. In den siebziger Jahren wurde die Supergravitation als eine vereinheitlichte Theorie unter Einschluß der Gravitation gehandelt. Lange Zeit wurde die Supergravitation in elf Dimensionen von den Stringtheoretikern als Kuriosität betrachtet, da die Stringtheorie ja nur zehn Dimensionen vorherzusagen schien – bis die M-Theorie mit ihren elf Dimensionen auf den Plan trat. Tatsächlich ergibt sich dort die elfdimensionale Supergravitation im Grenzfall kleiner Energien. (Für einen in Köln arbeitenden Physiker hat die Zahl elf natürlich ihren besonderen Charme.)

Es ist nicht weiter überraschend, daß Theorien wie die Stringtheorie, die noch nicht experimentell getestet sind, eine sehr unterschiedliche Wertung erfahren. Die Vorzüge werden etwa in B. Greene, *Das elegante Universum* (siehe Literaturverzeichnis) eindrücklich vor Augen geführt. Die Gegenposition findet man sehr pointiert vertreten in P. Woit, *Not even wrong: The failure of string theory and the continuing challenge to unify the laws of physics* (Jonathan Cape, London, 2006).

Das Universum auf der Brane

Die im Text diskutierten Modelle mit höheren Raumdimensionen werden sehr ausführlich und verständlich in dem Buch von Lisa Randall (siehe Literaturverzeichnis) behandelt. Die Raumzeit zwischen den beiden Branen im Randall-Sundrum-Modell (die man mit dem englischen Wort *Bulk* bezeichnet, was so viel wie »Hauptteil« bedeutet) sind Teil einer Anti-de-Sitter-Raumzeit, also einer Lösung der Einstein-Gleichungen mit negativer Kosmologischer Konstante (siehe Kapitel 4).

Randall und Sundrum haben noch ein zweites Modell entwickelt, in dem es nur eine Brane gibt und die fünfte Dimension unendlich groß ist. Das ist möglich und nicht in Widerspruch mit Beobachtungen, wenn die Gravitation durch einen *Warp*-Faktor entsprechend verzerrt ist.

Geht Information bei Schwarzen Löchern verloren?

Die Gründe für Hawkings Meinungswechsel hat er in seinem Artikel »Information loss in black holes«, erschienen in *Physical Review D* 72, Artikelnummer 084013 (2005) niedergeschrieben; eine ähnliche Version ist unter http://arxiv.org/abs/hep-th/0507171 frei verfügbar. Die Eigenschaft eines Schwarzen Loches, ein mit seiner Umgebung wechselwirkendes offenes Quantensystem zu sein, wird besonders in der Arbeit von H. D. Zeh, »Where has all the information gone?«, erschienen in *Physics Letters A* 347, 1–7 (2005), betont; eine ähnliche Version ist unter http://arxiv.org/abs/gr-qc/0507051 frei verfügbar.

Primordiale Schwarze Löcher

Bei der im Text erwähnten Suche nach primordialen Schwarzen Löchern findet man nur Obergrenzen. So hat man abgeschätzt, daß es pro Kubikparsec höchstens etwa 10 000 primordiale Löcher im Massenbereich um etwa 10^{15} Gramm geben könne. Das entspricht einem Beitrag zum kosmologischen Omega-Parameter (Kapitel 4) von höchstens 10^{-8}. Solche Löcher können also keinen nennenswerten Beitrag zur Dunklen Materie liefern. Allerdings ist denkbar, daß schwerere Minilöcher beispielsweise im Massenbereich um 10^{20} Gramm einen meßbaren Beitrag zur Dunklen Materie in den Galaxien liefern könnten. Solange man nicht weiß, wie viele es von diesen Objekten gibt, bleibt dies offen. Was die Beobachtung direkter Verdampfungsereignisse angeht, so hat man auf eine Obergrenze von etwa eine Million Ereignisse pro Kubikparsec und Jahr geschlossen. Eine Übersicht über den Stand der Dinge findet man in dem Artikel »Primordial Black Holes: Do They Exist and Are They Useful?« von B. J. Carr, online zu finden unter http://arxiv.org/abs/astro-ph/0511743.

Zu Kapitel 6

Quantengravitation und Kosmologie

Zur Großen Bremse: Die im Text erwähnte Diskussion der »Großen Bremse« findet man in: A. Y. Kamenshchik, C. Kiefer und B. Sandhöfer, »Quantum cosmology with a big-brake singularity«, *Physical Review D* 76, Artikelnummer 064032 (2007); eine ähnliche Version ist unter http://arxiv.org/abs/0705.1688 frei verfügbar.

Zum Vorschlag von Hartle und Hawking: Hawking stellte die »Keine-Grenzen-Bedingung« zum erstenmal auf einer Tagung vor, die 1982 im Vatikan stattfand. In den Konferenzberichten, veröffentlicht in Band 48 der *Pontificia Academiae Scientarium Scripta Varia*, findet sich auch das Vorwort des Papstes, worin es heißt (meine Übersetzung): »Die Heilige Schrift will darüber hinaus den Menschen mitteilen, daß die Welt ... zum Dienst am Menschen und zur Ehre Gottes geschaffen wurde. Jede andere Lehre über den Ursprung der Welt ist den Absichten der Bibel fremd ...

Jede wissenschaftliche Hypothese über den Ursprung der Welt, wie beispielsweise die eines primitiven Atoms ..., läßt das Problem, das den Beginn des Universums betrifft, offen. Die Wissenschaft selbst kann eine solche Frage nicht lösen.« Hawking meinte später dazu, daß er froh sei, daß der Papst wohl seinen Beitrag nicht verstanden habe, der ja gerade das leisten will, was der Papst hier in Abrede stellt.

Das im Text erwähnte und in Abbildung 6.2 skizzierte Hartle-Hawking-Instanton wurde in einem anderen Zusammenhang zuvor schon von Alexander Vilenkin (1982) diskutiert.

Zur Tunnelbedingung: Hierzu gibt es eine interessante Reflexion in: H. Blumenberg, *Die Vollzähligkeit der Sterne* (Suhrkamp, Frankfurt am Main, 1997), S. 46: »Auf die Leibnizfrage, warum überhaupt etwas und nicht vielmehr nichts existiert, hat ein spekulativ zugreifender Kosmologe dieses Jahrhunderts die Antwort gegeben: ›Weil das Nichts instabil ist.‹« Blumenberg bemerkt dazu süffisant, daß diese Behauptung nicht falsch sein könne, da sich über das Nichts ja alles sagen lasse. Sie muß deshalb aber nicht wahr (im physikalischen Sinn), sondern kann einfach sinnlos sein.

Eine oder viele Welten?

Im Text wird erwähnt, daß praktisch alle derzeit diskutierten Zugänge zur Quantengravitation linear sind, also zu einem Everett-Bild der Quantenwelt führen. Zu den Ausnahmen gehört der Vorschlag von Roger Penrose, der über die Möglichkeit eines Kollapses spekuliert, der von der Gravitation verursacht wird (siehe etwa: R. Penrose, *Computerdenken* (Spektrum, Heidelberg, 1992)). Das ist eine interessante Möglichkeit, die gegenwärtig allerdings weder theoretisch ausformuliert ist noch durch einen experimentellen Hinweis unterstützt wird.

Der Ursprung der Zeitrichtung

Zur Unwahrscheinlichkeit unseres Universums: Im Text wurde ausgeführt, daß unser Universum extrem unwahrscheinlich ist, da der Anfangszustand sehr homogen gewesen sein muß. Aber wie unwahrscheinlich? Wie Roger Penrose abgeschätzt hat, nimmt die Entropie des beobachtbaren Universums ihren maximalen Wert an, wenn sich die gesamte Masse in einem Schwarzen Loch versammelt. Aus der Entropieformel für ein Schwarzes Loch (vergleiche Kapitel 3) folgt dann eine Entropie von $S_{\rm max} \approx 10^{123} k_{\rm B}$. Die Entropie unseres Universums wird durch die Kosmische Hintergrundstrahlung dominiert und beträgt $S \approx 10^{88} k_{\rm B}$. Die Wahrscheinlichkeit für unser Universum erhält man aus Einsteins Formel von 1905, welche die Umkehrung der Boltzmannschen Beziehung »Entropie ist der Logarithmus der Wahrscheinlichkeit« umkehrt. Man findet:

$$\frac{\exp\left(\frac{S}{k_{\rm B}}\right)}{\exp\left(\frac{S_{\rm max}}{k_{\rm B}}\right)} \sim \frac{\exp(10^{88})}{\exp(10^{123})} \approx \exp(-10^{123})$$

Die Wahrscheinlichkeit ist also unvorstellbar klein; das ist eine Zahl von der Form $0{,}000\ldots1$, wobei die 1 an der 10^{123}sten Stelle nach dem Komma steht. Selbst die Annahme, daß das gesamte Universum momentan mitsamt aller Menschen und deren vermeintlichen Gedächtnisinhalten in einer extrem unwahrscheinlichen Fluktuation (einer Schwankung im Sinne Boltzmanns, vergleiche Kapitel 3) entstanden ist, würde noch zu einer größeren Wahrscheinlichkeit führen. Die Kleinheit dieser Zahl muß also einen tieferen Grund haben.

Zur Umkehr des Zeitpfeils: Den Schluß auf die Umkehr des Zeitpfeils beim Übergang von der expandierenden in die kontrahierende Phase des Universums hat bereits der Astrophysiker Thomas Gold 1962 vollzogen. Er benutzte allerdings rein klassische und vermutlich unzureichende Argumente. Stephen Hawking kam 1985 aufgrund der »Keine-Grenzen-Bedingung« zu dem gleichen Schluß. Allerdings widerrief er später nach einem Einwand von Don Page diese Behauptung aufgrund semiklassischer Argumente. Die konsistente Behandlung in der Quantenkosmologie führt jedoch auf seinen ursprünglichen Schluß zurück, siehe die Argumentation im Text und die detaillierte Untersuchung in: C. Kiefer und H. D. Zeh, »Arrow of time in a recollapsing quantum universe«, *Physical Review D* 51, 4145–4153 (1995). Dort findet man auch eine Schilderung der Konsequenzen, die sich für ein Schwarzes Loch ergeben, das in dieses Quantenuniversum eingebettet ist: Weder gibt es einen Ereignishorizont noch eine Singularität im Inneren; in der rekollabierenden Phase werden aus Schwarzen Löchern formal Weiße Löcher, die von Beobachtern im Universum freilich als Schwarze Löcher wahrgenommen werden.

Das anthropische Prinzip

Brandon Carter hat das anthropische Prinzip in dem noch immer sehr lesenswerten Artikel »Large number coincidences and the anthropic principle in cosmology« eingeführt, erschienen in: *Confrontation of cosmological theories with observational data*, herausgegeben von M. S. Longair (D. Reidel, Dordrecht, 1974), S. 291–298. Eine aktuelle Übersicht zu diesem Prinzip und dem Begriff des Multiversums findet sich in: *Universe or Multiverse?*, herausgegeben von B. Carr (Cambridge University Press, Cambridge, 2007).

Anthropisches Prinzip und Prinzip der Mittelmäßigkeit werden auch dargestellt in: A. Vilenkin, *Kosmische Doppelgänger* (Springer, Berlin, 2008). Dort findet sich zudem eine ausführliche Beschreibung der weiter oben erwähnten Tunnelbedingung in der Quantenkosmologie.

Zu Kapitel 7

Im Text haben wir auf die *Theodizee* von Leibniz angespielt, in der begründet wird, warum unsere Welt die beste aller möglichen sei. Es heißt dort im Teil 1: »Da sich also die Größe des uns bekannten Teiles des Universums fast im Nichts verliert, gemessen an dem, was uns unbekannt ist und was wir doch mit Recht annehmen, und da sich alle Übel, aus denen man uns einen Einwand machen kann, in diesem Beinahe-Nichts befinden, so kann es sein, daß auch alle Übel nur ein Beinahe-Nichts sind im Vergleich mit den Gütern, die das Universum enthält.« Um wie viel kleiner ist erst im Quantenkosmos dieses Beinahe-Nichts, in dem wir uns befinden!

Zu den im Text angesprochenen Themen gibt es natürlich eine Fülle von Literatur. Die Zitate von Planck finden sich in: M. Planck, *Vorträge und Erinnerungen* (Wissenschaftliche Buchgesellschaft, Darmstadt, 1965), S. 228–245. Einsteins überaus empfehlenswerter Artikel *Autobiographisches* ist in dem Band: *Albert Einstein als Philosoph und Naturforscher*, herausgegeben von P. A. Schilpp (W. Kohlhammer-Verlag, Stuttgart, 1955) abgedruckt. Die im Text zitierte Stelle von Wittgenstein findet sich auf S. 421 von *Wiener Ausgabe: ›The Big Typescript‹* (Springer, Wien, 2000). Eine empfehlenswerte Darstellung der Problematik, die sich um das Dilemma des freien Willens rankt, ist: P. Bieri, *Das Handwerk der Freiheit* (S. Fischer, Frankfurt am Main, 2003).

Literatur zur Vertiefung

Allgemeine Literatur

J. B. Barbour, *The end of time* (Weidenfels & Nicolson, London, 1999).
D. Bruß, *Quanteninformation* (S. Fischer, Frankfurt am Main, 2003).
P. C. W. Davies und J. Brown (Hg.), *Superstrings – a theory of everything?* (Cambridge University Press, Cambridge, 1988).
A. Einstein, *Autobiographisches*, in: *Albert Einstein als Philosoph und Naturforscher*, hg. von P. A. Schilpp (Vieweg, Braunschweig, 1983).
P. Eisenhardt, *Der Webstuhl der Zeit* (Rowohlt Taschenbuch Verlag, Reinbek, 2006).
A. Fölsing, *Albert Einstein. Eine Biographie* (Suhrkamp, Frankfurt am Main, 1995).
H. Genz, *Wie die Zeit in die Welt kam* (Carl Hanser Verlag, München, 1996).
D. Giulini, *Spezielle Relativitätstheorie* (S. Fischer, Frankfurt am Main, 2004).
B. Greene, *Das elegante Universum* (Goldmann, München, 2006).
B. Greene, *Der Stoff, aus dem der Kosmos ist* (Pantheon, München, 2006).
J. Gribbin, *Schrödingers Kätzchen und die Suche nach der Wirklichkeit*, achte Auflage (S. Fischer, Frankfurt am Main, 2007).
G. Hasinger, *Das Schicksal des Universums: Eine Reise vom Anfang zum Ende* (C. H. Beck, München, 2007).
S. Hawking, *Eine kurze Geschichte der Zeit* (Rowohlt Taschenbuch Verlag, Reinbek, 1998).
S. Hawking und R. Penrose, *Raum und Zeit* (Rowohlt Taschenbuch Verlag, Reinbek, 2000).

C. Kiefer, *Gravitation* (S. Fischer, Frankfurt am Main, 2003).
C. Kiefer, *Quantentheorie*, dritte Auflage (S. Fischer, Frankfurt am Main, 2004).
R. Kippenhahn, *Licht vom Rande der Welt* (Piper, München, 1987).
L. Randall, *Verborgene Universen* (S. Fischer, Frankfurt am Main, 2006).
J. Schwinger, *Einsteins Erbe* (Spektrum, Heidelberg, 1987).
L. Smolin, *Three roads to quantum gravity* (Basic Books, New York, 2002).
M. Tegmark und J. A. Wheeler, »100 Jahre Quantentheorie«, in: *Spektrum der Wissenschaft*, S. 68 (April 2001).
K. Thorne, *Gekrümmter Raum und verbogene Zeit* (Droemer Knaur, München, 1994).
R. Vaas, *Tunnel durch Raum und Zeit* (Kosmos, Stuttgart, 2005).
J. A. Wheeler, *Gravitation und Raumzeit* (Spektrum, Heidelberg, 1991).
H. D. Zeh, *Entropie* (S. Fischer, Frankfurt am Main, 2005).

Fachliteratur

B. d'Espagnat, *Veiled Reality* (Westview Press, Boulder, 2003).
D. Giulini, C. Kiefer und C. Lämmerzahl (Hg.), *Quantum Gravity: From Theory to Experimental Search* (Springer, Berlin, 2003).
E. Harrison, *Cosmology*, zweite Auflage (Cambridge University Press, Cambridge, 2000).
J. B. Hartle, *Gravity* (Addison-Wesley, San Francisco, 2003).
E. Joos, H. D. Zeh, C. Kiefer, D. Giulini, J. Kupsch und I.-O. Stamatescu, *Decoherence and the Appearance of a Classical World in Quantum Theory*, zweite Auflage (Springer, Berlin, 2003).
C. Kiefer, *Quantum Gravity*, zweite Auflage (Oxford University Press, Oxford, 2007).
C. Rovelli, *Quantum Gravity* (Cambridge University Press, Cambridge, 2004).
H. D. Zeh, *The Physical Basis of the Direction of Time*, fünfte Auflage (Springer, Berlin, 2007).
B. Zwiebach, *A First Course in String Theory* (Cambridge University Press, Cambridge, 2004).

Register

Donal O'Shea

Poincarés Vermutung

Die Geschichte eines mathematischen Abenteuers

Aus dem Amerikanischen von Hartmut Schickert

377 Seiten. Gebunden

Die Poincarésche Vermutung ist eines der sieben größten mathematischen Probleme aller Zeiten. Donal O'Shea erklärt in seinem spannenden Buch die mathematischen Hintergründe und erzählt von den vielen Genies, die mit ihren bahnbrechenden Arbeiten die Vermutung vorbereitet haben. 1904 formuliert, verzweifelten ein Jahrhundert lang die brillantesten Mathematiker an ihrer Lösung – bis der Russe Gregorij Perelman kam, der bei seiner Mutter lebt, Opern liebt und das Preisgeld von einer Million Dollar ablehnte. Packend wie ein Roman ist »Poincarés Vermutung« eine Reise in die abenteuerliche Geschichte der Mathematik und ein faszinierendes Porträt der Menschen, die sie betreiben.

»Donal O'Shea […] erzählt nun nicht nur die Geschichte von Grigorij Perelman, sondern auch die Mathematik dazu. Es ist ein Meisterwerk geworden.«

Spektrum der Wissenschaft

»Fast ohne Formeln erschließt O'Shea fesselnd, ja bisweilen unterhaltsam Geschichte und Denkwelt seiner Zunft.«

KulturSpiegel

S. Fischer

fi 1-054020 / 2

Lisa Randall
Verborgene Universen
eine Reise in den extradimensionalen Raum
550 Seiten. Gebunden

Eine Harvard-Physikerin sorgt mit ihrem Buch über verborgene Dimensionen des Universums für Furore. Die beobachtbare Welt, so ihre Hypothese, ist nur eine von vielen Inseln inmitten eines höherdimensionalen Raums. Nur ein paar Zentimeter weiter könnte es ein anderes Universum geben, das für uns unerreichbar bleibt, da wir in unseren drei Dimensionen gefangen sind. Ausgehend von den Theorien der Stringphysiker kommt sie zu einer völlig neuartigen Theorie, in der erstmals Quantenphysik und Gravitation zusammengebracht werden.

Lisa Randall gehört zu einer neuen Generation von Wissenschaftlern, die mit ihren spannenden und höchst lesbaren Arbeiten drastisch unsere Vorstellungen von der Welt verändern werden. Eine spannende Reise durch die Grenzregionen der heutigen Teilchenphysik und eine Begegnung mit einer erstklassigen Denkerin.

»Lisa Randall zählt zu den führenden Theoretikern der Kosmologie.«
Sir Martin Rees, Präsident der Royal Society

S. Fischer

fi 1-062805 / 1